高等职业教育"十三五"规划教材
中国高等职业技术教育研究会推荐
高等职业教育精品课程

机 械 制 图

魏祥武　夏　爽　主编

国防工业出版社
·北京·

内 容 简 介

本书是根据教育部最新制定的《高职高专教育工程制图教学基本要求》,以及编者在总结多年的教学改革经验基础上编写而成的。书中每一章节前给出一个综合练习项目,此项目是将几个相关联的重点知识贯彻其中,只有通过本章内容的知识积累,并在教师指导下同学间的协作,才能较好地完成。这样,即使平时练习题做得较少,也能对本学科的整体知识有一个较全面的掌握。另外组合体的轴测图和尺寸标注在组合体一章形体分析法之后给出,这样更符合知识的衔接性,帮助学生对组合体空间思维和分析能力的培养。全书共分 11 章,包括制图的基本知识,正投影基础,基本几何体的投影,立体的表面交线,轴测投影,组合体的投影,机件的表达方法,常用机件的特殊表达,零件图,装配图,其他工程图样简介。本书采用了最新的《技术制图》和《机械制图》国家标准。

本书可作为高职高专院校、电大、夜大、中职、技工等机械类及近机类各专业工程制图的教材。

图书在版编目(CIP)数据

机械制图/魏祥武,夏爽主编. —北京:国防工业出版社,2017.3
高等职业教育"十三五"规划教材
ISBN 978-7-118-11336-5

Ⅰ.①机… Ⅱ.①魏… ②夏… Ⅲ.①机械制图—高等职业教育—教材 Ⅳ.①TH126

中国版本图书馆 CIP 数据核字(2017)第 108518 号

※

国防工业出版社出版发行
(北京市海淀区紫竹院南路 23 号 邮政编码 100048)
腾飞印务有限公司印刷
新华书店经售

＊

开本 787×1092 1/16 印张 19¾ 字数 450 千字
2017 年 3 月第 1 版第 1 次印刷 印数 1—5000 册 定价 48.00 元

(本书如有印装错误,我社负责调换)

国防书店:(010)88540777 发行邮购:(010)88540776
发行传真:(010)88540755 发行业务:(010)88540717

《机械制图》编委会

主　编　魏祥武　夏　爽

副主编　王　梅　李东和　马　刚　唐　冰

编　委　丁　韧　韩海玲　胡晓燕　李　靖　孙文毅
　　　　　陈茂丛　董　微　热　焱

主　审　李滨慧

前　言

本书根据教育部"新世纪高职高专教育机械基础课程教学内容体系改革、建设的研究与实践"课程改革方案的要求，以及近几年各院校教学改革成果和成功经验，力求反映现代科学技术的新知识、新内容，以"必需、够用"为原则，侧重学生绘图和读图能力的培养，采用循序渐进的思维方式，在增加学生适应性的同时，拓宽学习的知识面。本书根据《高等工业学校画法几何学及机械制图课程教学基本要求》的精神，汲取了国内同类教材的精华编写而成。在侧重实践的基础上，对课程内容体系进行重构，以方便本课程的教学。

本书主要有以下特点：

（1）针对高等职业教育培养应用型人材、以能力为本、重在实践能力和职业技能训练的特点，贯彻了"实用为主、够用为度"的原则。宗旨是拓展学生的空间想象力，培养独立分析问题和解决问题的能力，学会画图和读图的技能和技巧，为后续课程打好坚实的理论基础。

（2）在内容取舍及章节划分上，既考虑到内容的系统性，又兼顾了教和学的简易性。对传统的画法几何学进行优化组合，删去了工程实际中应用甚少的内容，以掌握基本概念、强化实际应用、培养技能为教学重点。注意循序渐进、由浅入深、由简到繁；语言简明扼要、通俗易懂；图例典型、以图释义。

（3）注重理论联系实际，将投影理论与图示应用相结合，加强必要的理论基础，又注重基本原理的具体应用。采用"零""装"集合的体系，将零件与部件相结合，通过常用部件及其主要零件来阐述零件图和装配图的主要内容。

（4）为强化实践教学，培养学生分析问题和解决问题的能力，书中的每一章节给出一个综合训练项目。

（5）知识重构。将轴测投影内容穿插安排在基本体和组合体章节内；为拓展知识面，增加了其他工程图样简介；为方便部件测绘的学习，在教材中给出了一级减速器的装配图和拆画的下箱体零件图示例。

（6）本书采用我国最新颁布的《技术制图》《机械制图》国家标准及与制图有关的其他标准。

本书另配有《机械制图习题集》，编排顺序与教材保持一致。因一般院校"计算机绘图"课程单独开设，故本书不含此内容。

本书由魏祥武、夏爽任主编，王梅、李东和、马刚、唐冰任副主编。李滨慧任主审，并提出了许多宝贵的意见和建议。具体编写分工为：魏祥武负责编写第1章、第2章、第6章；夏爽负责编写第4章、第5章、第11章；王梅负责编写第7章、第8章；李东和负责编写第9章；唐冰负责编写第3章、第10章；马刚负责编写附录。参加本书编写工作的还有丁韧、韩海玲、胡晓燕、李靖、孙文毅、陈茂丛、董微、热焱。

本书在编写过程中参考了一些国内同类著作、标准等，在此特向有关作者致谢。

由于编者水平有限，书中难免有不足之处，恳请读者提出宝贵意见。

编　者

目 录

第0章 绪论 ……………………………………………………………………………… 1

第1章 制图的基本知识和技能 ………………………………………………………… 4

  1.1 机械制图国家标准简介 …………………………………………………………… 5
    1.1.1 图纸幅面及格式 …………………………………………………………… 5
    1.1.2 比例 ………………………………………………………………………… 7
    1.1.3 字体 ………………………………………………………………………… 8
    1.1.4 图线 ………………………………………………………………………… 10
    1.1.5 尺寸注法 …………………………………………………………………… 12
  1.2 绘图工具及用品的使用 …………………………………………………………… 17
    1.2.1 图板、丁字尺和三角板 …………………………………………………… 17
    1.2.2 绘图铅笔和图纸 …………………………………………………………… 18
    1.2.3 圆规、分规和比例尺 ……………………………………………………… 19
    1.2.4 曲线板和多功能模板 ……………………………………………………… 19
    1.2.5 绘图机 ……………………………………………………………………… 20
    1.2.6 其他绘图用品 ……………………………………………………………… 20
  1.3 几何作图 …………………………………………………………………………… 21
    1.3.1 等分线段及作多边形 ……………………………………………………… 21
    1.3.2 斜度与锥度 ………………………………………………………………… 22
    1.3.3 圆弧连接 …………………………………………………………………… 23
    1.3.4 椭圆画法 …………………………………………………………………… 25
  1.4 平面图形分析及作图方法 ………………………………………………………… 26
    1.4.1 尺寸分析 …………………………………………………………………… 26
    1.4.2 平面图形的线段分析 ……………………………………………………… 27
    1.4.3 平面图形的作图步骤 ……………………………………………………… 27
    1.4.4 平面图形的尺寸标注 ……………………………………………………… 28
  1.5 徒手画图的方法 …………………………………………………………………… 29
  思考题 …………………………………………………………………………………… 30

第2章 正投影基础 ……………………………………………………………………… 32

  2.1 投影法的基本知识 ………………………………………………………………… 33

    2.1.1 投影法的概念 …………………………………… 33
    2.1.2 投影法的分类 …………………………………… 33
    2.1.3 正投影的基本性质 ……………………………… 34
  2.2 点的投影 …………………………………………………… 35
    2.2.1 点在三面投影体系中的投影 …………………… 36
    2.2.2 点的三面投影与直角坐标 ……………………… 37
    2.2.3 特殊位置点的三面投影 ………………………… 38
    2.2.4 两点的相对位置、重影点 ……………………… 39
  2.3 直线的投影 ………………………………………………… 40
    2.3.1 直线的三面投影 ………………………………… 40
    2.3.2 各种位置直线的投影 …………………………… 40
    2.3.3 属于直线的点 …………………………………… 42
    2.3.4 两直线的相对位置 ……………………………… 43
  2.4 平面的投影 ………………………………………………… 45
    2.4.1 平面的表示法 …………………………………… 45
    2.4.2 平面的投影过程 ………………………………… 45
    2.4.3 各种位置平面的投影特性 ……………………… 46
    2.4.4 平面上的直线和点 ……………………………… 48
    2.4.5 直线与平面、平面与平面之间的相对位置 …… 50
  2.5 变换投影面法 ……………………………………………… 54
    2.5.1 概述 ……………………………………………… 54
    2.5.2 换面法的基本作图方法 ………………………… 55
    2.5.3 换面法的应用举例 ……………………………… 58
  思考题 …………………………………………………………… 59

第3章 基本几何体的投影 …………………………………… 60
  3.1 平面立体的投影 …………………………………………… 61
    3.1.1 棱柱体 …………………………………………… 61
    3.1.2 棱锥体 …………………………………………… 62
  3.2 曲面立体的投影 …………………………………………… 63
    3.2.1 圆柱体 …………………………………………… 63
    3.2.2 圆锥体 …………………………………………… 65
    3.2.3 球体 ……………………………………………… 66
  思考题 …………………………………………………………… 68

第4章 立体的表面交线 ……………………………………… 69
  4.1 截交线 ……………………………………………………… 70
    4.1.1 截交线的性质和求法 …………………………… 70
    4.1.2 平面立体的截交线 ……………………………… 70

    4.1.3 曲面立体的截交线 ·· 71
    4.1.4 综合举例 ·· 76
  4.2 相贯线 ··· 78
    4.2.1 相贯线的性质和求法 ··· 79
    4.2.2 利用积聚性求相贯线 ··· 79
    4.2.3 利用辅助平面法求相贯线 ······································ 80
    4.2.4 相贯线的特殊情况 ·· 82
  思考题 ·· 83

第 5 章 轴测投影 ·· 85

  5.1 轴测投影的基本知识 ·· 86
    5.1.1 轴测投影的形成 ·· 86
    5.1.2 轴测轴、轴间角、轴向伸缩系数 ····························· 87
    5.1.3 轴测图的种类 ·· 87
    5.1.4 轴测投影的基本性质 ··· 87
  5.2 正等轴测图 ·· 88
    5.2.1 正等测的形成及参数 ··· 88
    5.2.2 正等测的基本画法 ·· 89
    5.2.3 平行坐标面圆的正等测 ·· 90
  5.3 斜二等轴测图 ··· 92
    5.3.1 斜二测的形成及参数 ··· 92
    5.3.2 斜二测的作图方法 ·· 93
  5.4 轴测剖视图 ·· 94
    5.4.1 轴测剖视图的剖切方法 ·· 94
    5.4.2 轴测剖视图的画法 ·· 95
  5.5 轴测草图的画法 ·· 96
    5.5.1 画轴测草图的基本技巧 ·· 97
    5.5.2 画轴测草图的一般步骤 ·· 98
  思考题 ·· 98

第 6 章 组合体的投影 ·· 99

  6.1 组合体的组合形式及分析方法 ·· 100
    6.1.1 组合体的组合形式 ·· 100
    6.1.2 组合体上相邻表面之间的连接关系 ························ 100
    6.1.3 形体分析法与线面分析法 ···································· 101
  6.2 组合体三视图的画法 ·· 101
    6.2.1 叠加型组合体的三视图 ·· 101
    6.2.2 切割型组合体的三视图 ·· 104
  6.3 读组合体的方法 ·· 105

6.3.1 读图的基本要领 …………………………………………………………… 105
6.3.2 读图的基本方法 …………………………………………………………… 108
6.3.3 读图举例 …………………………………………………………………… 110
6.4 组合体的轴测图 ……………………………………………………………………… 112
6.5 组合体的尺寸标注 …………………………………………………………………… 115
6.5.1 基本体的尺寸标注 ………………………………………………………… 115
6.5.2 组合体的尺寸标注 ………………………………………………………… 116
思考题 ……………………………………………………………………………………… 119

第7章 机件的表达方法 …………………………………………………………………… 121

7.1 视图 …………………………………………………………………………………… 122
    7.1.1 基本视图 …………………………………………………………………… 122
    7.1.2 向视图 ……………………………………………………………………… 123
    7.1.3 局部视图 …………………………………………………………………… 123
    7.1.4 斜视图 ……………………………………………………………………… 124
7.2 剖视图 ………………………………………………………………………………… 125
    7.2.1 剖视的基本概念 …………………………………………………………… 125
    7.2.2 剖视图的种类 ……………………………………………………………… 129
    7.2.3 剖切平面和剖切方法 ……………………………………………………… 130
    7.2.4 剖视图的规定画法 ………………………………………………………… 134
7.3 断面图 ………………………………………………………………………………… 134
    7.3.1 基本概念 …………………………………………………………………… 134
    7.3.2 断面图的种类 ……………………………………………………………… 135
    7.3.3 移出断面图的标注 ………………………………………………………… 136
    7.3.4 断面图的规定画法 ………………………………………………………… 137
7.4 其他表达方法 ………………………………………………………………………… 138
    7.4.1 局部放大图 ………………………………………………………………… 138
    7.4.2 简化画法 …………………………………………………………………… 138
7.5 第三角投影简介 ……………………………………………………………………… 142
思考题 ……………………………………………………………………………………… 144

第8章 常用机件的特殊表达 ……………………………………………………………… 145

8.1 螺纹及螺纹紧固件 …………………………………………………………………… 146
    8.1.1 螺纹的形成及要素 ………………………………………………………… 146
    8.1.2 螺纹紧固件及其联接 ……………………………………………………… 155
8.2 齿轮 …………………………………………………………………………………… 160
    8.2.1 圆柱齿轮 …………………………………………………………………… 160
    8.2.2 锥齿轮 ……………………………………………………………………… 164
    8.2.3 蜗杆、蜗轮 ………………………………………………………………… 167

  8.3 键、销联接 ·········· 169
    8.3.1 键联接 ·········· 169
    8.3.2 销联接 ·········· 173
  8.4 滚动轴承 ·········· 174
    8.4.1 滚动轴承的构造和种类 ·········· 174
    8.4.2 滚动轴承的代号 ·········· 175
    8.4.3 滚动轴承的画法 ·········· 176
  8.5 弹簧 ·········· 177
    8.5.1 圆柱螺旋压缩弹簧的各部分名称及尺寸计算 ·········· 177
    8.5.2 圆柱螺旋压缩弹簧的标记 ·········· 178
    8.5.3 圆柱螺旋压缩弹簧的规定画法 ·········· 178
    8.5.4 圆柱螺旋压缩弹簧的零件工作图 ·········· 179
  思考题 ·········· 180

第 9 章 零件图 ·········· 181

  9.1 零件图的作用和内容 ·········· 182
  9.2 零件图的视图选择 ·········· 182
    9.2.1 主视图的选择 ·········· 183
    9.2.2 其他视图的选择 ·········· 185
  9.3 零件图上的尺寸标注 ·········· 185
    9.3.1 零件图的尺寸基准 ·········· 185
    9.3.2 尺寸标注的基本形式 ·········· 186
    9.3.3 尺寸标注的一般原则 ·········· 187
  9.4 零件图上的技术要求 ·········· 191
    9.4.1 零件表面结构的图样表示法 ·········· 191
    9.4.2 极限与配合 ·········· 201
    9.4.3 几何公差 ·········· 208
  9.5 零件常见的工艺结构 ·········· 213
    9.5.1 铸造零件的工艺结构 ·········· 213
    9.5.2 机械加工工艺结构 ·········· 215
  9.6 典型零件的分析 ·········· 216
    9.6.1 轴套类零件 ·········· 216
    9.6.2 盘盖类零件 ·········· 218
    9.6.3 叉架类零件 ·········· 220
    9.6.4 箱体类零件 ·········· 222
  9.7 读零件图 ·········· 224
    9.7.1 读零件图的方法与步骤 ·········· 224
    9.7.2 读零件图示例 ·········· 225
  9.8 零件测绘 ·········· 227

            9.8.1　零件的测绘方法和步骤 228
            9.8.2　根据零件草图绘制零件工作图 228
            9.8.3　测绘注意事项 231
    思考题 232

第10章　装配图 233

    10.1　装配图的作用和内容 234
            10.1.1　装配图的作用 234
            10.1.2　装配图的内容 234
    10.2　装配图的表达方法 236
            10.2.1　装配图的规定画法 236
            10.2.2　装配图的特殊表达方法 236
    10.3　装配图的尺寸、技术要求、零件序号及明细栏 239
            10.3.1　尺寸标注 239
            10.3.2　技术要求 240
            10.3.3　装配图上的零件序号及明细栏 240
    10.4　装配结构的合理性 241
    10.5　测绘装配体和画装配图 245
            10.5.1　测绘装配体 245
            10.5.2　画装配图和零件图 247
            10.5.3　画零件图 249
    10.6　读装配图和拆画零件图 259
            10.6.1　读装配图的方法与步骤 259
            10.6.2　由装配图拆画零件图 262
    思考题 265

第11章　其他工程图样简介 266

    11.1　展开图 267
            11.1.1　概述 267
            11.1.2　平面立体表面的展开 268
            11.1.3　可展曲面的表面展开 269
            11.1.4　变形接头的展开 271
            11.1.5　不可展曲面的表面展开 272
            11.1.6　生产中作展开图应考虑的因素 273
    11.2　焊接图 275
            11.2.1　概述 275
            11.2.2　焊缝符号 275
            11.2.3　焊接标注的有关规定 278
            11.2.4　焊缝标注的示例 279

11.2.5　焊接图例 ………………………………………………… 280
　思考题………………………………………………………………… 281

附表 …………………………………………………………………… 282

参考文献 ……………………………………………………………… 303

第0章 绪 论

1. 本课程的地位和研究对象

在现代化生产中,各类机械设备的设计、制造与维修,或房屋、桥梁等工程的设计与施工,都是按一定的投影方法和技术要求,用图形来表达各自的形状、大小及其制造、施工要求的。在工程技术中,按一定的投影原理,准确地表达机械零件或工程构造物的形状、大小、技术要求的图形,称为工程图样。

图样和文字一样,也是人类借以表达、构思、分析和交流技术思想的基本工具。图样是人类语言的补充,是人类智慧在语言层面上更高层次的具体体现。人们常把图样称为"工程技术界的语言"。工程技术图样包括机械图样、建筑图样、水利图样、电气图样、化工图样等。

本书所研究的图样是机械图样,以此来准确地表达机件(零件、部件或机器)的形状、尺寸、制造和检验该机件时所需要的技术要求。机械图样是新产品设计、制造、检验、安装、使用、维修的依据。机械制造业使用的机械图样主要是零件图和装配图,而机器是由许多零件、部件装配而成的,每个零件都要有零件图,每个部件都要有装配图,在整个生产过程中,始终离不开图样。

在机械制造业,设计师通过图样表达他们的设计意图,工艺师根据图样组织生产,机械加工师根据图样进行加工,检验师根据图样检验产品,组装师根据图样安装、调试产品。因此,机械图样是机械制造业用以表达和交流技术思想的重要工具,是技术部门设计、改进、制造产品的一项重要文献。

"机械制图"是研究机械图样的绘制和识读规律与方法的一门学科。在机械类各专业的教学计划中,都设置了"机械制图"这门技术基础课,为学生绘图和读图打基础,并在后续课程的学习、生产实习、课程设计和毕业设计中,得到继续应用和培养,从而使学生获得绘图和读图方面的训练和提高。

2. 本课程的学习目的和任务

本课程的学习目的是培养学生绘图和读图的能力,为后续技术基础课和专业课的学习以及将来从事工程技术方面的工作,打好绘制和阅读机械工程图样的基础。

本课程的主要任务:

(1) 掌握用正投影法图示空间物体的基本理论及其应用。
(2) 掌握绘图工具和仪器的正确使用,培养较强的绘图技能和技巧。
(3) 学习、贯彻《技术制图》《机械制图》国家标准和有关技术规定。
(4) 培养绘制和阅读机械图样(零件、部件或机器)的能力。
(5) 培养和发展空间思维能力以及图解空间几何问题的基本能力。
(6) 培养学生认真负责的工作态度和严谨细致的工作作风。

此外,还必须重视对自学能力、分析问题能力和解决问题能力以及审美能力的培养。

3. 本课程的特点和学习方法

本课程是一门理论严谨、实践性很强的技术基础课程,因此要注重理论联系实际,既注重学习基本理论、基础知识和基本方法,又要注重强化动手能力,练好基本功。

4. 本课程的学习方法

(1) 本课程的主要任务是培养学生画图和读图能力,因此,学习时要把基本概念理解透彻,做到融会贯通,并灵活运用这些概念、原理和方法进行解题。在掌握基本投影原理的基础上,注重把物体绘制成图样以及依据图样想象物体空间形状的一系列循序渐进的练习,以便不断发展自己的空间想象能力,不断提高图形与尺寸的表达能力。

(2) 为了培养空间想象能力和空间形体的图示表达能力,必须注意对物体进行几何分析,以及掌握不同形体在各种相对位置的投影特性,由浅入深、由简到繁地多画、多看、多想,不断地由物画图、由图想物。反复深化空间形体与平面图形之间的对应关系,逐步提高空间想象能力和图示空间物体的能力。

(3) 理论联系实际,在掌握基本知识、基本理论的同时,必须完成一定数量的作业和练习。通过一系列的绘图和读图实践,逐步掌握绘图和读图的方法和步骤,从而提高绘图和读图能力。

(4) 严格遵守《技术制图》和《机械制图》国家标准的有关规定,养成正确使用绘图工具和仪器的习惯,进行绘图技能的操作训练。

(5) 机械图样在生产中起着重要的作用,工程技术人员不能画错或看错图样,否则会造成重大损失。因此,在学习中要养成实事求是的科学态度和严肃认真、耐心细致、一丝不苟的工作作风,为成为一名具有创造性的机械工程技术人员奠定坚实基础。

5. 工程图学发展概况

自从劳动开创人类文明史以来,图形与语言、文字一样,是人们认识自然、表达和交流思想的基本工具。远古时代,人类制造简单工具或营造建筑物,就开始用图形来表达思想意图,但都是以直观、写真的方法来画图。随着生产的不断发展,这种简单的图形不能准确表达形体的结构,需要总结出一套绘制工程图样的方法,以满足既能正确表达形体结构,又便于绘制和度量,以便按图样进行制造或施工的需求。18世纪欧洲工业革命,一些国家的科学技术迅猛发展。法国科学家蒙日(Gaspsrd Monge,1746—1818年)总结前人经验,根据平面图形表达空间形体的规律,应用投影方法编著了《画法几何学》(1798年),创建了画法几何学学科体系,奠定了图学理论基础,将工程图的表达与绘制规范化。200多年来,经过不断发展和完善,形成了一门独立的学科——工程图学。

在图形学发展的历史长河中,具有5000年文明史的中国,也有辉煌的一页,"没有规矩,不成方圆"反映了我国古代对尺规作图已有深刻的理解和认识。我国古代在天文、地理、建筑、机械等方面都有过杰出的成就和贡献,既有文字记载,也有实物考证,举世闻名。

在西安半坡出土的仰韶期彩陶盘中有鱼形图案,这表明我们的祖先在新石器时代(约1万年前),就已经能绘制一些几何图形和动物图案了。春秋时代的《周礼·考工记》中记载了规矩、绳墨、悬锤等绘图工具的应用。我国古代保存下来的最著名的建筑图样是宋代李明仲所著的《营造法式》(1103年),书中记载的各种图样与现代的正投影图、轴测图、透视图的画法已非常接近。元代王桢所著的《农书》(1313年)、明代宋应星所著的

《天工开物》(1637年)等书中都附有上述类似的图样。明代徐光启所著的《农政全书》，画出了许多农具图样，包括构造细部和详细图，并附有详细的尺寸和制造技术的注释，但由于我国长期处于封建社会，科学技术发展非常缓慢，虽然很早就有相当高的成就，但未形成专著流传下来。

20世纪50年代，我国著名学者赵学田教授简明而通俗地总结了三视图的投影规律为"长对正、宽相等、高平齐"，从而使工程图学易学易懂。1956年，第一机械工业部颁布了第一个《机械制图》国家标准，在此基础上，原国家科委于1959年6月5日正式颁布了中华人民共和国《机械制图》国家标准，这对统一制图标准和生产起到了极大的促进作用。此后，为了加速我国四个现代化的建设，加强国际间的交流，先后十几次对《机械制图》国家标准的某些内容进行了修订和补充。1978年，我国正式加入国际标准化组织(ISO)，为了更好地进行国际技术交流和进一步提高标准化水平，我国明确提出采用ISO标准贯彻于技术领域各个环节的要求。1984年，国家重新修订并颁布了含有17项内容的《机械制图》国家标准。2012年，国家对《技术制图》《机械制图》中部分条款做了最新的修订。

我国不但陆续颁布了一系列相应的制图新标准，而且还参加了国际标准化组织(ISO/TC10)。尤其自豪的是，ISO/TC10即将发布的《技术制图简化表示法》国际标准是依据我国提供的蓝本起草的，这充分表明我国的制图标准已达到了国际标准水平，这对我国现代化建设必将起到积极的推进作用。

从20世纪50年代，世界上诞生第一台平台式计算机绘图仪开始，就能由计算机直接输出图形了。随着计算机技术的广泛应用，大大促进了图形的发展。20世纪70年代后期，随着微型计算机的出现，应用图形软件通过计算机处理，使计算机绘图进入高速发展和更加普及的新时期。

展望21世纪，计算机辅助设计(CAD)技术将大大推动现代制造业的发展。随着计算机科学、信息科学、管理科学的不断进步，工业生产将进一步走向科学、规范的管理模式。过去人们把工程图样作为表达零件形状、传递零件分析和制造的各种数据的唯一方法。而现在应用高性能计算机绘图软件生成的实体模型，可以清晰而完整地描述零件的几何特征形状，并且可以利用基于特征造型的实体模型直接生成该零件的工程图或数据代码，作为数控加工的依据，从而完成零件的工程分析和制造。

随着我国科学技术的进步，国民经济的迅速发展，工程图学必将得到更加广泛的应用和发展，在生产实践中将起到越来越重要的作用。

第1章 制图的基本知识和技能

在绘制图样之前,首先要掌握《机械制图》国家标准规定,同时要正确使用绘图工具和用品,严格遵守作图规律,培养认真细致、一丝不苟的工作作风,从而才能保证绘图质量,提高作图速度。

本章要点

学习目标	考核标准	教学建议
(1) 掌握国家标准的规定; (2) 绘图工具及用品的正确使用; (3) 常见几何作图方法; (4) 平面图形的绘制方法和步骤; (5) 徒手图的常用绘制方法	应知:国家标准中图纸幅面及格式、比例、字体、图线、尺寸标注的规定;平面图形尺寸分析及作图规律; 应会:平面图形的作图方法与步骤	重点讲解国家标准中各项规定;平面图形中尺寸分析和作图方法

项目一 绘制吊钩平面图

项目指导	条件及样例
一、目的 (1) 掌握平面图形中尺寸分析方法,确定画图步骤。 (2) 掌握线段连接方法与技巧。 二、内容及要求 (1) 完成吊钩平面图形的绘制,并标注尺寸。 (2) 用A4图纸,按Y型图纸放置,比例1∶1。 三、作图步骤 (1) 分析图形:看懂图形的构成,分析图形中的尺寸及线段的性质,确定作图步骤。 (2) 画底稿:①画图框和标题栏;②布图,画作图基准线;③按已知线段、中间线段、连接线段的顺序,画出图形;④画尺寸界线、尺寸线。 (3) 检查底稿,擦去多余线条。 (4) 描深图形。 (5) 画箭头,标注尺寸数字,填写标题栏。 (6) 加深图框及标题栏外框。 (7) 校对,修饰幅面。 四、注意事项 (1) 布图时应留有标注尺寸的位置,使图形布置匀称。 (2) 在底稿上画连接线段时,应准确找出圆心和切点。 (3) 描深时,同类线型同时描深,使其粗细一致,连接光滑。 (4) 箭头应符合规定,尺寸标注应正确、完整、清晰。	已知吊钩的图例及给定尺寸,试完成其平面图的绘制

1.1 机械制图国家标准简介

机械图样是设计和制造机器的主要依据,是机器制造业中的重要技术资料。《机械制图》国家标准是我国颁布的一项重要技术标准,标准中对图纸幅面及格式、比例、字体、图线、尺寸标注及所采用的符号做了统一的规定,绘图者必须严格遵守和执行。国家标准的代号用"GB"表示,推荐性标准代号加"/T"。

1.1.1 图纸幅面及格式

1. 图纸幅面

图纸宽度与长度组成的图面,称为图纸幅面。为了合理使用图纸,便于图样的管理装订,GB/T 14689—2008《技术制图 图纸幅面和格式》规定了图纸的五种基本幅面,见表1-1所列。各种图纸的幅面大小规定以 A0 为整张,A1~A4 依次是前一种幅面大小的1/2,即 A0(841×1189)、A1(594×841)、A2(420×594)、A3(297×420)、A4(210×297),如图1-1所示。

表 1-1 图纸幅面尺寸(第一选择)　　(单位:mm)

幅画代号	A0	A2	A3	A4	A5
$B\times L$	841×1189	594×841	420×594	297×420	210×297
a	25				
c	10			5	
e	20			10	

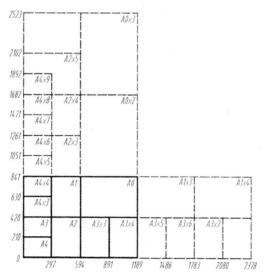

图 1-1 图纸幅面关系

绘图时,应优先用基本幅面。必要时,允许采用加长幅面,但加长后幅面的尺寸必须是由基本幅面的短边成整数倍增加得出。不过,由于受到打印机尺寸的限制,在中小型企业,A3 和 A4 加长的幅面,比 A0、A1、A2 及其加长的幅面应用得要多一些。

2. 图框格式

图纸上限定绘图区域的线框,称为图框,其格式要求如下:

(1)在图纸上必须用粗实线画出图框,其格式分为留有装订和不留装订边两种,但同一产品的图样只能采用一种格式。

(2)留有装订边的图纸,其图框格式如图 1-2 所示。尺寸根据不同图纸幅面按表 1-1 选定。

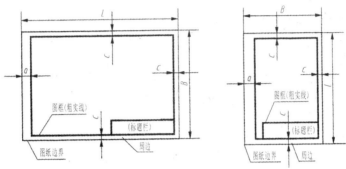

图 1-2 留装订边的图框格式

(3)不留装订边的图纸,其图框格式如图 1-3 所示。尺寸根据不同图纸幅面按表 1-1 选定。

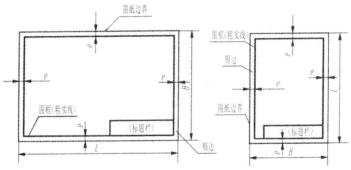

图 1-3 不留装订边的图框格式

3. 标题栏及方位

每张图纸必须绘制标题栏。标题栏格式和尺寸按 GB/T 10609.1—2008《技术制图 标题栏》的规定绘制。

在学校的制图作业中,为了简化作图,建议采用图 1-4 所示的简化标题栏和明细栏。填写标题栏时,小格中的内容用 3.5 号字,大格中的内容用 7(5)号字;明细栏项目栏中文字用 7 号字,表中的内容用 3.5 号字。

除签名外,其他标题栏中的字体应符合 GB/T 14691—1993《技术制图 字体》的规定。

标题栏的位置通常位于图纸的右下角,如图 1-2 和图 1-3 所示。若标题栏的长边置于水平方向并与图纸的长边平行时,则构成 X 型图纸;若标题栏的长边与图纸的长边垂直时,则构成 Y 型图纸。Y 型图纸的读图方向与标题栏的配置方向一致。

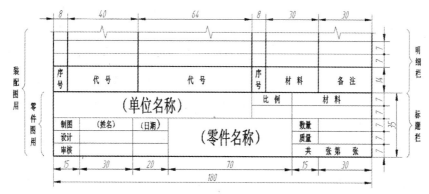

图 1-4 零件图及装配图简化标题栏格式

为了利用预先印制的图纸,允许将 X 型图纸的短边置于水平使用,如图 1-5 所示;或将 Y 型图纸的长边置于水平位置使用,如图 1-6 所示。

4. 附加符号

(1) 对中符号。为了图纸复制和微缩摄影定位方便,可采用"粗实线绘制,线宽不小于 0.5mm,长度从图纸边界开始至伸入图框内约 5mm"的对中符号,如图 1-5 和图 1-6 所示。

(2) 方向符号。为了明确绘图与读图时图纸的方向,应在图纸的下边对中符号处画出一个方向符号。方向符号是用细实线绘制的等边三角形,其大小和位置如图 1-7 所示。

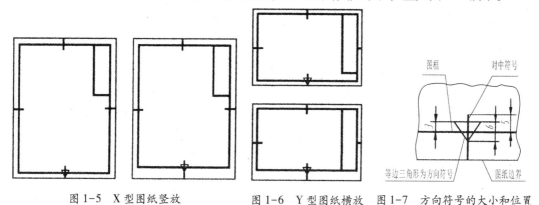

图 1-5 X 型图纸竖放　　图 1-6 Y 型图纸横放　　图 1-7 方向符号的大小和位置

1.1.2 比例

1. 比例的规定

GB/T 14690—1993《技术制图　比例》规定,图样的比例是图中图形与其实物相应要素的线性尺寸之比。需要按比例绘制图样时,应由表 1-2 所规定的系列中选取适当的比例值。

表 1-2　比例

种类	定义	优先选择系列			允许选择系列				
原值比例	比值为 1 的比例	1:1			—				
放大比例	比值大于 1 的比例	5:1　　2:1　　 $5\times10^n:1$　$2\times10^n:1$　$1\times10^n:1$			4:1　　2.5:1　　 $4\times10^n:1$　$2.5\times10^n:1$				
缩小比例	比值小于 1 的比例	1:2　　　　1:5　　　　1:10 $1:2\times10^n$　$1:5\times10^n$　$1:1\times10^n$			1:1.5　　1:2.5　　1:3　　1:4　　1:6 $1:1.5\times10^n$ $1:2.5\times10^n$ $1:3\times10^n$ $1:4\times10^n$ $1:6\times10^n$				
注:n 为正整数									

2. 比例应用的一般规定

（1）绘制同一机件的各个视图应采用相同的比例，并填写在标题栏比例一栏中。

（2）当某一个视图需要采用不同比例时，必须另行标注。

（3）当图形中孔的直径或薄片的厚度小于或等于2mm，斜度和锥度较小时，可不按比例而夸大画出。

（4）绘图时不论采用何种比例，图样中所注的尺寸数值必须是实物的实际大小，与图形的比例无关，如图1-8所示。

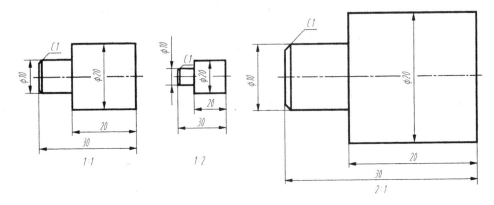

图1-8 图形比例与尺寸数字

1.1.3 字体

GB/T 14691—1993《技术制图 字体》规定，字体是图中文字、字母、数字的书写形式，并对图样中字体的书写提出了相关的要求。

1. 基本要求

（1）在图样中书写的汉字、数字和字母，都必须做到"字体工整、笔画清楚、间隔均匀、排列整齐"。

（2）字体高度（用 h 表示）的公称尺寸系列为：1.8mm，2.5mm，3.5mm，5mm，7mm，10mm，14mm，20mm。如需要书写更大的字，其字体的高度应按 $\sqrt{2}$ 的比例递增，字体高度代表字体的号数。

（3）汉字应写成长仿宋体字，并应用国家正式公布的简化字。汉字的高度 h 不应小于 3.5mm，其字宽一般为 $h/\sqrt{2}$。

GB/T 14665—2012《机械工程 CAD 制图规则》规定，机械工程CAD制图中，数字一般应以正体输出；字母除表示变量外，一般应以正体输出；汉字在输出时一般采用正体，并采用国家正式公布和推行的简化字。

书写长仿宋体字的要领是：横平竖直，注意起落，结构均匀，填满方格。初学者应打格书写，首先应从总体上分析字型及结构，以便书写时布局恰当，一般部首所占的位置要小一些。书写时，笔画应一笔写成，不要勾描。另外，由于字型特征不同，切忌一律追求满格，对笔画少的字更应注意，如"月"字不可写得与格子同宽；"工"字不要写得与格子同高，"图"字不能写得与格子同样大小等。

(4) 字母和数字分 A 型和 B 型。A 型字体的笔画宽度(d)为字高(h)的 1/14，B 型字体的笔画宽度(d)为字高(h)的 1/10，在同一图样上，只允许选用一种形式的字体。

(5) 字母和数字可写成斜体和直体。斜体字字头向右倾斜，与水平基准线成 75°。

2. 字体示例

(1) 长仿宋体汉字示例，如图 1-9(a)所示。

(2) 拉丁字母示例(A 型字体)，如图 1-9(b)所示。

(3) 阿拉伯数字示例(B 型字体)，如图 1-9(c)所示。

(4) 罗马数字示例(B 型字体)，如图 1-9(d)所示。

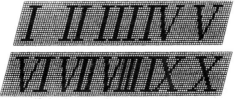

图 1-9 字体示例

1.1.4 图线

1. 图线的型式及应用

图中所采用的各种型式的线,称为图线。GB/T 17450—1998《技术制图 图线》规定了15种图线,国家标准 GB/T 4457.4—2002《机械制图 图样画法 图线》规定了9种图线。其中图线的名称、线型、代码、宽度以及在图样上的一般应用,见表1-3和图1-10。

表1-3 图线的型式及应用

图线名称	线型	代码	图线宽度	图线一般应用举例
粗实线		01.1	$d=0.25\sim2\text{mm}$	(1) 可见棱边线; (2) 可见轮廓线; (3) 可见相贯线; (4) 螺纹牙顶线; (5) 螺纹长度终止线; (6) 齿轮齿顶线圆及齿顶线; (7) 剖切符号用线
细实线		01.1	约 $d/2$	(1) 尺寸线及尺寸界线; (2) 指引线和基准线; (3) 剖面线; (4) 投射线; (5) 过渡线; (6) 重合剖面的轮廓线; (7) 短中心线; (8) 螺纹牙底线; (9) 表示平面的对角线; (10) 零件成形前的弯折线; (11) 范围线及分界线; (12) 辅助线; (13) 不连续同一表面连线; (14) 成规律分布的相同要素线
细虚线	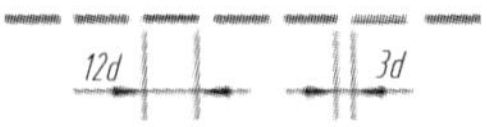 12d, 3d	02.1	约 $d/2$	(1) 不可见棱边线; (2) 不可见轮廓线
细点画线	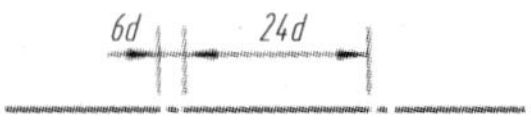 6d, 24d	04.1	约 $d/2$	(1) 轴线; (2) 对称中心线; (3) 分度圆(线); (4) 孔系分布的中心线; (5) 剖切线
细双点画线	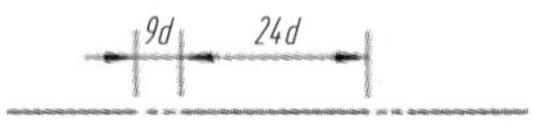 9d, 24d	05.1	约 $d/2$	(1) 相邻辅助零件的表面轮廓线; (2) 可动零件的极限位置轮廓线; (3) 重心线; (4) 成形前轮廓线; (5) 剖切面前结构轮廓线; (6) 轨迹线; (7) 毛坯图中制成品的轮廓线; (8) 特定区域线; (9) 延伸公差带表示线; (10) 工艺用结构轮廓线; (11) 中断线

(续)

图线名称	线型	代码	图线宽度	图线一般应用举例
粗虚线	－ － － － － －	02.2	d	允许表面处理的表面线
粗点画线	━ · ━ · ━ · ━	04.2	d	限定范围的表示线
波浪线	～～～～	01.1	约 $d/2$	(1) 断裂处的边界线； (2) 视图和剖视图的分界线 注：同一张图样上一般采用一种线型，即波浪线或双折线
双折线	⟍⟋ (7.5d) 14d 30°	01.1	约 $d/2$	

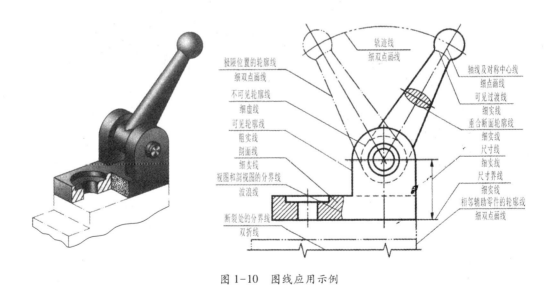

图 1-10 图线应用示例

图线分为粗线、细线两种。粗线宽度应按图形大小和复杂程度，在 0.25~2mm 之间选择，细线宽度约为 $d/2$。

图线宽度推荐系列为(单位：mm)：0.13、0.18、0.25、0.35、0.5、0.7、1、1.4、2(常用宽度为 0.5、0.7)。

手工绘制图形可选择粗线宽度为 0.5mm，细线宽度为 0.25mm。太粗铅笔磨损快，太细则复印不清楚。

2. 图线画法

（1）同一图样中,同类图线的宽度应基本一致。虚线、细点画线及双点画线的线段长度和间隔应各自大致相等,建议采用的图线规格见表 1-3 所列。

（2）两平行线之间的距离应不小于粗实线的两倍宽度,其最小距离不得小于 0.7mm。画图时,关于图线之间的相交、相接、相切处的一些规定画法,如图 1-11 所示。

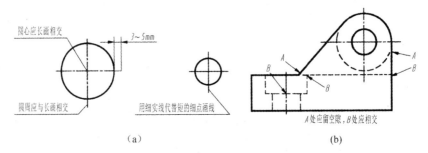

图 1-11 图线画法举例

(a)圆的对称中心线画法;(b)细虚线连接处的画法。

绘制图线时应注意的事项,见表 1-4 所列。

表 1-4 绘制图线时应注意的事项

基本要求	图 线	
	正确	错误
绘制圆的中心线时,圆心应为线段的交点; 细点画线的首末两端是线段,一般超出轮廓 3~5mm; 在小图形上绘制细点画线时,可用细实线代替		
细虚线或细点画线与其他图线相交时,都应交于线段处,不应交于空隙处		
当细虚线为粗实线的延长线时,分界处应留有间隙,以示两种不同线型的分界线		

1.1.5 尺寸注法

用特定长度或角度单位表示的数值,并在技术图样上用图线、符号和技术要求表示出来,称为尺寸。图样中应正确而清晰地标注尺寸,以确定形体各部分的大小和相对位置,为制作提供依据。GB/T 4458.4—2003《机械制图 尺寸注法》规定了标注尺寸的规则和方法,GB/T 16675.2—2012《技术制图 简化表示法 第2部分:尺寸注法》规定了标注尺寸的简化方法。

1. 基本规则

(1) 图样上所标注尺寸为机件的真实大小,且为该机件的最后完工尺寸,它与图形比例和绘图的准确程度无关。

(2) 图样中(包括技术要求和其他说明)的尺寸,以毫米为单位时,不需标注计量单位的名称或代号;若采用其他单位,则必须注明相应的计量单位名称或代号。

(3) 机件的每一个尺寸,在图样中一般只标注一次,并应标注在反映该结构最清晰的图形上。

(4) 在保证不致引起误解和不产生多义性的前提下,力求简化标注。

2. 尺寸要素

每个完整的尺寸一般由尺寸数字、尺寸线、尺寸界线组成,通常称为尺寸三要素,如图1-12 所示。

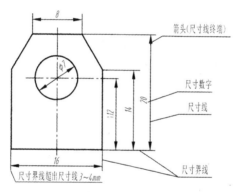

图 1-12 尺寸的组成

尺寸线终端是用于表示尺寸度量的起讫点。在机械图样中,尺寸线终端一般采用实心箭头的形式表示。

尺寸线终端常用的形式有:

(1) 箭头。箭头的形式如图1-13(a)所示,适用于各种类型的图样。

(2) 斜线。斜线用细实线绘制,其画法如图1-13(b)所示,主要适用于工程图样的标注。当尺寸线的终端采用斜线形式时,尺寸线与尺寸界线必须相互垂直,因此,标注圆的直径、圆弧半径和角度的尺寸线时,其终端应该用箭头。

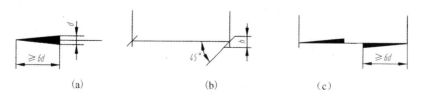

图 1-13 尺寸终端的常用形式
(a)箭头;(b)斜线;(c)单边箭头。
d—粗实线的宽度;h—字体高度。

(3)单边箭头。单边箭头的形式如图1-13(c)所示,主要适用于工程图样的标注。同一张图样中,除圆、圆弧、角度外,应采用一种尺寸终端形式。

1)尺寸数字

有特定单位,用于表示被测要素的大小称为尺寸数值,通常称为尺寸数字。线性尺寸数字一般应注写在尺寸线的正上方,也允许注写在尺寸线的中断处。同时,尺寸数字不能被任何图线穿过,否则应将该图线断开,如图1-14所示。

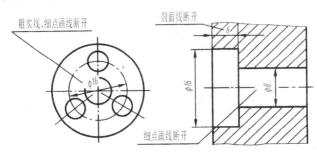

图1-14 尺寸数字的标注方法

2)尺寸线

尺寸线用于表示所注尺寸度量的方向和长度。尺寸线在完成尺寸标注时必须用细实线单独给出,不能由其他图线来代替。标注直线尺寸时,尺寸线应与所注尺寸部位的轮廓(或尺寸方向)平行,且尺寸线之间不应相交。尺寸线与轮廓线间距为5~10mm。

3)尺寸界线

尺寸界线用于表示尺寸度量的范围。标注时一般用细实线给出,也可利用轴线、中心线和轮廓等作为尺寸界线。尺寸界线应超出尺寸线3~4mm。

在完成尺寸标注时,除注写尺寸数字以外,通常情况下在数字前面还要加注不同类型的符号,以示相关的含义。表1-5给出了常见的不同类型的尺寸符号及说明。

表1-5 尺寸符号及说明

符号	含义	符号	含义
φ	直径	t	厚度
R	半径	∨	埋头孔
S	球	⊔	沉孔或锪平孔
EQS	均布	↧	深度
C	45°倒角	□	正方形
∠	斜度	▷	锥度

常见的尺寸标注,见表1-6所列。

表 1-6 常见尺寸的标注方法

项目	图 例	说 明
尺寸界线	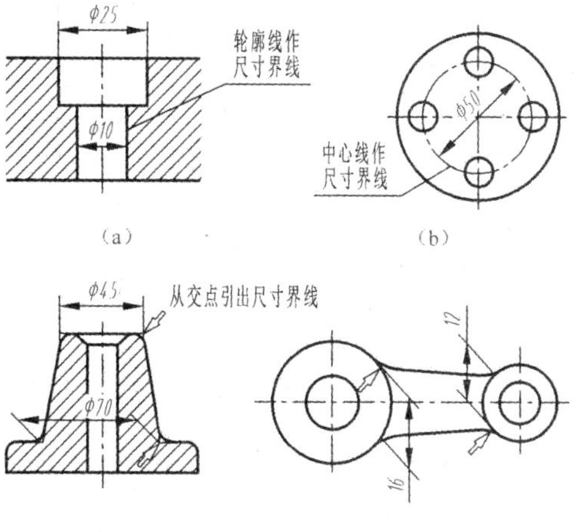 (a) (b) (c) (d)	(1) 尺寸界线用细实线绘制，也可以利用轮廓线(a)或中心线(b)作尺寸线； (2) 当尺寸界线贴近轮廓线时，允许倾斜画出(c)； (3) 在光滑过渡处标注尺寸时，必须用细实线将轮廓线延长，从它们的交点引出尺寸界线(d)
尺寸线	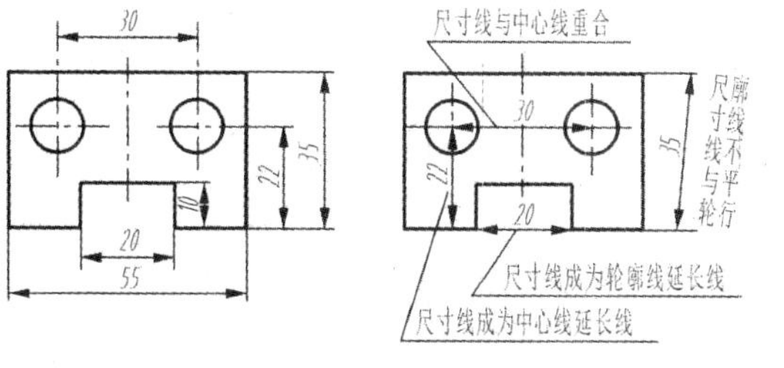 正确　　　错误	(1) 尺寸线必须用细实线单独画出。轮廓线、中心线或它们的延长线均不可作为尺寸使用； (2) 标注线性尺寸时，尺寸线必须与所注的线段平行
尺寸数字及带符号的尺寸	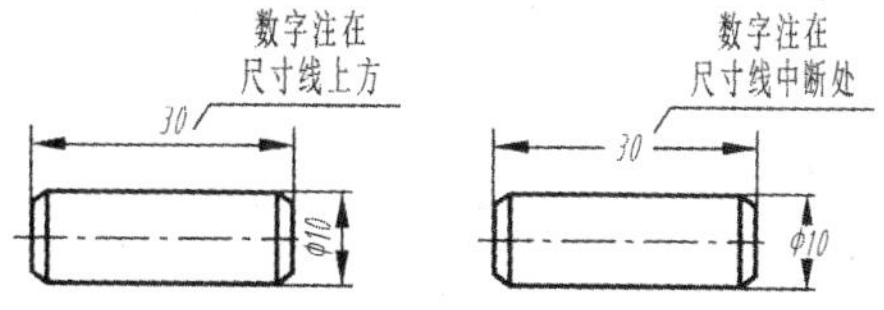 (a) 数字注在尺寸线上方　(b) 数字注在尺寸线中断处	(1) 线性尺寸中的水平数字注在尺寸线上方，从左至右；竖直尺寸数字注在尺寸线左侧，至下而上，如图(a)所示； (2) 线性尺寸数字也允许注在尺寸线的中断处，如图(b)所示； 注意：一张图样上应采用一种标注格式
	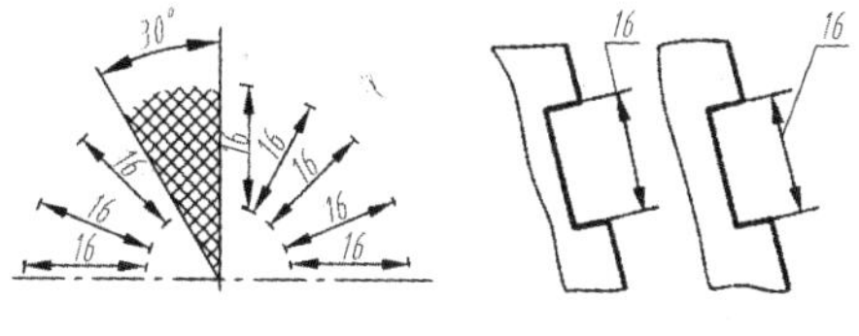 (a) (b)	(1) 线性尺寸数字方向应按图(a)所示方向标注； (2) 尽量避免在30°范围内标注尺寸，当无法避免时，可按(b)中所示形式标注
	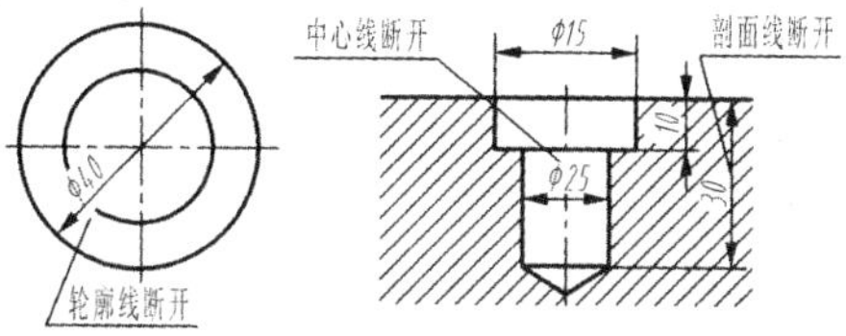 轮廓线断开　中心线断开　剖面线断开	数字不能被任何图线所通过；当不可避免时，图线必须断开

(续)

项目	图例	说明
尺寸数字及带符号的尺寸	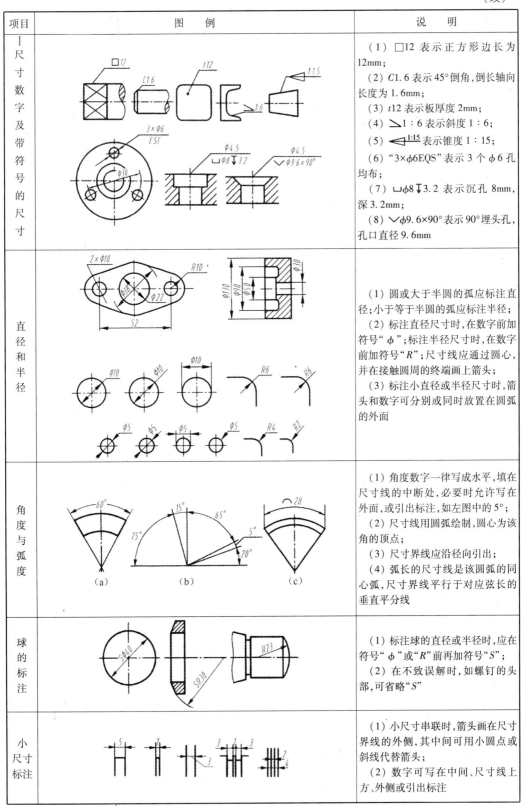	(1) □12 表示正方形边长为 12mm； (2) C1.6 表示 45°倒角，倒长轴向长度为 1.6mm； (3) t12 表示板厚度 2mm； (4) ∠1∶6 表示斜度 1∶6； (5) ◁1∶15 表示锥度 1∶15； (6) "3×φ6EQS" 表示 3 个 φ6 孔均布； (7) ⌴φ8↧3.2 表示沉孔 8mm，深 3.2mm； (8) ∨φ9.6×90° 表示 90°埋头孔，孔口直径 9.6mm
直径和半径		(1) 圆或大于半圆的弧应标注直径；小于等于半圆的弧应标注半径； (2) 标注直径尺寸时，在数字前加符号"φ"；标注半径尺寸时，在数字前加符号"R"；尺寸线应通过圆心，并在接触圆周的终端画上箭头； (3) 标注小直径或半径尺寸时，箭头和数字可分别或同时放置在圆弧的外面
角度与弧度		(1) 角度数字一律写成水平，填在尺寸线的中断处，必要时允许写在外面，或引出标注，如左图中的 5°； (2) 尺寸线用圆弧绘制，圆心为该角的顶点； (3) 尺寸界线应沿径向引出； (4) 弧长的尺寸线是该圆弧的同心弧，尺寸界线平行于对应弦长的垂直平分线
球的标注		(1) 标注球的直径或半径时，应在符号"φ"或"R"前再加符号"S"； (2) 在不致误解时，如螺钉的头部，可省略"S"
小尺寸标注		(1) 小尺寸串联时，箭头画在尺寸界线的外侧，其中间可用小圆点或斜线代替箭头； (2) 数字可写在中间、尺寸线上方、外侧或引出标注

尺寸标注经常出现的错误,如图1-15所示。

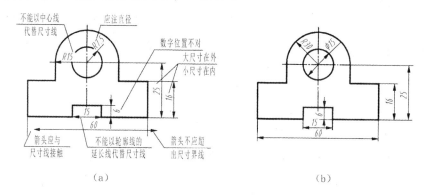

图1-15 尺寸标注正误对比示例
(a)错误;(b)正确。

1.2 绘图工具及用品的使用

"工欲善其事,必先利其器"。正确地使用绘图工具和仪器,是提高绘图质量和速度的前提。

1.2.1 图板、丁字尺和三角板

1. 图板

图板一般用胶合板制成,板面要求平整光滑,左侧为导边,使用时,应当保持板面的整洁完好。常用的图板规格有0号、1号、2号三种。

2. 丁字尺

丁字尺由尺头和尺身构成,主要用来画水平线。使用时,尺头内侧必须靠紧图板的导边,用左手推动丁字尺上下移动,如图1-16(a)所示;水平线应由左至右画出,如图1-16(b)所示;垂直线应由下至上画出,如图1-16(c)所示。

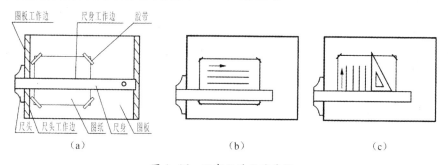

图1-16 丁字尺的正确使用

注意:绘图时,禁止用尺身下边缘画线,也不能用丁字尺画垂直线。为保持丁字尺平直准确,用完后应吊挂在墙上,以免尺身弯曲变形。

3. 三角板

三角板与丁字尺配合使用时,可画垂直线以及与水平线成30°、45°、60°的斜线。若同

一副三角板配合使用,还可画出15°、75°的斜线,如图1-17所示。

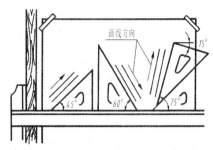

图1-17 斜线的画法

注意:三角板的配置和画线时的运笔方向。

利用一副三角板可以作任意已知直线的平行线或垂直线,如图1-18所示。

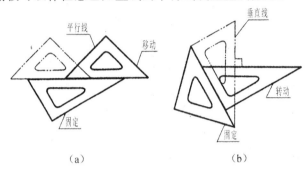

图1-18 作已知线段的平行线和垂直线
(a)作平行线;(b)作垂直线。

1.2.2 绘图铅笔和图纸

1. 绘图铅笔

绘图铅笔的铅芯有软硬之分。"B"表示铅芯的软度,号数越大铅芯越软;"H"表示铅芯的硬度,号数越大铅芯越硬;"HB"的铅芯软硬程度适中。绘图常用2H或H铅笔画底稿;用HB、B、2B铅笔描深图线;用HB铅笔写字。描画图线时,圆规所用铅芯应比铅笔的铅芯软1~2号。

铅笔使用时,用小刀从没有符号的铅笔端开始削铅笔,笔尖用砂纸磨削,B铅笔的笔芯应磨削成矩形,其余铅笔的笔芯应磨成圆锥状,如图1-19所示。

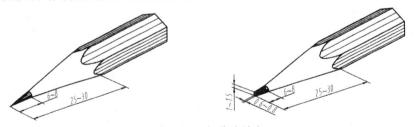

图1-19 铅笔的削法

2. 图纸

绘图纸要求质地坚实,用橡皮擦拭不易起毛。使用时必须用图纸的正面。识别方法:

一是用橡皮擦拭几下,不易起毛的一面为正面;二是迎光比较光亮一面为正面;三是用手触摸感到光滑的一面为正面。图纸的放置如图1-2和图1-3所示。

1.2.3 圆规、分规和比例尺

1. 圆规

圆规是用于画圆和圆弧的工具。附件有钢针插脚、鸭嘴插脚和延伸插杆等。用圆规画圆时,用钢针尖轻轻扎圆心,用右手拇指和食指捏住圆规手柄做顺时针方向旋转,并略向前进方向倾斜。画图之前要调整好钢针和铅芯的长度,并根据圆弧的大小调整铅芯和钢针的角度,使两脚与纸面垂直,如图1-20所示。

2. 分规

分规是用来从尺上量取尺寸、等分线段和移置线段的工具。使用分规前,应将两脚的钢针调齐,分规的使用方法如图1-21所示。

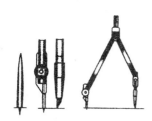

图1-20 使用圆规的方法

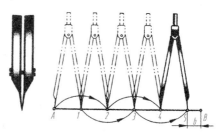

图1-21 分规的使用方法

3. 比例尺

比例尺也称为三棱尺,如图1-22所示。在它的三个棱面上有六种常见刻度,如1∶100、1∶200、1∶500等。按照比例尺上的任一种比例作图时,利用分规可直接按尺寸数值从相应的刻度上量取长度。

图1-22 比例尺

1.2.4 曲线板和多功能模板

1. 曲线板

曲线板是用来描画非圆曲线的。使用曲线板时,应先徒手将所求曲线上各点轻轻地依次连成圆滑的曲线图,然后从曲率大的地方着手,在曲线板上选择曲率变化与该段曲线基本相同的一段进行描画。一般每描一段最少应有四个已知点与曲线图板的曲线重合。为保证连接圆滑,每当描后一段曲线时,应有一小段与前一段所描的曲线重叠,后面再留一小段待下次描画,具体方法如图1-23所示。

描画对称曲线时,最好先在曲线板上标上记号,然后翻转曲线板,便能方便地按记号的位置描画对称曲线的另一半。

图 1-23 曲线板的用法

2. 多功能模板

多功能模板的种类很多,如椭圆模板、几何制图模板、六角螺栓模板等,图 1-24 是几何制图多功能模板。

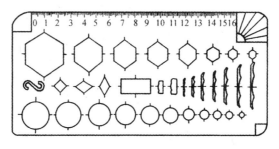

图 1-24 几何制图多功能模板

1.2.5 绘图机

绘图机是先进的手工绘图设备,其机头上装有一对互相垂直的直齿,可做 360°的转动,它能代替丁字尺、三角板、量角器等绘图工具,画出水平线、垂直线和任意角度的倾斜线。图 1-25(a)所示为钢带式绘图机;图 1-25(b)所示为导轨式绘图机。

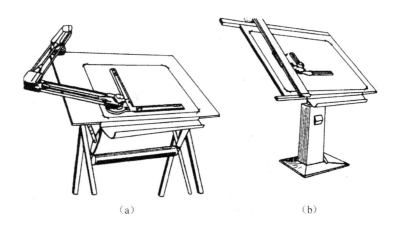

(a)　　　　　　　　　　　　(b)

图 1-25 绘图机
(a)钢带式绘图机;(b)导轨式绘图机。

1.2.6 其他绘图用品

其他常用的绘图用品有擦图片、胶带、磨铅板、橡皮、毛刷等,如图 1-26 所示。

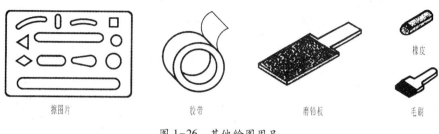

图 1-26 其他绘图用品

1.3 几 何 作 图

机件的轮廓形状基本上都是由直线、圆、圆弧和非圆曲线所构成的各种几何图形,只有熟练掌握几何图形的作图方法,才能精确、快速、高质量地完成图形的绘制。

1.3.1 等分线段及作多边形

1. 等分直线段

如图 1-27 所示,欲将线段 AB 五等分,可先过 A 点作任意直线 AC,并在 AC 上以适当长度截取五等分,得 $1'$、$2'$、$3'$、$4'$、$5'$ 各点;然后连接 $5'B$,并过 AC 线上其余各点作 $5'B$ 的平行线,分别交 AB 于 4、3、2、1 点,即为所求的等分点。

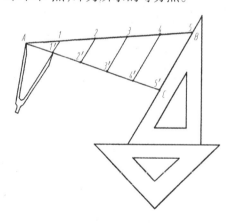

图 1-27 用平行线法等分线段

2. 三等分圆周及作圆内接等边三角形

如图 1-28 所示,用 60°三角板配合丁字尺,通过圆竖直对称中心线与圆周的交点,作两条斜边,且与圆周交于两点,即可确定圆周三等分点的作图。用丁字尺连接这两点即为水平边,将保留的图线加深,即可完成圆内接等边三角形的作图。

3. 六等分圆周及作圆内接正六边形

如图 1-29(a)所示,用 60°三角板配合丁字尺通过水平对称中心线与圆周的交点,作两条斜边,再用丁字尺作上下水平边,各边和圆周的交点,总计得六个等分点,即可实现圆周的六等分。依次连接各等分点,即可完成圆内接正六边形的作图。图 1-29(b)是利用圆规完成圆周六等分及作圆内接正六边形的作图,读者自行分析。

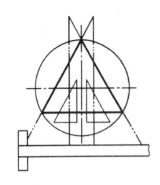
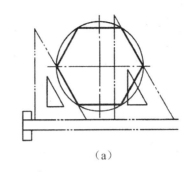
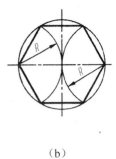

图 1-28 三等分圆周及作圆内接三角形　　　图 1-29 六等分圆周及作圆内接六边形

4. 五等分圆周及作圆内接正五边形

如图 1-30 所示,已知圆心 O 及 A、B、C、D 四个象限点,求作圆的内接五边形。

(1) 等分半径 OB,得点 P。

(2) 以点 P 为圆心,PD 为半径,画弧交 AO 于 K。

(3) DK 为五边形之一边长,依次截取 1、2、3、4,顺次连接,得正五边形 $D1234$。

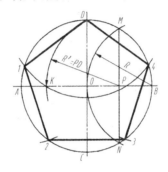

图 1-30 五等分圆周及作圆的内接正五边形

1.3.2 斜度与锥度

1. 斜度

斜度是指一直线或平面对另一直线或平面的倾斜程度。其大小用它们之间夹角的正切来表示,如图 1-31(a)所示,即斜度 $\tan\alpha = H/L$。在图样中,以 $1:n$ 的形式标注,在前面加注符号"∠"。标注时斜度符号的方向与斜度方向一致,如图 1-31(b)所示,符号的画法见图 1-31(c)。

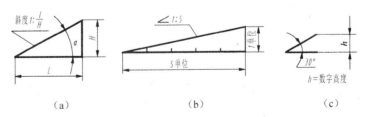

图 1-31 斜度的定义、标注和画法
(a)斜度的表示法;(b)斜度作图方法;(c)符号画法。

2. 锥度

锥度是指正圆锥底面圆直径与圆锥高之比。如果是圆台,则为上下底面圆直径差与圆台高之比,如图 1-32(a) 所示,即锥度 $=D/d=(D-d)/l=2\tan\alpha$。在图样中,以 $1:n$ 的形式标注,在前面加注符号"◁",标注时符号的尖端指向应与锥度方向一致。锥度符号的画法及标注方法,如图 1-32(b) 所示。锥度的作图方法,如图 1-32(c) 所示。

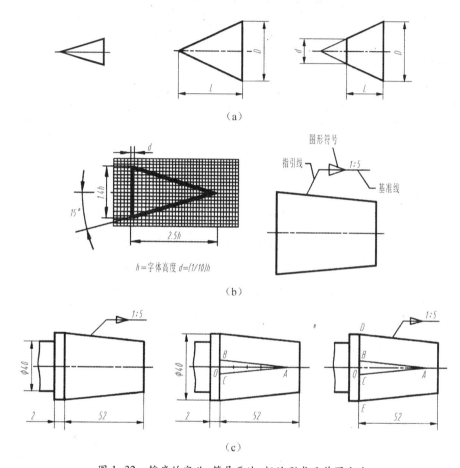

图 1-32 锥度的定义、符号画法、标注形式及作图方法

1.3.3 圆弧连接

圆弧连接是用只知半径的圆弧,光滑地连接已知直线或圆弧。这种起到连接作用的圆弧,称为连接弧。作图时,要准确地求出连接弧的圆心和连接点(切点),才能确保圆弧的光滑连接。

1. 用连接圆弧连接两条已知的直线

如图 1-33 所示,用半径为 R 的连接弧,连接两条已知的直线,其作图步骤如下:
(1) 作与已知两条直线分别相距为 R 的两条平行线,交点 O 为连接弧的圆心。
(2) 过 O 点向已知两直线作垂线,垂足 M、N 即为两切点。
(3) 以 O 为圆心,以 R 为半径,在 M、N 之间画出连接弧。

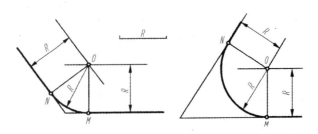

图 1-33　用连接弧连接两条已知的直线

2. 用连接圆弧连接两已知圆弧

1) 外连接（外切）

如图 1-34 所示，已知两圆弧的圆心和半径分别为 O_1、O_2 和 R_1、R_2，用半径为 R 的连接弧将已知两圆弧外连接，其作图步骤如下：

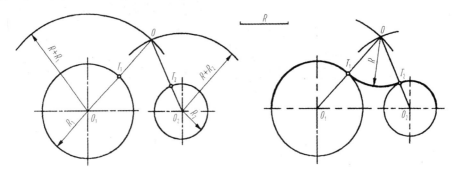

图 1-34　用连接圆弧连接两已知圆弧——外切

（1）分别以 O_1、O_2 为圆心，以 $R+R_1$、$R+R_2$ 为半径画弧，两弧的交点 O 即为连接圆弧的圆心。

（2）连接 OO_1、OO_2 线，交两弧于 T_1、T_2，即为两切点。

（3）以 O 为圆心，R 为半径，在 T_1、T_2 之间画出连接圆弧，最后加粗。

2) 内连接（内切）

如图 1-35 所示，用半径为 R 的连接圆弧内切于已知两圆弧，其作图步骤如下：

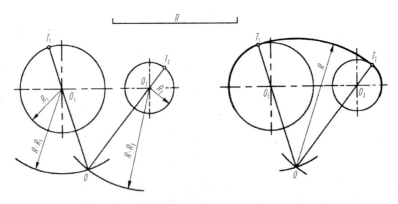

图 1-35　用连接弧连接两已知圆弧——内切

（1）分别以 O_1、O_2 为圆心，以 $|R-R_1|$、$|R-R_2|$ 为半径画弧，两弧的交点 O 即

为连接圆弧的圆心。

(2) 连接 OO_1、OO_2 线并延长,交两弧于 T_1、T_2,即为两切点。

(3) 以 O 为圆心,R 为半径,在 T_1、T_2 之间画出连接圆弧,最后加粗。

3) 内、外连接(内、外切)

如图 1-36 所示,用连接圆弧与第一个已知圆弧外切,与第二个圆弧内切,即内、外连接,其作图步骤如下:

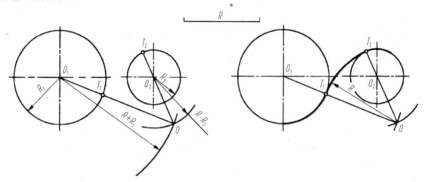

图 1-36 用连接圆弧连接两已知圆弧——内、外切

(1) 分别以 O_1、O_2 为圆心,以 $R+R_1$、$|R-R_2|$ 为半径画弧,两弧的交点 O 即为连接圆弧的圆心。

(2) 连接 OO_1 线交第一个圆弧于 T_1;连接 OO_2 线并延长,交第二个圆弧于 T_2。T_1、T_2 即为两切点。

(3) 以 O 为圆心,R 为半径,在 T_1、T_2 之间画出连接圆弧,最后加粗。

3. 圆弧切线

绘图时常常遇到圆弧的切线问题。如图 1-37 所示,是用三角板过圆外一点 A 作圆的切线,这时要准确地找出直线与圆弧的切点 K。其作图步骤如下:

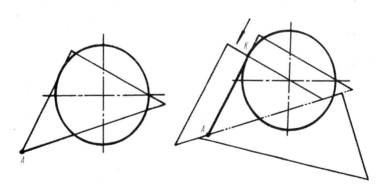

图 1-37 过圆外一点作圆的切线

(1) 三角板直角的一边过 A 点且与圆相切。

(2) 移动三角板,使另一直角边经过圆心,得切点 K,连接 AK 即为所求切线。

1.3.4 椭圆画法

绘图时,除要画直线和圆弧外,也会遇到一些非圆曲线。这里只介绍椭圆常见的两种画法,即同心圆法和四心法。

1. 同心圆法

如图 1-38 所示,已知椭圆的长轴、短轴,以 O 为圆心、长半轴 OA 和短半轴 OC 为半径分别作圆。由 O 作若干射线与两圆相交,再由各交点分别作长、短轴的平行线,其交点为椭圆上各点,用曲线板光滑连接各点,即得椭圆。

2. 四心法

如图 1-39 所示,以 O 为圆心,OA 为半径画弧,交 OC 延长线于 E 点;再以 C 为圆心,CE 为半径画弧,交 AC 于 E_1 点;作 AE_1 的中垂线,交长轴、短轴于 O_1、O_2 点,在各自轴上取对称点 O_3、O_4;分别以 O_1、O_2、O_3、O_4 为圆心,O_1A、O_2C、O_3B、O_4D 为半径作弧画成近似的椭圆,切点为 K、K_1、N、N_1,最后加粗。

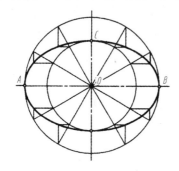
图 1-38 椭圆的画法——同心圆法

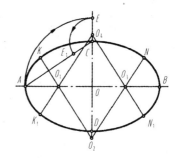
图 1-39 椭圆的画法——四心圆法

1.4 平面图形分析及作图方法

平面图形是由几何图形和一些线段组成的,根据平面图形及线段的尺寸标注,分析各几何图形和线段的形状、大小和它们之间的相对位置,从而解决画图的顺序问题。

1.4.1 尺寸分析

1. 基准

标注尺寸的起点称为基准。平面图形中有长度和高度两个基准,常选择图形的对称中心线、较长的轮廓线作为尺寸基准。在图 1-40 中,长度方向的基准是距左端 15mm 处的竖直线段 A,高度方向的基准是图形的上下对称线 B。

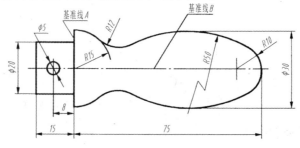

图 1-40 平面图形尺寸分析

2. 定形尺寸

确定平面图形各组成部分形状大小的尺寸,称为定形尺寸。如圆的直径、圆弧的半径、线段的长度、角度大小等。如图 1-40 中的 $\phi 20$、$\phi 5$、$R15$、$R12$、$R50$、$R10$、15 等。

3. 定位尺寸

确定平面图形中各组成部分之间相对位置的尺寸,称为定位尺寸。如图 1-40 中 8 是确定 $\phi 5$ 圆心位置的尺寸;75 是确定 $R10$ 长度定位的尺寸。

注意:有些定形尺寸,同时也是定位尺寸,如图 1-40 中的 $\phi 20$、$R15$ 等;定形尺寸无基准,而定位尺寸必须由基准来注出。

1.4.2 平面图形的线段分析

平面图形中的线段(直线、圆弧),根据其尺寸的完整与否,可分为已知线段、中间线段和连接线段三种。

(1) 已知线段。已知线段是注有完整的定形尺寸、定位尺寸,能直接画出的线段,如图 1-41(a)所示。

(2) 中间线段。中间线段是有定形尺寸,但定位尺寸不齐全,必须依赖附加的一个几何条件才能画出的线段,如图 1-41(b)所示。

(3) 连接线段。连接线段是只有定形尺寸而没有定位尺寸,需要依赖附加的两个几何条件才能画出的线段,如图 1-41(c)所示。

最后清图、描粗,如图 1-41(d)所示。

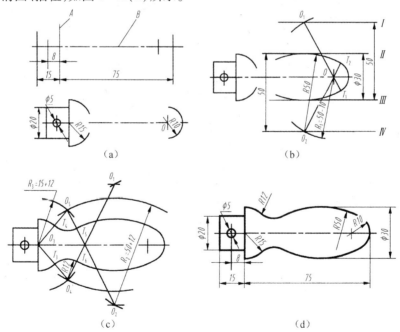

图 1-41 平面图形的画图步骤

(a)画已知的圆和线段;(b)画中间弧;(c)画连接线段;(d)擦去多余线段,按线型要求描深。

1.4.3 平面图形的作图步骤

如图 1-41 所示,画平面图形的一般步骤如下:

1. 准备工作

（1）分析图形，确定线段性质：已知线段、中间线段、连接线段。
（2）选定比例、确定图纸幅面，并在图板上固定图纸。
（3）备齐绘图工具和仪器，修好铅笔，调整好圆规。
（4）拟定具体的作图顺序。

2. 绘制底稿

画底稿，一般用削尖的 2H 或 3H 铅笔准确、轻轻地绘制。具体步骤如下：
（1）画图框、标题栏外框。
（2）根据图形尺寸，布置好图形的位置，画出长度和高度方向的基准线。
（3）按已知线段、中间线段、连接线段的次序，画出图形，但要遵循先主体后细部的原则。

3. 检查、描深

仔细检查底稿，一次性擦去多余的作图线段，然后按线型要求，依次描深底稿。
（1）先粗后细。一般先描深全部粗实线，再描虚线、细点画线，以保证同一种线的型号规格一致性。
（2）先曲后直、先水平后垂直再倾斜。在描深图线时，先描圆或圆弧，再描直线，并顺次连接以保证线段连接的光滑。
（3）一次性画出尺寸界线、尺寸线、箭头，再填写尺寸数字。
（4）描深图框和标题栏，并填写标题栏。最后全面检查并修饰全图。

1.4.4 平面图形的尺寸标注

在平面图形中标注尺寸时，要做到正确、完整和清晰。正确性指符合国家标准规定，完整性指不得出现重复或遗漏，清晰性指尺寸安排有序、布局整齐、标注清楚。

图 1-42 给出了常见平面图形尺寸标注示例。

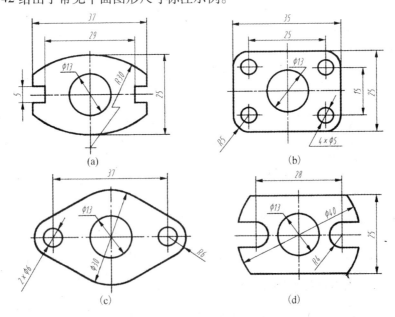

图 1-42　平面图形尺寸标注示例

1.5 徒手画图的方法

徒手图也称草图,是不借助仪器,仅用铅笔以徒手、目测的方法绘制的图样。由于绘制草图迅速简便,有很大的实用价值,常用于创意设计、现场测绘和技术交流。

徒手图不要求按照国标规定的比例绘制,但要求正确目测实物形状和大小,基本上把握住形体各部分间的比例关系。

在生产实践中,经常需要人们借助于画图来记录或表达技术思想,因此徒手画图是工程技术人员必备的一项重要的基本技能。在学习过程中,应通过实践逐步提高徒手绘图的速度和技巧。

1. 直线的画法

画直线时,要注意手指和手腕执笔的力度,小手指靠着纸面。在画水平线时,为了顺手,可将图纸斜放。画短线以手腕运笔,画长线则整个手臂动作。如果用一直线连接已知两点,眼睛要注视终点,以保持运笔方向。直线徒手图的画法,如图 1-43 所示。

2. 常用角度的画法

画 45°、30°、60°等常见角度,可根据两直角的比例关系,在两直角边上定出两点,然后连接而成。画线的方法,如图 1-44 所示。

图 1-43 直线的徒手画法　　　　图 1-44 角度线的徒手画法

3. 圆的画法

画直径较小的圆时,先在中心线上按半径目测定出四个点,然后徒手将各点连接成圆。当画直径较大的圆时,可过圆心加画一对十字线,按半径目测定出八个点,连接成圆,如图 1-45 所示。

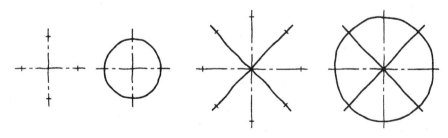

图 1-45 圆的徒手画法

4. 圆角、曲线连接及椭圆的画法

对于圆角、曲线连接及椭圆的画法,可以尽量利用正方形、菱形相切的特点进行画图,如图 1-46 所示。

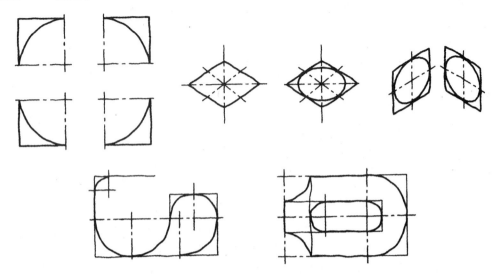

图 1-46　圆角、曲线连接及椭圆的徒手画法

5. 在方格纸上画草图

初学者可在方格纸上画草图，尽量使图形中的直线与分格线重合，这样便于控制图形各部分的比例、大小和投影关系，而且更为方便、准确地利用格线画中心线、轴线、水平线、垂直线和一些倾斜线，如图 1-47 所示为草图示例。

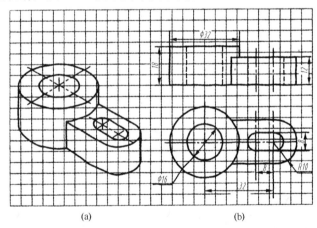

图 1-47　草图示例
(a)轴测草图；(b)正投影草图。

总之，画徒手图的基本要求是：画图速度尽可能要快，目测比例尽量要准确，图面质量尽量要好。

思　考　题

1. 图纸的基本幅面有几种？各种图纸幅面尺寸之间有什么规律？

2. 试说明粗实线、虚线、细点画线、细实线各有什么用途。画细点画线和虚线时,应注意什么?

3. 试说明比例1∶2和2∶1的含义。

4. 字体号数含义是什么?长仿宋体的书写要领是什么?

5. 完整尺寸由哪几个部分组成?圆的直径、圆弧半径、角度的标注有什么特点?书写不同方向的线性尺寸数字时,有什么规则?

6. 什么是斜度?它在图样中如何标注?

7. 什么是锥度?它在图样中如何标注?

8. 试说明∠1∶20、◁1∶20的含义。

9. 圆弧连接的作图方法有什么规律?

10. 什么是已知线段、中间线段和连接线段?

11. 什么是草图?草图有哪些用途?绘制草图有哪些具体要求?

第 2 章　正投影基础

正投影图能准确地表达物体的形状、大小,作图方便,度量性好,所以在工程上得到广泛的应用。因此,正投影法的基本原理、投影规律及作图方法是本章的主要内容,也是本课程学习的核心内容。

本章要点

学习目标	考核标准	教学建议
(1) 了解投影法的概念及种类; (2) 掌握正投影的基本性质; (3) 掌握点、线、面投影过程及作图规律; (4) 掌握线、面的投影特性; (5) 掌握利用换面法,求一般位置直线及平面实长、实形及倾角的方法	应知:正投影法点、线、面在三面投影中的作图规律;线面的投影性质。 应会:点、线、面三面投影中作图方法;线、面投影特性;利用换面法求一般位置直线、平面的实长、实形、倾角	重点讲解正投影法中点、线、面在三面投影中投影过程、投影规律、作图方法;线、面的投影特性;一般性掌握线、面实长及实形的有关求解

项目二　完成点、线、面的三面投影,直观图及求解

项目指导	条件及样例
一、目的 (1) 掌握点、线、面三面投影作图方法。 (2) 掌握平面的直观作图方法。 (3) 掌握一般位置平面实形及倾角的求解方法。 二、内容及要求 (1) 完成平面图形 ABC 的三面投影作图、直观作图、实形的求解,其中利用换面法求解时,要求 V 面投影不变,变换 H 面投影来作图。 (2) 用 A4 图纸,横放,比例 1∶1。 (3) 在三个视图及实形的求解中,各顶点要标注相应字母。 三、作图步骤 (1) 画底稿:①画图框和标题栏外框线;②布置三个图形的位置;③首先完成平面的三视图,再完成立体图,最后完成实形的求解;④注出各顶点的投影字母。 (2) 检查底稿,擦去多余线条。 (3) 描深各作图结果,作图线用 H 铅笔加深。 (4) 填写标题栏,加深外框及标题栏外框。 四、注意事项 (1) 三个图形布置要匀称。 (2) 保留作图线。 (3) 平面的三视图、平面的直观图、平面实形求解过程图可以不注尺寸。	已知平面由三角形组成,其三个角点坐标分别为 $A(50、10、20)$、$B(30、40、40)$、$C(15、20、10)$,试完成其三面投影、直观图和三角形实形的求解 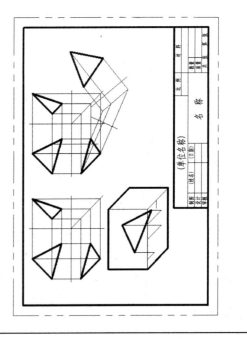

2.1 投影法的基本知识

GB/T 14692—2008《技术制图 投影法》规定了投影法常用术语及定义、投影法分类、投影体制及基本要求。

2.1.1 投影法的概念

空间物体在光线照射下,会在地面或墙壁上产生物体的影子,这种自然投影现象,经过科学总结,形成了各种投影法。

投影法:投射线通过物体,向选定的面投射,并在该面上得到图形的方法,如图 2-1 所示。

投影(投影图):根据投影法所得到的图形。

投影面:在投影法中,得到投影的面。

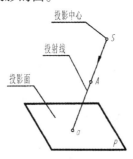

图 2-1 投影法的概念

2.1.2 投影法的分类

1. 中心投影法

中心投影法是指投射线汇交于一点的投影法,如图 2-2 所示。

因中心投影法所得到投影的大小会随投影中心 S 距离空间对象的远近而变化,由此可知中心投影不反映形体原来的大小。工程图学中常用中心投影法绘制透视图,这种图形接近于视觉映像,有较强的立体感和真实感,在建筑工程的外形设计中广泛使用,但是由于作图复杂、度量性较差,因此机械图样中很少采用。

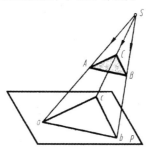

图 2-2 中心投影法

2. 平行投影法

平行投影法可以看成是中心投影法的特殊情况,若将投影中心移至无穷远处,则所有投射线是相互平行的,如图2-3所示。

平行投影法是投射线都相互平行的投影方法。

在平行投影法中,因投射线与投影面倾斜角度不同,平行投影法分为斜投影法和正投影法两种。

(1)斜投影法。投射线倾斜于投影面的投影法,称为斜投影法。根据斜投影法所得到的图形称为斜投影或斜投影图,如图2-3(a)所示。

(2)正投影法。投射线垂直于投影面的投影法,称为正投影法。根据正投影法所得到的图形,称为正投影或正投影图,如图2-3(b)所示。

正投影法所得到的投影能真实地反映物体的形状和大小,度量性好,同时作图简单,是绘制机械图样主要采用的投影法。

平行投影中的正投影,又有单面投影和多面投影之分。单面投影常用于轴测投影和标高投影;多面投影常用于画多面正投影。

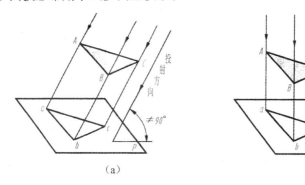

图 2-3 平行投影法
(a)斜投影;(b)正投影。

2.1.3 正投影的基本性质

绘制物体的正投影,实际上是作该物体所有轮廓的投影,或作该物体各表面的投影。因此,掌握直线和平面的正投影特性,对于绘制和阅读物体的正投影是很重要的。

1. 真实性

当直线或平面与投影面平行时,则直线的投影为实长,平面的投影为实形。这种投影性质称为真实性,如图2-4所示。

注意:因直线无限长,平面无限大,通常以线段代替直线,三角形代替平面来讨论其投影性质及投影作图。

2. 积聚性

当直线或平面与投影面垂直时,则直线的投影积聚为一点,平面的投影为一条直线。这种投影性质称为积聚性,如图2-5所示。

3. 类似性

当直线或平面与投影面倾斜时,则直线的投影变为缩短了的线段,平面的投影为小于原形的类似形。这种投影性质称为类似性,如图 2-6 所示。

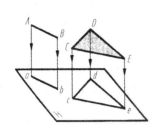

图 2-4 投影的真实性

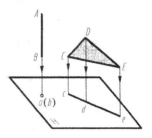

图 2-5 投影的积聚性

4. 平行性

空间两直线平行,其投影必定平行;空间两平面平行且垂直于投影面,其投影为具有积聚性的两平行直线,如图 2-7 所示。

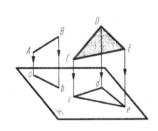

图 2-6 投影的类似性

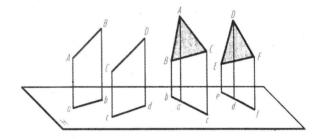

图 2-7 投影的平行性

5. 从属性

点在直线上,则点的投影必在该直线的同面投影上,且点分线段之比与其投影为相同之比($AK:KB=ak:kb$);点或直线在平面上,它们的投影必在该平面的同面投影上,如图 2-8 所示。

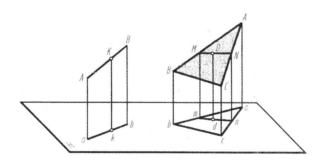

图 2-8 投影的从属性

2.2 点 的 投 影

点是构成物体最基本的几何要素,因此在学习物体三面投影之前,必须牢固地掌握点的投影作图规律及作图方法。

2.2.1 点在三面投影体系中的投影

1. 三面投影体系

利用三个相互垂直的平面,可将空间分割为八个区域,称为八个象限(八个分角),依次用Ⅰ、Ⅱ、Ⅲ、Ⅳ、Ⅴ、Ⅵ、Ⅶ、Ⅷ表示,如图2-9所示。GB/T 14692—2008《技术制图 投影法》规定,我国采用第一象限区域作为三面投影体系,如图2-10所示。

三个投影面分别是:

H(水平面)——水平投影面;

V(正面)——正立投影面;

W(侧面)——侧立投影面。

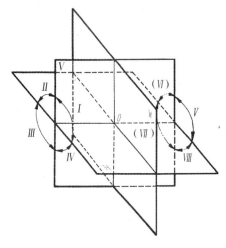

图2-9 八个象限的建立

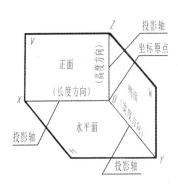

图2-10 三投影面体系

相互垂直的投影面之间的交线称为投影轴,三个投影轴分别是:

OX轴——V面与H面的交线,代表长度方向,方位为左、右方位;

OY轴——H面与W面的交线,代表宽度方向,方位为前、后方位;

OZ轴——V面与W面的交线,代表高度方向,方位为上、下方位;

O(原点)——三根相互垂直的投影轴的交点。

2. 点在三面投影体系中的投影

如图2-11(a)所示,将空间点S放在三面投影体系中,由点S分别向H、V、W面作垂线,其垂足s、s'、s''即为点S的三面投影图。如图2-11(b)所示,V面及其投影不动,将H、W投影面及其投影,按箭头所示方向绕相应的投影轴旋转展开后与V面共面,便得到点S的三面投影,如图2-11(c)所示。

通过上述点的三面投影的形成过程,可总结出点的投影规律。

(1) 点的两面投影的连线,必定垂直于投影轴。即$ss' \perp OX$、$s's'' \perp OZ$、$ss_{Y_H} = OY_H$、$s''s_{Y_W} \perp OY_W$。

(2) 点的投影到投影轴的距离,等于空间点到相应投影面的距离。即影轴距等于点面距:$s's_X = s''s_Y = Ss$,即S点到H面的距离;$ss_X = s''s_Z = Ss'$,即S点到V面的距离;$ss_Y = s's_Z = Ss''$,即S点到W面的距离。

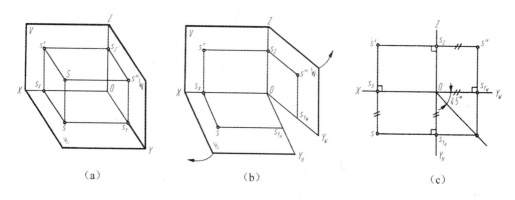

图 2-11 点的三面投影

例 2-1 如图 2-12(a)所示,已知点 A 的 V 面投影 a' 和 W 面投影 a'',求其 H 面投影 a。

分析:

根据点的投影规律可知,$a'a \perp OX$,过 a' 作 OX 轴的垂线 $a'a_X$,所求 a 点必在 $a'a_X$ 的延长线上。由 $aa_X = a''a_Z$,可确定 a 在 $a'a_X$ 延长线上的位置。

作图:

(1) 过 a' 作 $a'a_X \perp OX$,并延长,如图 2-12(b)所示。

(2) 量取 $aa_X = a''a_Z$,可求得 a,也可以利用 45°作图线作图,如图 2-12(c)所示。

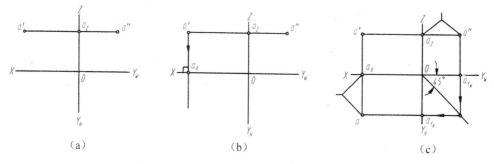

图 2-12 已知点的两面投影求第三面投影

2.2.2 点的三面投影与直角坐标

点的空间位置可以用直角坐标来表示,如图 2-13 所示。即把投影面作为坐标面,投影轴作为坐标轴,O 即为坐标原点。则

A 点到 W 面的距离 X_A 为 $Aa'' = a'a_Z = aa_Y = a_X O = X$ 坐标;

A 点到 V 面的距离 Y_A 为 $Aa' = a''a_Z = aa_X = a_Y O = Y$ 坐标;

A 点到 H 面的距离 Z_A 为 $Aa = a''a_Y = a'a_X = a_Z O = Z$ 坐标;

A 点的坐标书写形式为 $A(X、Y、Z)$。

空间点的位置可由该点的直角坐标$(X、Y、Z)$确定。A 点三投影的坐标分别为 $a(X、Y)$,$a'(X、Z)$,$a''(Y、Z)$。任一投影都包含了两个坐标,所以一点的两个投影就包含了确定该点空间位置的三个坐标值,即确定了点的空间位置。

例 2-2 已知点直角坐标 $B(12、10、15)$,求作它的三面投影。

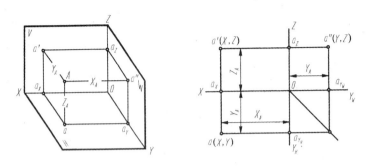

图 2-13 点的投影与直角坐标

分析:
已知空间的三个坐标值,便可作出该点的两面投影,从而作出该点的另一面投影。

作图:
（1）作投影轴 OX、OY、OZ；在 OX 轴上量取 12,得 b_X；过 b_X 作 OX 轴的垂线,如图 2-14(a)所示。

（2）在 OZ 轴上从 O 点向上量取 15,求出 b_Z,过 b_Z 作 OZ 轴的垂线,两条线的交点即为 b',如图 2-14(b)所示。

（3）在 $b'b_X$ 的延长线上,从 b_X 向前量取 10 得 b,利用 45°辅助线,根据 b、b' 可求出第三面投影 b'',如图 2-14(c)所示。

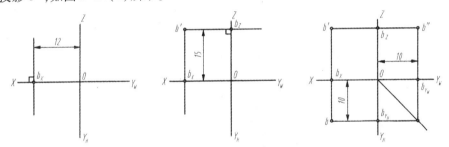

图 2-14 根据点的直角坐标作三面投影

2.2.3 特殊位置点的三面投影

1. 空间点在投影面上

由于它有一个坐标为 0,因此,它的三面投影中,必定有两个投影在投影轴上,另一个投影和其空间点本身重合。例如,在 V 面上的点 A,它的 Y 坐标为 0,所以它的水平投影 a 在 OX 轴上,侧面投影 a'' 在 OZ 轴上,而正面投影 a' 在 V 面上与其空间点本身重合为一点,如图 2-15(a)所示。

2. 空间点在投影轴上

由于它有两个坐标为 0,因此它的三面投影中,必定有一个投影在原点上,另两个投影和其空间点本身重合。例如,在 OZ 轴上的点 A,它的 X 坐标、Y 坐标为 0,所以它的水平投影 a 在原点,正面投影 a'、侧面投影 a'' 在 OZ 轴上与其空间点本身重合为一点,如图 2-15(b)所示。

3. 空间点在原点上

由于在原点上的空间点三个坐标都为 O,因此,它的三个投影必定都在原点上,如图 2-15(c)所示。

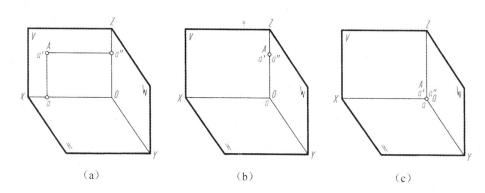

图 2-15 特殊位置点的三面投影

2.2.4 两点的相对位置、重影点

1. 两点的相对位置

空间两点的相对位置由两点的坐标差来确定,如图 2-16 所示。

左右位置由 X 坐标差($X_A - X_B$)确定。由于 $X_A > X_B$,因此点 A 在点 B 的左方。

前后位置由 Y 坐标差($Y_A - Y_B$)确定。由于 $Y_A < Y_B$,因此点 A 在点 B 的后方。

上下位置由 Z 坐标差 $Z_A - Z_B$ 确定。由于 $Z_A < Z_B$,因此点 A 在点 B 的下方,故点 A 在点 B 的左、后、下方;反之,就是点 B 在点 A 的右、前、上方。

2. 重影点

当空间两点的某两个坐标相同时,将处于某一投影面的同一条投射线上,则在该投影面上的投影相重合,称为对该投影面的重影点,如图 2-17 所示。

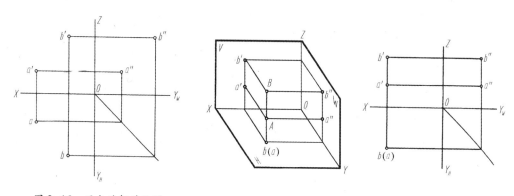

图 2-16 两点的相对位置 图 2-17 重影点

重影点的可见性需根据这两个点不重影的坐标大小来判别。

当两点的 W 面投影重合时,需判别其在 V 面或 H 面的投影,则点在左(X 坐标值大)者可见。

当两点的 V 面投影重合时,需判别其在 H 面或 W 面的投影,则点在前(Y 坐标值大)

者可见。

当两点的 H 面投影重合时,需判别其在 V 面或 W 面的投影,则点在上(Z 坐标值大)者可见。

在投影图中,对不可见的点,需加括号来表示。

2.3 直线的投影

2.3.1 直线的三面投影

直线的三面投影可由直线上两点的同面投影连线来确定,图 2-18(a)给出了直线的三面投影直观图。若已知直线 AB 两端点的坐标,作直线 AB 的三面投影时,只要先求出 A、B 两点的三面投影,如图 2-18(b)所示。然后用粗实线分别连接 A、B 两点的同面投影 ab、a'b'、a"b",即为直线 AB 的三面投影,如图 2-18(c)所示。

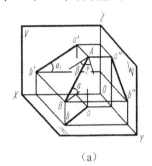 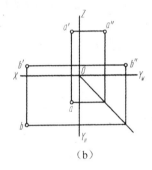 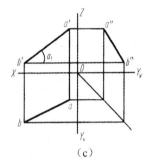

(a)   (b)   (c)

图 2-18 直线的三面投影

2.3.2 各种位置直线的投影

空间位置直线在三投影面体系中,对投影面的相对位置有一般位置直线、投影面平行线、投影面垂直线三种状态,后两种又称特殊位置直线。

1. 一般位置直线

相对三个投影面都倾斜的直线,称为一般位置直线,如图 2-18 所示。其投影特性为:

(1) 一般位置直线的各面投影都与投影轴倾斜。

(2) 一般位置直线的各面投影长度都小于实长。

(3) 一般位置直线的各面投影与投影轴的夹角不反映空间直线对相应投影面的倾角。

2. 特殊位置直线

(1) 投影面平行线。平行于某一个投影面而倾斜于另外两个投影面的直线,称为该投影面的平行线。

投影面平行线有水平线、正平线、侧平线三种。表 2-1 列出了它们的实例图、轴测图、正投影图和投影特性。

表2-1 投影面平行线的投影特性

名称	水平线(//H,对V、W面倾斜)	正平线(//V,对H、W面倾斜)	侧平线(//W,对H、V面倾斜)
实例图			
轴测图			
正投影图			
投影特性	(1) 水平投影 $ab=AB$； (2) 正面投影 $a'b'//OX$，侧面投影 $a''b''//OY_W$，都不反映实长； (3) ab 与 OX 和 OY_H 的夹角 β、γ 等于 AB 对 V、W 面的倾角	(1) 正面投影 $c'd' = CD$； (2) 水平投影 $cd//OX$，侧面投影 $c''d''//OZ$，都不反映实长； (3) $c'd'$ 与 OX 和 OZ 的夹角 α、γ 等于 CD 对 H、W 面的倾角	(1) 侧面投影 $e''f'' = EF$； (2) 水平投影 $ef = OY_H$，正面投影 $e'f'//OZ$，都不反映实长； (3) $e''f''$ 与 OY_W 和 OZ 的夹角 α、β 等于 EF 对 H、W 面的倾角
	(1) 在所平行的投影面上的投影反映实长； (2) 其他两面投影平行于相应的投影轴； (3) 反映实长的投影与投影轴所夹的角等于空间直线对相应投影面的倾角		

(2) 投影面垂直线。垂直于某一个投影面的直线，称为该投影面的垂直线。

投影面垂直线有铅垂线、正垂线、侧垂线三种。表2-2列出了它们的实例图、轴测图、正投影图和投影特性。

表2-2 投影面垂直线的投影特性

名称	铅垂线(⊥H,//V、W面)	正垂线(⊥V,//H、W面)	侧垂线(⊥W,//H、V面)
实例图			

(续)

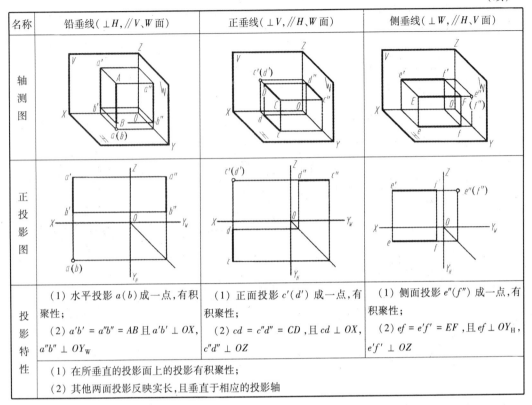

名称	铅垂线($\perp H$, $//V$、W面)	正垂线($\perp V$, $//H$、W面)	侧垂线($\perp W$, $//H$、V面)
轴测图			
正投影图			
投影特性	(1) 水平投影 $a(b)$ 成一点,有积聚性; (2) $a'b' = a''b'' = AB$ 且 $a'b' \perp OX$, $a''b'' \perp OY_W$	(1) 正面投影 $c'(d')$ 成一点,有积聚性; (2) $cd = c''d'' = CD$,且 $cd \perp OX$, $c''d'' \perp OZ$	(1) 侧面投影 $e''(f'')$ 成一点,有积聚性; (2) $ef = e'f' = EF$,且 $ef \perp OY_H$, $e'f' \perp OZ$
	(1) 在所垂直的投影面上的投影有积聚性; (2) 其他两面投影反映实长,且垂直于相应的投影轴		

2.3.3 属于直线的点

1. 直线上的点

直线上的点,其投影必在该直线的同面投影上,且符合点的投影规律,如图 2-19 所示。点 C 在直线 AB 上,则点 C 的三面投影 c、c'、c'' 必定分别在直线 AB 的同面投影 ab、$a'b'$、$a''b''$ 上,且符合点的投影规律。

注意:如果一点的三面投影中,有一面投影不属于直线的同面投影,则该点必不属于该直线。

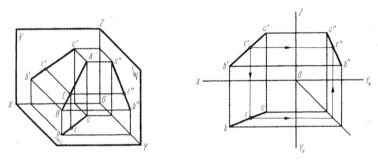

图 2-19 直线上点的投影

2. 点分线段成定比

点分线段之比等于其各同面投影之比,如图 2-19 所示。点 C 把直线 AB 分成 AC 和

CB 两段,两线段与其投影关系为:$AC:CB = ac:cb = a'c':c'b' = a''c'':c''b''$。

例 2-3 如图 2-20(a)所示,已知直线 EF 的 V、H 两面投影,以及属于直线上一点 K 的 V 面投影 k',求作该点的 H 面投影 k。

分析:

在直线的 V、H 面投影上,不能由属于直线上点的一面投影求作另一面投影(因该直线是特殊位置直线),可作直线的 W 面投影或应用点分线段成定比的性质作图。

方法 1:作出直线 EF 的 W 面投影 $e'f'$,由 k' 作出 k'',再由 k'' 作出 k,如图 2-20(b)所示。

方法 2:过 e 任作一辅助直线,使 $ek_1 = e'k'$,$k_1f_1 = k'f'$。连接 f_1f,并过 k_1 作 f_1f 的平行线,交 ef 于 k,如图 2-20(c)所示。

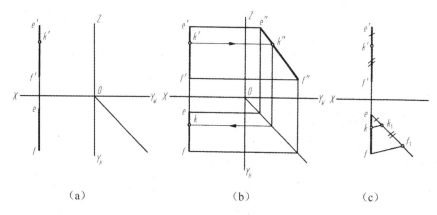

图 2-20 求直线上点的投影

2.3.4 两直线的相对位置

空间两直线的相对位置有平行、相交、交叉三种情况,它们的投影特性如下。

1. 平行两直线

空间相互平行的两直线,它们的各组同面投影也一定相互平行,如图 2-21 所示。$AB // CD$,则 $ab // cd$,$a'b' // c'd'$,$a''b'' // c''d''$。反之,如果两直线的各组同面投影都相互平行,则可判定它们在空间也一定相互平行。

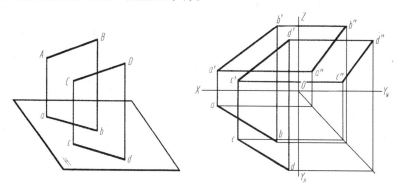

图 2-21 平行两直线的投影

2. 相交两直线

空间两直线 AB、CD 相交于点 K，则交点 K 是两条直线的共有点，如图 2-22 所示。因此，点 K 的 H 面投影 k 必在 ab 上，又必在 cd 上，故点 k 必为 ab、cd 的交点。同理，点 K 的 V、W 面投影 k′、k″，必为 a′b′、c′d′ 及 a″b″、c″d″ 的交点。同时，点 K 是空间的一个点，它的三面投影 k、k′、k″ 必然符合投影规律。

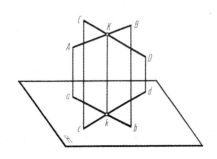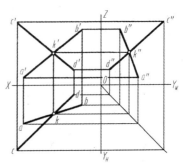

图 2-22　相交两直线的投影

3. 交叉两直线

在空间既不平行也不相交的两直线，称为交叉两直线，如图 2-23 所示。它们的三面投影不具有平行和相交两直线的投影特性。

因 AB、CD 不平行，它们的各组同面投影不会都平行（可能有一两组平行）；又因 AB、CD 不相交，各组同面投影"交点"的连线不会垂直于相应的投影轴，即不符合两直线相交的投影规律。

反之，如果两直线的投影不符合平行或相交两直线的投影规律，均可判定为空间交叉两直线。

那么，它们的"交点"又有什么意义呢？实际上它们的"交点"是 AB 和 CD 上一对重影点在 H 面上的投影，即重影。对重影应区分其可见性，即根据重影的两点对同一投影面坐标值大小来判断，坐标值大者为可见，小者为不可见。对于 H 面上的重影点 Ⅲ、Ⅳ，由于 $Z_{Ⅲ} > Z_{Ⅳ}$，Ⅲ 可见而 Ⅳ 不可见，故 H 面投影为 3(4)。同理，Ⅰ、Ⅱ 两重影点在 V 面上的重影为 1′(2′)，读者自行分析。

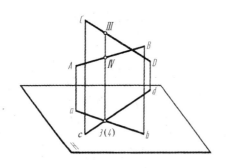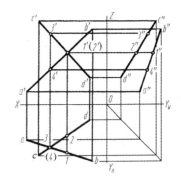

图 2-23　交叉两直线的投影

2.4 平面的投影

2.4.1 平面的表示法

1. 用几何元素表示平面

由画法几何学可知,不在同一直线上的三点可确定一个平面。从这个公理出发,在投影图上可以用下列任何一组几何元素的投影来表示平面的投影,如图 2-24 所示。其中讨论平面的投影时,一般以三角形为特例来讨论其投影过程及特性。

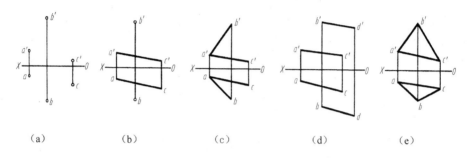

图 2-24 平面的表示法

(a)不在同一直线上的三点;(b)一直线和线外一点;(c)相交两直线;(d)平行两直线;(e)任意平面图形。

2. 用迹线表示平面

平面与投影面的交线,称为平面的迹线,如图 2-25(a)所示。平面 P 与 H 面的交线称为水平迹线,用 P_H 表示;与 V 面的交线称为正面迹线,用 P_V 表示;与 W 面的交线称为侧面迹线,用 P_W 表示。既然任何两条迹线如 P_H 和 P_V 都属于平面 P 的相交两直线,故可以用迹线来表示该平面。特殊情况表示,如图 2-25(b)(c)所示。

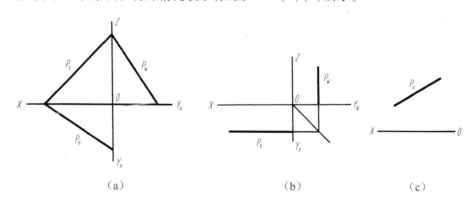

图 2-25 用迹线表示平面

2.4.2 平面的投影过程

平面图形的边和顶点是由一些线段(直线段或曲线段)及其交点组成的。因此,这些线段的集合,就表示了该平面图形的投影。作图时先画出各顶点的投影,然后将各点同面投影依次连接,即为平面的投影,如图 2-26 所示。

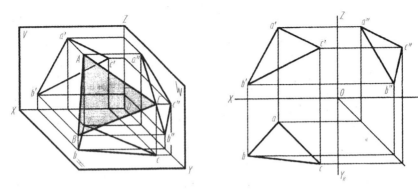

图 2-26 平面图形的投影

2.4.3 各种位置平面的投影特性

平面在三面投影体系中,按其对投影面的相对位置可分为一般位置平面、投影面平行面、投影面垂直面三种状态,后两种又称特殊位置平面。

1. 一般位置平面

与三个投影面都倾斜的平面,称为一般位置平面,如图 2-26 所示。由于 $\triangle ABC$ 对三个投影面都倾斜,所以各投影仍然是三角形,但都不反映实形,而是原平面的类似形。

2. 特殊位置平面

(1) 投影面平行面。平行于某一个投影面的平面,称为该投影面的平行面。投影面平行面有水平面、正平面、侧平面三种。表 2-3 列出了它们的实例图、轴测图、正投影图和投影特性。

表 2-3 投影面平行面的投影特性

名称	水平面(∥H)	正平线(∥V)	侧平线(∥W)
实例图			
轴测图			

(续)

名称	水平面($//H$)	正平线($//V$)	侧平线($//W$)
正投影图	(图：p'、p''在上，p实形在下)	(图：q'实形，q''，q)	(图：r'，r''实形，r)
投影特性	(1) 水平投影反映实形； (2) 正面投影为有积聚性的直线段，且平行于OX轴； (3) 侧面投影为有积聚性的直线段，且平行于OY_W轴	(1) 正面投影反映实形； (2) 水平投影为有积聚性的直线段，且平行于OX轴； (3) 侧面投影为有积聚性的直线段，且平行于OZ	(1) 侧面投影反映实形； (2) 水平投影为有积聚性的直线段，且平行于OY_H轴； (3) 正面投影为有积聚性的直线段，且平行于OZ轴
	(1) 在所平行的投影面上的投影反映实形； (2) 其他两面投影为积聚性的直线段，且平行于相应的投影轴		

（2）投影面垂直面。垂直于一个投影面而对其他两个投影面都倾斜的平面，称为该投影面的垂直面。投影面垂直面有铅垂面、正垂面、侧垂面三种。表 2-4 列出了它们的实例图、轴测图、正投影图和投影特性。

表 2-4 投影面垂直面的投影特性

名称	铅垂面($\perp H$)（倾斜于V和W面）	正垂面($\perp V$)（倾斜于H和W面）	侧垂面($\perp W$)（倾斜于H和V面）
实例图			
轴测图			
投影图			

(续)

名称	铅垂面(⊥H)(倾斜于V和W面)	正垂面(⊥V)(倾斜于H和W面)	侧垂面(⊥W)(倾斜于H和V面)
投影特性	（1）水平投影为有积聚性的直线段； （2）正面投影和侧面投影为原形的类似形	（1）正面投影为有积聚性的直线段； （2）水平投影和侧面投影为原形的类似形	（1）侧面投影为有积聚性的直线段； （2）正面投影和水平投影为原形的类似形
	（1）在所垂直的投影面上的投影为有积聚性的直线段； （2）其他两面投影为原形的类似形		

2.4.4 平面上的直线和点

1. 平面上的直线

直线在平面上的几何条件：

（1）一直线经过属于平面上的两点，如图 2-27(a)所示。

（2）一直线经过属于平面上的一点，且平行于属于该平面的另一直线，如图 2-27(b)所示。

例 2-4 如图 2-27 所示，已知平面△ABC，试作出属于该平面的任一直线。

作法 1：根据"一直线经过属于该平面上的两点"的条件作图，如图 2-27(a)所示。

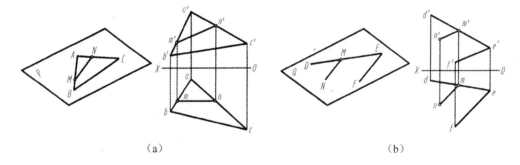

(a)　　　　　　　　　　(b)

图 2-27 取属于平面的直线

任取属于直线 AB 上的一点 M，它的水平投影和正面投影分别为 m 和 m'；再取属于直线 AC 上的一点 N，它的水平投影和正面投影分别为 n 和 n'。连接两点的同面投影。由于 M、N 皆居于平面内，所以 mn 和 $m'n'$ 所表示的直线 MN 必属于平面△ABC。

作法 2：根据"一直线经过属于该平面上的一点，且平行于属于该平面的另一直线"的条件作图，如图 2-27(b)所示。

经过属于平面上的任一点 M(m，m')，作直线 MN(mn，$m'n'$)平行于已知直线 EF(ef，$e'f'$)，则直线 MN 必属于相交两直线 DE 和 EF 所组成的平面。

2. 平面上的点

点在平面上的几何条件：若点在平面内的任一直线上，则此点一定在该平面上。因此，在取属于平面的点时，首先应取属于平面上的直线，再取属于该线上的点。

例 2-5 如图 2-28(a)所示，已知属于△ABC 平面的点 K 的正面投影 k'，试求其水平投影。

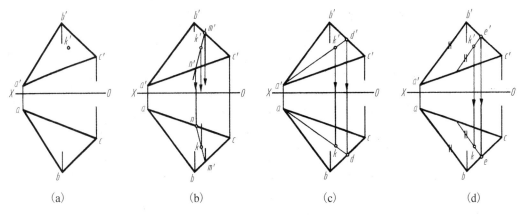

图 2-28 取属于平面的点

分析:

在平面上求作点的投影,必须先在平面上作辅助直线,然后在辅助直线上求作点的投影。

作图:

作法 1:如图 2-28(b)所示,过 k' 在 $\triangle a'b'c'$ 上作任意直线 $m'n'$,再按点的投影规律,求得辅助直线的水平投影 mn,由 k' 作 OX 轴的垂线,与 mn 相交得点 k。

作法 2:如图 2-28(c)所示,过点 K 作辅助直线 AD($a'd'$、ad),再由 k' 求作 k。

作法 3:如图 2-28(d)所示,过点 K 作平行于平面上已知直线 AB 的辅助直线 EK($e'k'//a'b'$、$ek//ab$),再由 k' 求作 k。

3. 特殊位置平面上点的投影

投影面平行面或投影面垂直面,在它们所垂直的投影面上的投影积聚为一条直线,所以该投影面上点和直线的投影必在具有积聚性的投影上。由此可判断图 2-29(a)中的点 K 在矩形平面内。

同理,若已知特殊位置平面上的点的一个投影,也可以直接求得其余两个投影。如图 2-29(b)所示,已知 $\triangle ABC$ 上点 M 的正面投影 m',可利用有积聚性的水平投影求得 m,再由 m'、m 求得 m''。

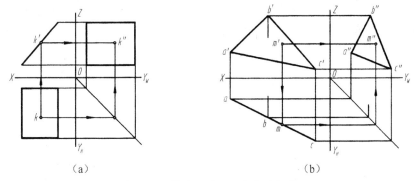

图 2-29 特殊位置平面上点的投影

4. 平面上的投影面平行线

凡在平面上且平行于某一投影面的直线,称为平面上的投影面平行线。平面上的投影面平行线不仅符合平面上直线的几何条件,而且具有投影面平行线的投影特性。

同一平面上可作无数条投影面平行线。图 2-30(a)是过点 A 在 $\triangle ABC$ 上作一正平线,即过 a 作 $am // OX$,交 bc 于 m,由 m 在 $b'c'$ 上作出 m',连接 $a'm'$ 则 AM 即所求的正平线。图 2-30(b)是在 $\triangle ABC$ 上作一水平线 MN,使 MN 离 H 面的距离为定值 l,即在 V 面上,距离 OX 轴为 l 处作 $m'n' // OX$ 交 $a'b'$、$b'c'$ 于 m'、n',由 m'、n' 求出 m、n,则 MN 即为所求的水平线。

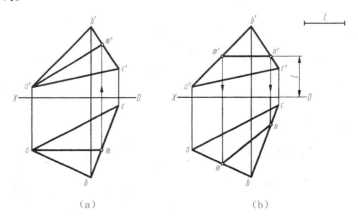

图 2-30　在平面上作投影面平行线

2.4.5　直线与平面、平面与平面之间的相对位置

直线与平面、平面与平面之间的相对位置可分为平行和相交两种情况。下面讨论它们有关的作图方法。

1. 直线与平面、平面与平面平行

1) 直线与平面平行

若一条直线与平面上某一条直线平行,则可判定直线与平面平行,如图 2-31 所示。

作图方法:若直线与平面平行,则直线的各面投影必与平面上某一直线的同面投影平行。

投影判别方法:若直线的各面投影对应地平行于平面上某一直线的同面投影,则直线与该平面平行。

当平面垂直于某一投影面时,直线在该面上的投影平行于平面的积聚性投影,或二者投影均有积聚性,则直线也与该平面平行,如图 2-32 所示。

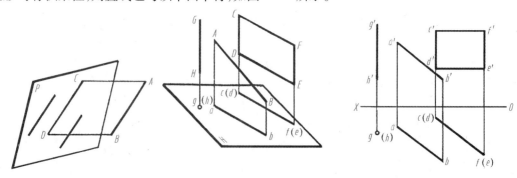

图 2-31　直线与平面平行的直观图　　　图 2-32　直线与投影面垂直面平行

例 2-6 如图 2-33(a)所示,判断直线 AB 是否平行于平面△DEF。

分析:

判别直线与平面平行,只要直线的各面投影对应平行于平面上某一直线的同面投影,则可判别直线与平面平行。

作图:

(1) 作 $e'g' \mathbin{/\mkern-2mu/} a'b'$,根据 $e'g'$ 求出 eg。

(2) 因为 $eg \mathbin{/\mkern-2mu/} ab$,所以直线 $AB \mathbin{/\mkern-2mu/} \triangle DEF$,如图 2-33(b)所示。

2) 平面与平面平行

若一个平面上两条相交直线与另一个平面上相交两直线对应平行,则两平面在空间一定平行,如图 2-34 所示。

作图特点:两平面平行,则两平面上相交两直线的同面投影相互平行。

投影判别方法:若一个平面上的两条相交直线和另一个平面上的两条相交直线的同面投影对应平行,则可判定空间两平面平行。当两平面的积聚性投影相互平行时,则也可判定两平面平行。

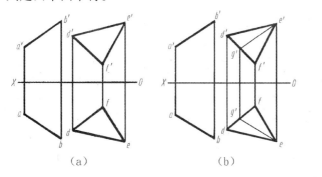

图 2-33 判断直线与平面是否平行

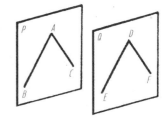

图 2-34 平面与平面平行的直观图

例 2-7 如图 2-35(a)所示,过点 K 作一个平面,使其平行于△ABC。

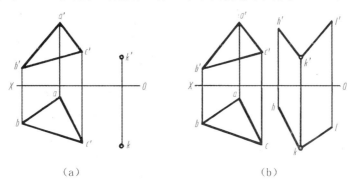

图 2-35 作平面平行于已知平面

分析:

按两平面平行的投影特点,只要过点 K 作两相交直线的两面投影分别平行于△ABC 平面上任一两相交直线的同面投影,即可完成作图。

作图:

(1) 过点 k' 作 $k'l' \mathbin{/\mkern-2mu/} a'b'$、$k'h' \mathbin{/\mkern-2mu/} a'c'$。

(2) 过点 k 作 kl // ab、kh // ac，则平面 KLH 平行于 $\triangle ABC$，如图2-35(b)所示。

2. 直线与平面、平面与平面相交

直线与平面相交，其交点是直线和平面的共有点。两平面相交，其交线(直线)是两平面的共有线。本节主要讨论用投影积聚性求交点、交线的作图方法。

(1) 一般位置直线与特殊位置平面相交。如图 2-36 所示，一般位置直线 EF 与铅垂面 $\triangle ABC$ 相交，交点 K 的 H 面投影必在 $\triangle ABC$ 的同面投影 abc 上，又必在直线 EF 的 H 面投影 ef 上，因此，交点 K 的 H 面投影 k 就是 abc 与 ef 的交点，再由 k 求出 $e'f'$ 上的 k'。

交点 K 也是直线 EF 在 $\triangle ABC$ 平面范围内可见与不可见的分界点，直线 EF 在交点右下方的一段 KF 位于 $\triangle ABC$ 平面之前，因此 $e'f'$ 在 $\triangle a'b'c'$ 内 k' 点的右下方一段是可见的，应画成粗实线；而直线 EF 只在交点 K 的另一侧是在 $\triangle ABC$ 平面之后，则 $e'f'$ 在 $\triangle a'b'c'$ 内 k' 点的左上方一段是不可见的，故应画成虚线。也可利用重影点判断可见性，即找出直线 EF 与 $\triangle ABC$ 对 V 面重影点的投影 $1'(2')$，求出其 H 面投影 1、2，并由 H 面投影可知平面上Ⅰ点的 Y 坐标值大于直线上Ⅱ点的坐标值，所以直线 EK 段在平面之后为不可见，KF 段在平面之前为可见，即 K 点是可见与不可见的分界点。

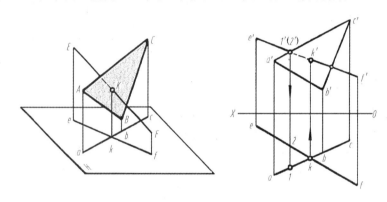

图 2-36　一般位置直线与投影面垂直面相交

(2) 投影面垂直线与一般位置平面相交。直线 MN 与平面 $\triangle ABC$ 相交，如图 2-37 (a)、(b)所示，其作图方法如图 2-37(c)所示。由于直线 MN 为正垂线，则交点 K 的 V 面投影 k' 和 m'、n' 重影，根据点、线、面的从属关系，再求出点 K 的 H 面投影 k，即过 k' 任作一直线 AD 的 V 面投影 $a'd'$，并求出 H 面投影 ad，其 H 面投影 ad 与 mn 的交点 k，即为交点 K 的水平投影。

在 H 面投影中，mn 与 ac 的交点 $1(2)$，即为直线 MN 与平面上 AC 边对 H 面的重影点，求出其 V 面投影 $1'$、$2'$，并由此可知直线 MN 上Ⅰ点的 Z 坐标大于平面上Ⅱ点的 Z 坐标值，所以 nk 是可见部分，画粗实线，km 在三角形内的部分不可见，画虚线。

(3) 平面与特殊位置平面相交。一般位置平面与特殊位置平面相交时，特殊位置平面一定有一个为积聚性的投影，它们交线的一个投影必然重影在这个积聚性投影上(共公部分)；交线的另一投影可由一般位置平面的两个边线与平面有积聚性投影交点的投影连线得出。

求一般位置平面 $\triangle ABC$ 与铅垂 $\square EFGH$ 的交线，如图 2-38(a)、(b)所示。其作图方法如图 2-38(c)所示，交线 MN 的 H 面投影 mn 必定重影在 $\square efgh$ 的投影上。M、N 两点

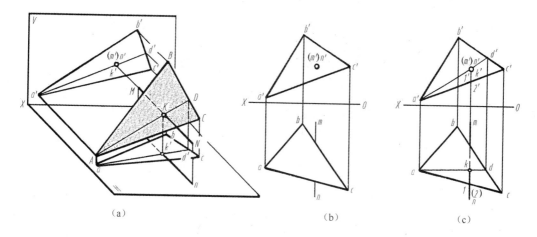

图 2-37 投影面垂直线与一般位置平面相交

是△ABC 的两边 AC、BC 与▱EFGH 的交点,因此可利用求直线与平面交点的方法求其交点的 V 面投影 m′、n′,m′ 与 n′ 的连线即为所求。

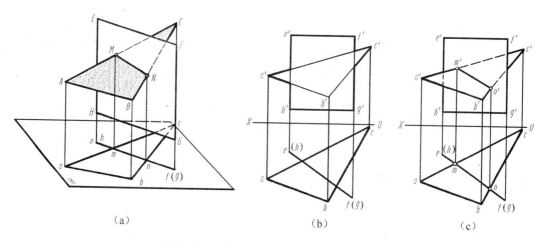

图 2-38 一般位置平面与投影面垂直面相交

交线 MN 是两相交平面可见与不可见的分界线,由图 2-38 的两面投影中可知,△ABC 以交线 MN 为界,ABNM 在▱EFGH 之前,因此在 m′、n′ 左下方的 m′n′b′a′ 为△ABC 的可见部分,画成粗实线,而▱EFGH 在△ABC 之后 e′h′ 的一部分画成虚线;交线 MN 另一侧的△ABC 部分在▱EFGH 之后,则△ABC 的边线与▱EFGH 重合的部分画成虚线,而 f′g′ 画成粗实线。

求一般位置平面△DEF 与投影面平行面△ABC 相交线,如图 2-39(a)所示。其作图方法如图 2-39(b)所示,△DEF 与△ABC 交线的正面投影 m′n′ 为△DEF 两个边 DF、EF 的正面投影 d′f′、e′f′ 与△ABC 正面投影 a′b′c′ 的交点连线,根据点、线的从属关系,可求出点 M、N 的水平投影 m、n,并将其连线得交线的水平投影 mn。

以交线 MN 为界,由其正面投影可知△FMN 在△ABC 平面之上,所以其水平投影 fmn 为可见,demn 为不可见。

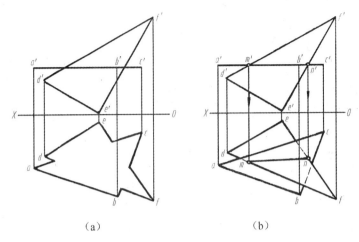

(a)　　　　　　　　　(b)

图 2-39　一般位置平面与投影面平行面相交

2.5　变换投影面法

2.5.1　概述

从前面的章节中可知,只有当直线或平面对投影面处于平行位置时,其投影才反映实长或实形。为了求出一般位置直线的实长或平面的实形,可以设置一个新的投影面来替换原投影面体系中的某一个投影面,组成一个新的投影面体系,使直线或平面在该投影面体系中处于特殊位置(平行或垂直),从而达到简化解题的目的,这种方法称为变换投影面法,简称换面法。

△ABC 在原投影面体系中是铅垂面,它的两个投影均不反映实形,如图 2-40 所示。现设置一个新投影面 V_1,并使 V_1 面与△ABC 平行,此时 V_1 面必然垂直于 H 面,于是组成了一个新投影面体系 V_1/H。在这个投影面体系中,△ABC 是 V_1 面的平行面,所以它在 V_1 面上的投影反映实形。在换面法中,新投影面的设置必须满足以下两个条件:

(1) 新投影面必须垂直于原投影面体系中的一个投影面,这样才能建立一个新的直角投影面体系,以便利用正投影法作图。

(2) 新投影面必须使直线或平面处于有利于解题的位置,使问题求解简便。

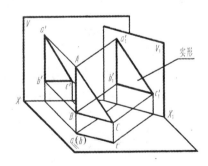

图 2-40　换面法

2.5.2 换面法的基本作图方法

1. 点的一次换面

如图 2-41 所示,点 A 在原投影面体系中的投影为 a、a',现在设置一个新投影面 V_1 替换 V 面,则点 A 在新投影面体系 V_1/H 中的投影为 a、a'_1。V_1 面与 H 面垂直,并与 H 面相交于 X_1 轴,则 X_1 轴即为 V_1/H 投影面中的投影轴。根据正投影原理,新投影 a'_1 与不变的投影面 H 上的投影 a 的连线垂直于新投影轴 X_1,a'_1 到 X_1 轴的距离与 a'_1 到 X 轴的距离反映了点 A 到 H 面的距离,所以 $a'_1 a_{X1} = a' a_X = Aa = Z_A$。

由此可以得到点 A 在新、旧两个投影面体系中的投影变换规律如下:

(1) 新投影与不变投影之间连线垂直于新投影轴。
(2) 新投影到新投影轴的距离等于被替换的投影到旧轴的距离。

根据这两条规律,点的一次换面作图步骤如下:

(1) 变换 V 面,作新投影轴 $O_1 X_1$。
(2) 过 a 作 $O_1 X_1$ 轴的垂线。
(3) 在垂线上截取 $a'_1 a_{X1} = a' a_X$,即得点 A 在 V_1 面上的新投影 a'_1。

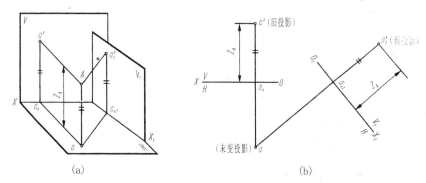

(a)   (b)

图 2-41 点的一次换面(变换 V 面)

上述情况是变换 V 面,也可以变换 H 面,建立新投影面体系 V/H_1,此时,作图步骤与上述情况相似,如图 2-42 所示。但应注意:$a_1 a' \perp O_1 X_1$,$a a_X = a_1 a_{X1} = Aa' = Y_A$。

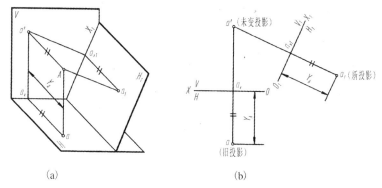

(a)   (b)

图 2-42 点的一次换面(变换 H 面)

2. 点的二次换面

在解题时,有时一次换面还不能完成,需要进行二次换面,如图 2-43(a)所示。二次换面是在一次换面的基础上继续进行换面,二次换面的原理和作图方法与一次换面类同,只是新投影面的设置要交替更换。

$$\frac{V}{H} \to \frac{V_1}{H} \to \frac{V_1}{H_2} \text{ 或 } \frac{V}{H} \to \frac{V}{H_1} \to \frac{V_2}{H_1}$$

在投影图上,点的二次换面作图步骤如图 2-43(b)所示。

(1) 作 O_1X_1 轴,以 V_1 面替换 V 面,求出 V_1 面上的投影 a'_1(一次换面)。

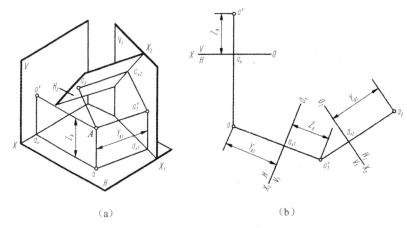

(a)   (b)

图 2-43　点的二次换面

(2) 作 O_2X_2 轴,以 H_2 面替换 H 面,进行由 $V_1/H \to V_1/H_2$ 的换面,求出 H_2 面上的投影 a_2(二次换面)。

在作二次换面时,应使 $a'_1 a_2 \perp O_2X_2$,且取 $a_2 a_{x2} = a a_{x1} = Y_{A1}$。

3. 直线和平面的换面

1) 求一般位置直线的实长及对投影面的倾角

一般位置直线只有在新投影面体系中成为投影面平行线时,才能在新投影面上反映该直线的实长及其对不变投影面的倾角。为此,只要使新投影面平行于该直线、又垂直于原投影面体系中的一个投影面即可,如图 2-44(a)所示。

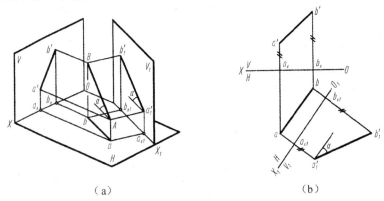

(a)   (b)

图 2-44　求直线的实长(变换 V 面)

新投影面 V_1 平行于直线 AB,又垂直于 H 面,从而建立起 V_1/H 新的投影面体系,此时直线 AB 在新投影面 V_1 上的投影 $a'_1 b'_1$ 反映直线 AB 的实长, $a'_1 b'_1$ 与 O_1X_1 轴的夹角反映了

直线 AB 对 H 面的倾角 α。将直线两端点的投影换面，即可求出直线换面后的投影，其作图步骤如图 2-44(b)所示。

作投影轴 O_1X_1，使 O_1X_1 // ab，O_1X_1 与 ab 的距离可任意选择，包括 O_1X_1 轴通过 ab。

将直线两端点 A、B 按点的换面规律作图，在 V_1 面上求出 a_1'、b_1'，连接即得到直线 AB 换面后新的投影 $a_1'b_1'$，则 $a_1'b_1' = AB$，$a_1'b_1'$ 与 O_1X_1 轴的夹角 α 即为直线 AB 对 H 面的倾角。

若求直线 AB 对 V 面的倾角 β，则应设新投影面 H_1 替换 H 面，读者自行分析。

2）将一般位置直线换成投影面垂直线

这种换面必须经二次换面，第一次换面使直线变换成投影面平行线，第二次换成投影面垂直线，其作图步骤如图 2-45 所示。

作图：

（1）作 O_1X_1 轴与 ab 平行，以 V_1 面替换 V 面。
（2）分别由 a、b 作 O_1X_1 轴的垂线，取 $a_1'a_{x1} = a'a_x$，$b_1'b_{x1} = b'b_x$，并将 a_1'、b_1' 连线。
（3）作 O_2X_2 轴与 $a_1'b_1'$ 垂直，以 H_2 面替换 H 面。
（4）由 a_1'、b_1' 作 O_2X_2 轴的垂线，取 $a_2a_{x2} = aa_{x1}$，$b_2b_{x2} = bb_{x1}$，则 a_2、b_2 积聚为一点，即直线 AB 为 H_2 面的垂直线。

3）求投影面垂直面的实形

要求出投影面垂直面的实形，必须使新投影面平行于该平面，只作一次换面即可。作图过程如图 2-46 所示。

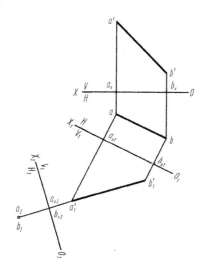

图 2-45 将一般位置直线换成投影面垂直线

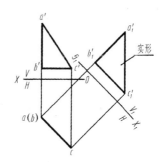

图 2-46 求铅垂面的实形

作图：

（1）作 O_1X_1 // $\triangle abc$。
（2）按点的换面规律作图，求出 $\triangle a_1'b_1'c_1'$，则 $\triangle a_1'b_1'c_1'$ 即反映 $\triangle ABC$ 的实形。

4）求一般位置平面的实形及对投影面的倾角

要求出一般位置平面的实形，直接设一个新投影面平行于该平面是不行的，因为与一般位置平面平行的投影面仍为一般位置平面，它与原投影面体系中任何一个投影面均不垂直,构不成直角投影面体系,违背了新投影面设置的条件。为此,需二次换面,首先把一般位置平面变成新投影面的垂直面,可得出平面对投影面的倾角,然后再按前面的方法由投影面垂直面经一次换面求出平面的实形。这里不再赘述。

2.5.3 换面法的应用举例

例 2-8 如图 2-47(a)所示,求点 C 到直线 AB 的距离,并作出距离的投影。

分析:

将直线 AB 变为投影面的垂直线,则点 C 到 AB 的垂线 CK 必平行于该投影面,它的投影反映实长,此即为点 C 到 AB 的距离,如图 2-47(b)所示。因 AB 为一般位置直线,所以需采用二次换面,将其变为投影面垂直线,点 C 亦随之变换。作图步骤如图 2-47(c)所示。

作图:

(1) 先将 AB 变为 V_1 面的平行线,作 $O_1X_1 // ab$,得 $a'_1b'_1$,同时求出 c'_1。

(2) 再将 AB 变为 H_2 的垂直线,作 $O_2X_2 \perp a'_1b'_1$,得 $a_2(b_2)$(积聚为一点)及 c_2。

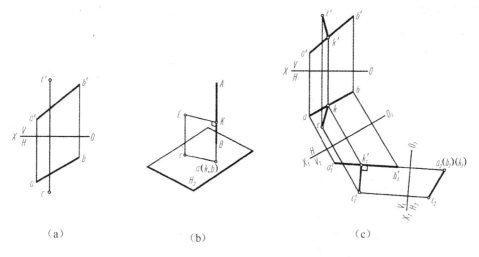

图 2-47 求点 C 到直线 AB 的距离

(3) 作 $c'_1k'_1 \perp a'_1b'_1(c'_1k'_1 // O_2X_2)$,$k_2$ 也积聚在 $a_2(b_2)$ 处,则 $c_2(k_2)$ 即为点 C 到 AB 的距离。

(4) 将点 K 从 V_1/H_1 体系返回到 V/H 体系,得 CK 的投影 ck、$c'k'$。

例 2-9 如图 2-48(a)所示,求平面 P 的实形。

分析:

平面 P 是正垂面,若设置一个与其平行的投影面 H_1,则平面 P 在 H_1 上反映实形。由于平面 P 是对称图形,为了作图简便,可以作出对称轴在 H_1 面上的投影,再按图形上的点或线相对于对称轴的宽度坐标,以换面前后相等的规律作图,就可以求出 P 平面的实形。作图步骤如图 2-48(b)所示。

作图:

(1) 作 $O_1X_1 // p'$。

(2) 作出图形对称轴在 H_1 面上的投影。

(3) 在平面上找出若干点,根据水平投影上各点到对称轴的距离,求出各点在 H_1 面上的投影,如根据水平投影上 2 点到对称轴的距离,则可得到 H_1 面上的 2_1 点。依此类推,截取其余若干点,连接后即得平面 P 实形。

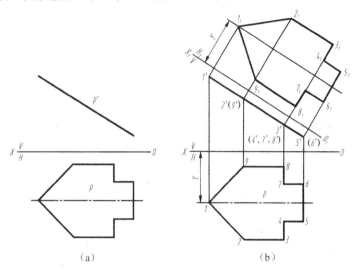

图 2-48 求平面 P 的实形

思 考 题

1. 什么是正投影法?
2. 试述投影面平行线、投影面垂直线的投影特性。
3. 试述两直线的相对位置及其投影特性。
4. 试述直线与平面、平面与平面平行的几何条件。
5. 什么是换面法?设置新投影面的原则是什么?为什么?
6. 点的换面作图规律是什么?
7. 将一般位置直线换为新投影面的平行线需要作几次换面?若将其变换为新投影面的垂直线,需作几次换面?
8. 将投影面垂直面变换为新投影面的平行面需几次换面?若将一般位置平面变换为新投影面的垂直面需作几次换面?
9. 求一般位置平面的实形需作几次换面?换面顺序如何?
10. 一般位置平面变换为新投影面的垂直面时,为什么要借助于平面上的投影面平行线?

第3章 基本几何体的投影

基本几何体按其表面几何性质不同,可分为两类:一类表面都是平面,称为平面立体,如棱柱体、棱锥体等;另一类表面是由回转面或回转面与平面组成,称为回转体,如圆柱体、圆锥体、球体等。

本章要点

学习目标	考核标准	教学建议
(1)平面立体三视图作图方法,表面取点、线作图; (2)曲面立体三视图作图方法,表面取点、线作图	应知:平面立体及曲面立体表面点、线、面投影性质; 应会:平面立体及曲面立体三视图投影作图基本方法,平面立体及曲面立体表面取点的作图方法	重点讲解平面及曲面立体投影规律及表面点、线、面性质分析

项目三 完成曲面立体及表面上点的三面投影

项目指导	条件及样例
一、目的 (1)掌握基本几何体的三视图投影作图方法。 (2)掌握基本体表面取点的作图方法及可见性判别。 二、内容及要求 (1)完成正圆锥体的三视图及体表面点的求解。 (2)用 A4 图纸,横放,比例 1:1。 (3)在正圆锥体表面上取四个以上点的一面投影,试完成其另外两面投影。同时点要设在轮廓线上、任意位置、可见及不可见的位置,要求保留作图线。 (4)标注尺寸 三、作图步骤 (1)画底稿:①画图框和标题栏;②在三个视图上画出作图基准线;③先完成俯视图,再完成主视图和左视图;④画尺寸界线、尺寸线。 (2)检查底稿,擦去多余线条。 (3)描深图形。 (4)任取四个以上点的一面投影,通过作图求出其另外两面投影。 (5)标注尺寸,填写标题栏,加深图框及标题栏外框线。 四、注意事项 (1)布图时应留足标注尺寸的位置,使图形布置匀称。 (2)在底稿上画连接线段时,应准确找出圆心和切点。 (3)描深时,粗实线用 B 以上铅笔,细线及点画线用 H 铅笔加深,并注意点画线的线型。 (4)箭头应符合标准规定。	已知正圆锥体底面圆的直径为 φ60mm,高度为 70mm;试完成其三视图,轴线铅垂或侧垂放置均可,要求在体表面上任意给出四个以上点的一面投影,试完成其另两面投影

3.1 平面立体的投影

由于平面立体是平面围成的,因此绘制平面立体的三视图,可归纳为绘制各个表面的投影所得到的图形。由于平面图形是由直线段组成的,而每条线段都可由其两端点确定,因此,作平面立体的三视图,又可归纳为绘制其各表面的交线(棱线)及各顶点的投影。

在立体的三视图中,有些表面和表面的交线处于不可见位置,在投影图中须用虚线表示。

3.1.1 棱柱体

1. 棱柱体的三视图

图3-1(a)表示一个正三棱柱的投影情况。它的三角形顶面及底面为水平面,三个侧棱面(均为矩形)中,后面是正平面,其余二侧面为铅垂面,三条侧棱线为铅垂线。画三视图时,先画顶面和底面的投影;水平投影中,顶面和底面均反映实形(三角形)且重影,正面投影和侧面投影都有积聚性,分别为平行于 OX 轴和 OY_W 轴的直线;三条侧棱线的水平投影有积聚性,为三角形的三个顶点,它们的正面和侧面投影,均平行于 OZ 轴且反映了棱柱的高。在画完上述面和棱线的投影后,即得该三棱柱的三视图,如图3-1(b)所示。

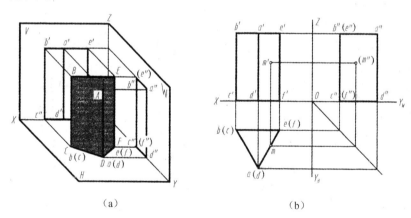

图3-1 三棱柱的视图及属于表面的点

通过绘制三棱柱的三视图,可归纳出画三视图的步骤。

(1)分析物体的形状及各表面的相对位置。

(2)确定主视图的投射方向。为方便画图,常将物体放得使其主要平面与投影面平行。

(3)先画物体形状特征明显的视图。

(4)按"三等"规律完成其他两视图。

(5)检查。画完三视图还应仔细进行检查,看是否已准确地把物体的形状反映出来,如有错误应予改正。

2. 属于棱柱表面的点

当点属于几何体的某个表面时,则该点的投影必在它所从属表面的各同面投影范围内。若该表面的投影为可见,则该点的同面投影也可见;反之为不可见。因此在求几何体表面上点的投影时,应首先分析点所在平面的投影特性,然后再根据点的投影规律求得。

如图 3-1(b)所示,已知属于三棱柱右侧面上一点 M 的正面投影 m',求该点的其他两面投影。因点 M 所属平面 AEFD 为铅垂面,因此点 M 和水平投影 m 落在该平面有积聚性的水平投影 $aefd$ 上。再根据 m' 和 m 求出侧面投影 m''。由于点 M 在三棱柱的右侧面内,故为不可见。

3.1.2 棱锥体

1. 棱锥体的三视图

图 3-2 所示为正三棱锥的三面投影情况。它由底面△ABC 和三个相等的侧棱面△SAB、△SBC、△SAC 所组成。△ABC 为水平面,其水平投影反映实形,正面和侧面投影积聚为一条直线。△SAC 为侧垂面,因此侧面投影积聚为一直线,水平投影和正面投影都是类似形。△SAB 和△SBC 为一般位置平面,它们的三面投影均为类似形。

棱线 SB 为侧平线,棱线 SA、SC 为一般位置直线,棱线 AC 为侧垂线,棱线 AB、BC 为水平线。它们的投影特性请读者自行分析。

画正三棱锥的三视图时,先画出底面△ABC 的各面投影,再画出锥顶 S 的各面投影,连接各顶点的同面投影,即为正三棱锥的三视图,如图 3-2(b)所示。

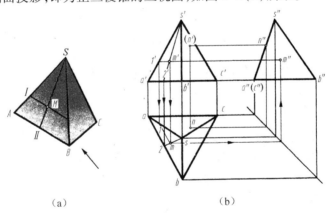

图 3-2 正三棱锥的三视图及属于表面的点

2. 属于棱锥体表面的点

正三棱锥的表面有特殊位置平面,也有一般位置平面。属于特殊位置平面上点的投影,可利用该平面投影的积聚性来作图;属于一般位置平面上点的投影,可通过在平面上作辅助线的方法求得。

例 3-1 如图 3-2 所示,已知属于侧棱面△SAB 上点 M 的正面投影 m' 和属于侧棱面△SAC 上点 N 的水平投影 n,试求点 M、N 的其他两面投影。

分析:

正三棱锥表面取点的作图,可将正三棱锥分解为面(平面或曲面),即变成面上取点的作图问题。

作图：

作法1：因△SAB是一般位置平面，过锥顶S及点M作一辅助线SⅡ，即过m'作s'2'，其水平投影为s2，然后根据属于直线上点的投影特性求出其水平投影m，再由m'、m求出侧面投影m"。又因△SAC为侧垂面，它的侧面投影s"a"(c")具有积聚性，因此n"属于s"a"(c")，再由n和n"求得(n')。

作法2：在△SAB面上作棱线AB的平行线ⅠM，即作1'm'∥a'b'，由于ⅠM属于△SAB，且ⅠM∥AB，故根据线面从属关系及平行直线的投影特性，即可求出m、m"。

关于点M、N各面投影的可见性，依据点所在的面可见则点可见，否则不可见。

3.2 曲面立体的投影

3.2.1 圆柱体

1. 圆柱体的三视图及分析

如图3-3所示，圆柱体表面由圆柱面和上、下两个圆平面所组成，它可看成由一条直线AB绕着与其平行的轴线等距旋转一周而构成的形体。直线AB称为母线，圆柱面上任意一条平行于轴线的直线称为素线。

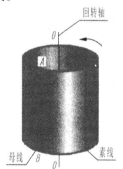

图3-3 圆柱面的形成

如图3-4所示，圆柱体的三视图为：俯视图是一个圆线框；主、左视图是两个相等的矩形线框。

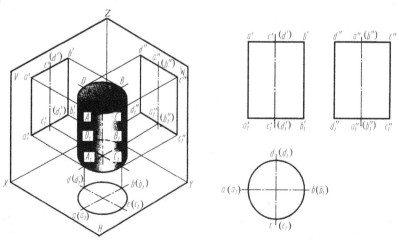

图3-4 圆柱体的三视图及分析

俯视图的圆线框,表示圆柱面积聚性的水平投影;同时也是顶面、底面反映实形的水平投影。主视图的矩形线框,表示圆柱面的投影(前半圆柱面和后半圆柱面投影重合),矩形的上、下两边分别为顶面、底面的积聚性投影;左、右两边 $a'a'_1$、$b'b'_1$ 分别是圆柱最左、最右素线的投影,其水平投影积聚成点,在圆周与前后对称中心线的交点处,这两条素线的侧面投影与圆柱轴线的侧面投影重合。这两条素线(AA_1、BB_1)是圆柱面由前向后的转向线,它们把圆柱面分为前、后两半,因此它是主视图上圆柱面的可见与不可见的分界线。左视图的矩形线框,读者可做类似的分析。

圆柱体三视图的画法,如图 3-5 所示。

作图:

(1) 画出圆投影的中心线和轴线各面投影。
(2) 画反映两底面圆的水平投影和另外两面投影。
(3) 画圆柱对另外两面投影的转向轮廓线。

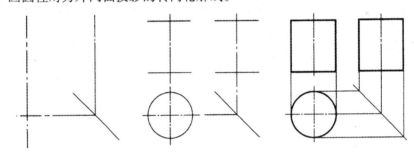

图 3-5　圆柱体三视图的画图步骤

2. 属于圆柱表面的点

如图 3-6 所示,已知属于圆柱面上点 M 的正面投影(m'),试求其另外两面投影。

分析:

因圆柱体表面的水平投影为具有积聚性的圆,求其表面点的作图,必须利用投影的积聚性来解题。

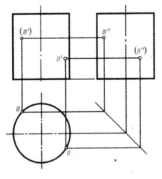

图 3-6　属于圆柱面上的点

作图:

根据所给定的(m')在后半部分(不可见)的位置,可断定点 M 在后半圆柱面的左半部分;因圆柱面的水平投影有积聚性,故 m 在后半圆周的左部,m''(可见)可由 m' 和 m 求得。

又如,已知属于圆柱面的点 N 的侧面投影(n''),求 n 和 n'。读者可参考图 3-6 自行分析。

3.2.2 圆锥体

圆锥体由圆锥面和底面围成。圆锥面可看作直线 SA 绕着与其相交的轴线旋转而构成的形体。其中 SA 称为圆锥母线,圆锥面上任一条与轴线相交的直线称为圆锥素线,如图 3-7 所示。

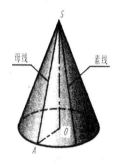

图 3-7 圆锥面的形成

1. 圆锥体的三视图及其分析

如图 3-8 所示,圆锥体的俯视图是一个圆线框,主、左视图是两个全等的等腰三角形线框。

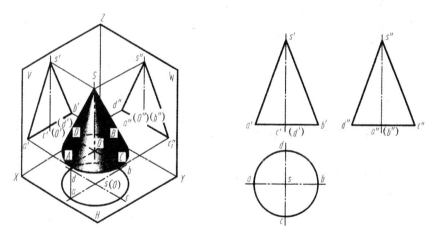

图 3-8 圆锥体的视图及其分析

俯视图的圆线框反映圆锥底面的实形,同时也表示圆锥面的投影。

主、左视图的等腰三角形线框,其下边为圆锥底面的积聚性投影。主视图中三角形的左、右两边分别表示圆锥面最左、最右素线 SA、SB 的投影(反映实长),它们是圆锥面在主视图上可见与不可见部分的分界线;左视图中三角形的两边分别表示圆锥面最前、最后素线 SC、SD 的投影(反映实长),它们是圆锥面在左视图上可见与不可见部分的分界线。上述四条线的其他两面投影,请读者自行分析。

2. 属于圆锥体表面上的点

如图 3-9(a)所示,已知属于圆锥面的点 K 的正面投影 k',求其水平投影 k 和侧面投

影 k''，可采用以下两种方法求解。

（1）辅助素线法。如图 3-9（b）所示，过锥顶 S 和点 K 作一辅助素线 SK，即连接 $s'k'$ 并延长与底面圆的正面投影相交于 a'，求得 sa 和 $s''a''$；再由 k' 根据投影规律作出 k 和 k''。

（2）辅助圆法。如图 3-9（c）所示，过点 K 在圆锥面上作垂直于圆锥轴线的水平圆（该圆的正面投影积聚为一直线），即过 k' 所作的 $1'2'$，它的水平投影为一直径等于 $1'2'$ 的圆，圆心为 s。由 k' 作 OX 轴的垂线，与辅助圆的交点即为 k，再由 k' 和 k 求出 k''，并判别其可见性。

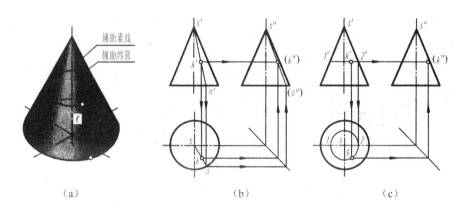

图 3-9 属于圆锥面的点

3.2.3 球体

如图 3-10 所示，球体可以看作由一半圆弧（母线）围绕它的直径回转一周而构成的形体。

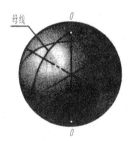

图 3-10 球体的形成

1. 球体的三视图及其分析

球体的三视图都是与球体直径相等的圆线框，它们均表示圆球的投影，如图 3-11（a）所示。在图 3-11（b）中，球体的各个投影图形虽然都是圆，但各个圆的意义不同。正面投影的圆是平行于 V 面的圆素线 A 的投影；水平投影的圆是平行于 H 面的圆素线 B 的投影；侧面投影的圆是平行于 W 面的圆素线 C 的投影。

A、B、C 三个圆素线分别是圆球前后、上下和左右的转向轮廓线圆，即在视图中可见与不可见的分界线，它们的投影为圆，其他投影都与圆的相应中心线重合。

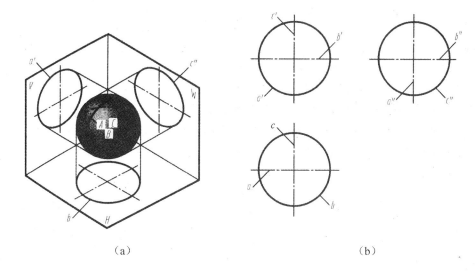

图 3-11 球体的三视图

2. 球体表面取点

在球体表面上取点的作图,只能作纬线辅助圆。如图 3-12(a)中,已知属于球体表面点Ⅰ的正面投影 1',求其他两面投影。过Ⅰ点作水平辅助纬圆,为此,过 1'作与轮廓圆相交的水平线段即为纬圆的正面投影,纬圆的水平投影是反映实际大小的圆;侧面投影积聚为一条水平线,点Ⅰ的水平投影和侧面投影就在纬圆的相应投影上。根据点Ⅰ的位置和可见性,可判定点Ⅰ在前半球的左上部分,故点Ⅰ的三面投影均可见。

根据点 M 的位置和可见性,可断定点 M 在前半球的左上部分,故点 M 的三面投影均为可见。

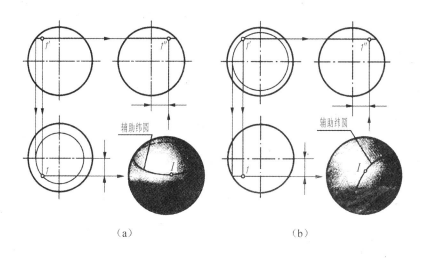

图 3-12 球体的视图及属于球面的点

也可通过在球体表面上作正平辅助纬圆求点Ⅰ的其他两面投影,具体作法如图 3-12(b)所示。也可以作侧平辅助纬圆,请读者自行分析。

思 考 题

1. 试说明平面立体的投影图有什么特点？
2. 试说明曲面立体的投影有什么特点？
3. 试说明在圆柱体、圆锥体和球体等回转体表面上取点作图的相同和不同之处。
4. 已知正六棱柱的两对应侧面的距离为 30mm，高为 18mm，试画出轴线按水平和铅垂两种位置摆放的三面投影图。

第4章 立体的表面交线

机件上常见到一些交线,有的是平面与立体相交而产生的交线,称为截交线,如图4-1所示;有的是两个以上立体表面相交而形成的交线,称为相贯线,如图4-2所示。了解这些交线的性质并掌握交线的画法,将有助于我们正确地分析和表达机件的结构形状。

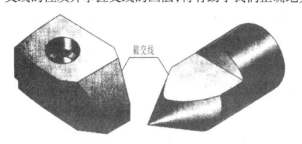

图 4-1 截交线实例

图 4-2 相贯线实例

本章要点

学习目标	考核标准	教学建议
(1) 掌握截交线和相贯线的性质; (2) 截交线和相贯线求解的作图方法	应知:截交线和相贯线性质,截交线和相贯线的作图规律; 应会:截交线和相贯线的作图方法,相贯线特殊情况的求解	详细讲解截交线和相贯线的性质,阐明其已知条件和解题方法(利用积聚性、辅助素线和辅助圆法解题)

项目四 相贯体三面投影作图

项目指导	条件及样例
一、目的 (1) 分析相贯线的性质,确定已知相贯线,需要求解的相贯线。 (2) 利用辅助平面法完成未知相贯线一般点的求解。 (3) 掌握相贯线可见性的判别。 二、内容及要求 (1) 根据已知条件完成相贯体的三视图作图。 (2) 用 A4 图纸,横放,比例1:1。 (3) 完成后的三视图,不注尺寸。 三、作图步骤 (1) 分析图形:分析相贯线的性质,确定已知和未知的相贯线。 (2) 画底稿:①画图框和标题栏;②画作图基准线;③完成相贯体外部轮廓的三视图;④在确定已知相贯线的基础上,求未知相贯线的其他投影。 (3) 检查底稿,擦去多余线条。 (4) 描深图形,填写标题栏,加深图框及标题栏外框。 (5) 校对,修饰图面。 四、注意事项 (1) 锥台最前轮廓与圆柱体前表面处于相切状态,相贯线为相交形式。 (2) 锥台最后轮廓与圆柱体后表面处于相交状态,相贯线为光滑过渡形式。 (3) 因锥台和圆柱体为偏交,注意主视图中相贯线可见性的判别。	已知锥台与圆柱体相贯,且处于偏交状态,试完成相贯线的两面投影

4.1 截 交 线

4.1.1 截交线的性质和求法

当立体被平面截成两部分时,其中任何一部分均称为截断体,用来截切立体时的平面称为截平面,立体被截切后的断面称为截断面,截平面与立体表面的交线称为截交线,如图4-3所示。

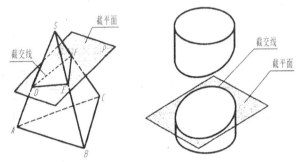

图4-3 截平面与截交线

截交线的性质:
(1) 截交线是截平面与立体表面的共有线。
(2) 由于任何立体都有一定的范围,所以截交线一定是闭合的平面图形。

由于截交线是截平面与立体表面的共有线,截交线上的点,必定是截平面与立体表面的共有点,因此,求截交线的问题,实质上就是求截平面与立体表面全部共有点的集合。

4.1.2 平面立体的截交线

平面立体:完全由平面和平面围成的立体。

平面立体的截交线性质:平面立体截交线是一个平面多边形,此多边形的各个顶点是截平面与平面立体棱线的交点;多边形的每条边是截平面与平面立体相应各棱面的交线,如图4-4(a)所示。

作图方法:作平面立体截交线的投影,实质上就是求截平面与平面立体上各被截棱线交点的投影,然后将同面投影依次连接即可。

例4-1 如图4-4所示,求正六棱锥被正垂面截切后的侧面投影。

分析:

正六棱锥被正垂面截切,截交线是六边形,六个顶点分别是截平面与六棱锥上六条侧棱的交点。

作图:

(1) 利用截平面积聚性投影,先找出截交线各顶点的正面投影 $1'$、$2'$、$\cdots$、$6'$。

(2) 根据属于直线的点的投影特性,求出各顶点的水平投影 1、2、$\cdots$、6 及侧面投影 $1''$、$2''$、$\cdots$、$6''$,如图4-4(c)所示。

（3）依次连接各顶点的同面投影，即为截交线的投影，如图 4-4(d)所示。

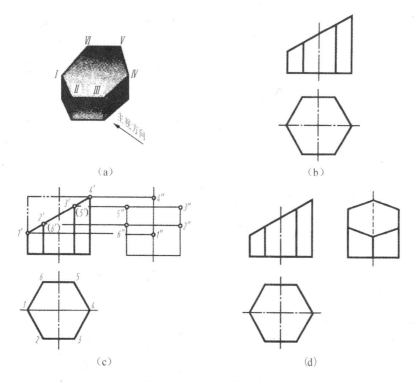

图 4-4 截交线的作图步骤

4.1.3 曲面立体的截交线

曲面立体：由平面与曲面或由曲面与曲面围成的形体为曲面立体。

曲面立体截交线的性质：曲面立体截交线一般情况下是一封闭的平面曲线，特殊情况为圆或直线。

作图方法：作图时，先从截平面有积聚性的投影入手，分别找出截交线待求的特殊点，再求出若干个一般点的投影，同时注意判别所求点的可见性，然后用曲线板将它们依次光滑地连接起来，即为截交线的投影。

1. 圆柱体的截交线

圆柱体被平面所截，根据截平面与圆柱体轴线的相对位置不同，截交线的形状有三种形式，见表 4-1。

表 4-1 截平面与圆柱轴线的相对位置不同时所得的三种截交线

截平面的位置	与轴线平行	与轴线垂直	与轴线倾斜
轴测图			

(续)

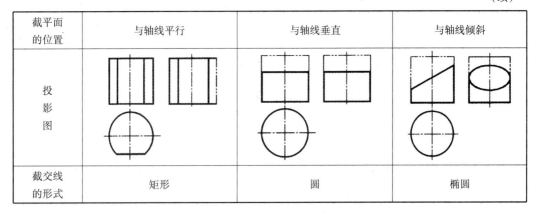

例 4-2 求斜截圆柱体的投影,如图 4-5(a)(b)所示。

分析:

正垂面斜截圆柱体,截交线为椭圆。又因圆柱体轴线是铅垂线,所以截交线的正面投影积聚为一直线,水平投影积聚在圆周上。为此可直接得出截交线上点的正面投影和水平投影。截交线上点的侧面投影,可根据正面投影和水平投影求出。

作图:

(1) 求特殊点。对于椭圆应求出长轴、短轴的四个端点。其正面投影是 a'、b'、c'、d',水平投影是 a、b、c、d,根据投影关系可求出侧面投影 a''、b''、c''、d'',如图 4-5(c)(d)所示。

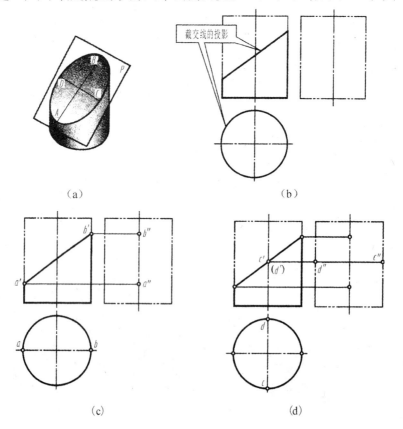

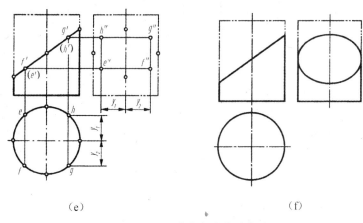

(e)　　　　　　　　　　　　(f)

图 4-5　圆柱截交线的作图步骤

（2）求一般点。作适当数量的一般点时，一般在投影为圆的视图上取 8 等分或 12 等分，如图 4-5(e)所示。

（3）光滑地连接各点。将各点的投影用曲线板光滑地连接起来，即为所求截交线的投影，如图 4-5(f)所示。

2. 圆锥体的截交线

由于截平面与圆锥体轴线的相对位置不同，其截交线有五种形式，见表 4-2。

表 4-2　圆锥体的截交线

位置	$\theta=90°$	$\theta>\alpha$	$\theta=\alpha$	$\theta=0°,\theta<\alpha$	过圆锥顶点
轴测图					
投影图					
形式	圆	椭圆	抛物线	双曲线	三角形

截平面与圆锥体的截交线为直线和圆时，其画法比较简单。当截交线为椭圆、抛物线、双曲线时，都需先求出若干个共有点的投影，然后将它们依次光滑连接起来，才能获得截交线的投影。

由于圆锥面的三个投影都没有积聚性,求共有点的投影一般可采用下列两种方法。

1) 辅助素线法

如图 4-6 所示,截交线上任一点 M,可看成是圆锥面上某一素线 SI 与截交线的交点。因点 M 在素线 SI 上,故点 M 的三面投影分别在该素线的同面投影上。

2) 辅助平面法(辅助圆法)

如图 4-7 所示,作垂直于圆锥轴线的辅助水平面 P,该平面与圆锥面的交线为一个圆,圆的直径大小为圆锥体最左至最右轮廓线间距,该圆与截交线的两个交点 M、N 即为截交线上的一般点。因点 M、N 在辅助圆上,故该两点的三面投影分别在该圆的同面投影上。

图 4-6 辅助素线法

图 4-7 辅助平面法

例 4-3 如图 4-8 所示,求斜圆锥体的水平投影和侧面投影。

分析:

由图 4-8(a)(b)可知,截平面 P 与圆锥体轴线的倾角大于圆锥素线与轴线的倾角,其截交线为椭圆。由于截平面 P 为正垂面,所以截交线的正面投影积聚为直线,水平投影和侧面投影需作图求出。截交线上点的投影,除一部分特殊点可根据点、线从属关系直接求出,其余各点可用辅助平面法(辅助素线法)求出。

作图:

(1) 求特殊点。点 A、B 分别是截交线的最低点和最高点,也是最左点和最右点,还是椭圆长轴的端点。正面投影 a'、b' 可直接得出,水平投影 a、b 和侧面投影 a'' 和 b'' 是根据其所在素线的从属关系进行投影求出。点 K、L 是圆锥体前、后素线上的点,其正面投影 k'、l' 重影为一点,可先求侧面投影 k'' 和 l'',再求 k、l,如图 4-8(c)所示。

截交线最前点 C 和最后点 D 是椭圆短轴的端点。它们的正面投影 c' 和 d' 重影并在中点处。过 C、D 点作水平辅助圆,该圆的正面投影为过 c' 和 d' 点的水平线,侧面投影也为水平线,水平投影为该圆的实形。由 c' 和 d' 求得 c、d,再由 c、d 求得 c'' 和 d'',如图 4-8(d)所示。

(2) 求一般点。在截交线正面投影的适当位置取 g'、h' 和 e'、f' 作两个辅助圆,先求出水平投影 g、h 和 e、f,再求出其侧面投影 g''、h'' 和 e''、f'',如图 4-8(e)所示。

(3) 完成截交线。光滑连接各点的同面投影,即可求出截交线的水平投影和侧面投影。另外补齐圆锥体侧面投影的转向轮廓线,如图 4-8(f)所示。

3. 球体的截交线

球体被截平面在任意位置截切,所产生的截交线都是圆。圆交线在截平面所平行的投影面上的投影反映实形,另两投影积聚成直线,见表 4-3。

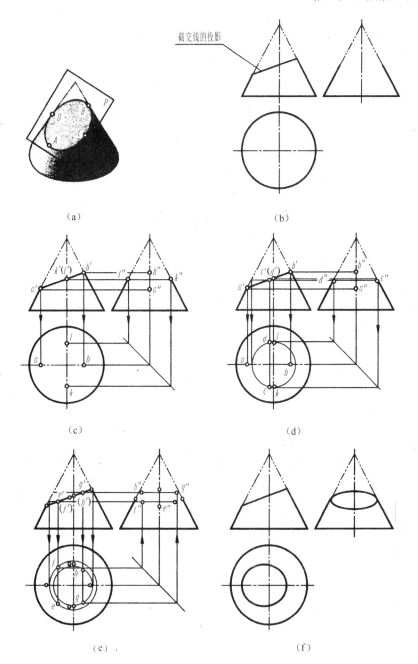

图 4-8 圆锥体截交线的作图

表 4-3 球体的截交线

截平面的位置	正平面	水平面	正垂面
轴测图			

(续)

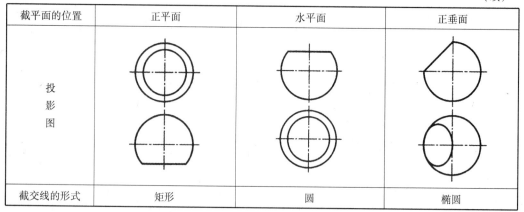

当截平面处于一般位置时,截交线的三面投影都是椭圆。

例 4-4 如图 4-9(a)所示,求作螺钉头部半球体开槽后的投影。

分析:

如图 4-9(b)所示,将螺钉轴线铅垂放置,以开槽的结构形状为主视图的投影方向,槽的两个侧面 P 处于侧平状态,槽底 Q 处于水平状态。两个侧面 P 左右对称,其截交线为完全相同的侧平圆弧,侧面投影重合并反映实形;平面 Q 的截交线为一水平圆上的两段圆弧,水平投影反映实形,正面和侧面投影积聚为水平直线段。两平面 P 和平面 Q 的交线都是正垂线。

作图:

求两个侧平面 P 的侧面投影和水平投影,再求水平面 Q 的水平投影和侧面投影,如图 4-9(c)所示。因 P、Q 面交线的侧面投影不可见,故用细虚线画出。

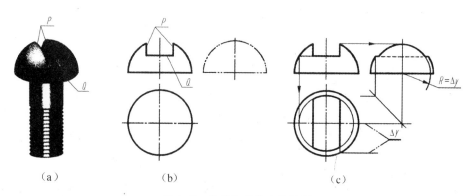

图 4-9 半球体开槽后的投影

4.1.4 综合举例

例 4-5 图 4-10 所示为 L 形六棱柱被正垂面 P 切割,求作切割后 L 形六棱柱的三视图。

分析:

正垂面 P 切割 L 形六棱柱时,与 L 形六棱柱的六个棱面都相交,所以交线为六边形,如图 4-10(a)所示。平面 P 垂直于正面,交线的正面投影具有积聚性。因为六棱柱六个棱面的侧面投影都具有积聚性,所以交线的正面投影和侧面投影均为已知,仅需作出交线的水平投影。

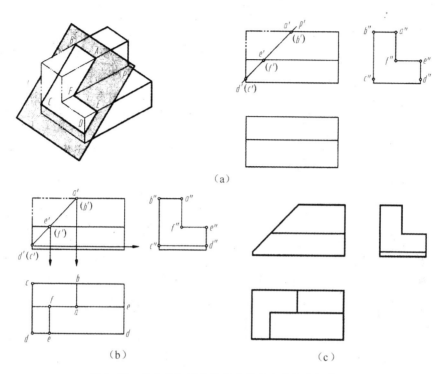

图 4-10 正垂面切割六棱柱其截交线求解作图步骤

作图:
(1)在主、左视图上标注已知各点的正面和侧面投影,如图 4-10(a)所示。
(2)由已知各点的正面和侧面投影作出水平投影 a、b、c、d、e、f,如图 4-10(b)所示。
(3)擦去作图线,描深六棱柱被切割后的图线,如图 4-10(c)所示。
注意:截交线的水平投影和侧面投影为六边形的类似形(L 形)。

例 4-6 求顶尖头截交线的水平投影,如图 4-11(a)(b)所示。

分析:
顶尖头是由同一轴线的圆柱体和圆锥体组合后,被 P、Q 两个平面截切而成,其轴线为侧垂线。截平面 P 与圆柱轴线垂直,是侧平面,因此与圆柱体的截交线为圆弧,其正面投影积聚为直线,侧面投影为圆弧,积聚在圆柱的侧面投影上。截平面 Q 是水平面,并与圆柱体、圆锥体轴线平行,所以该截平面与圆柱面的截交线为两直线(素线),与圆锥体的交线为双曲线,它的正面投影和侧面投影均积聚为直线。

作图:
(1)求特殊点。面 P 与圆柱体的截交线为圆弧,其最高点 A 和前后两端点 B、C 的正面投影 a'、b'、c' 和侧面投影 a''、b''、c'' 可直接得出,由已知的两面投影可求出其水平投影 a、b、c,其水平投影为直线。B、C 点也是截平面 Q 与圆柱截交线的两右端点,两左端点的投影 d'、e' 和 d''、e'' 可直接得出,由两面投影可求出其水平投影 d、e。D、E 两点也是截交线为

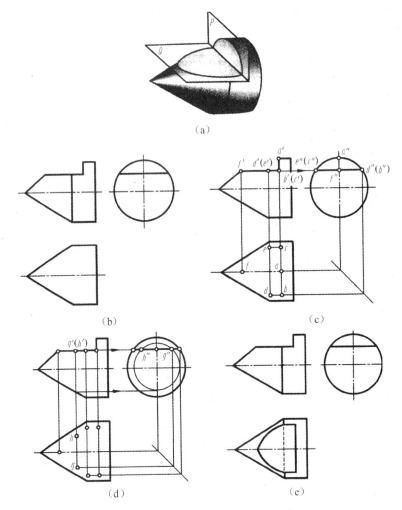

图 4-11 顶尖头截交线作图

双曲线的两右端点;双曲线最左点 F 是双曲线的顶点,其侧面投影为 f'',根据点 F 所在轮廓线的从属关系可求出 f、f',如图 4-11(c)所示。

(2) 求一般点。在双曲线的正面投影适当位置取 g'、h' 作辅助圆,该圆的正面投影、水平投影均为垂直于圆锥体轴线的直线,侧面投影为该圆的实形,由 g'、h' 即可求出 g''、h'' 和 g、h,如图 4-11(d)所示。

(3) 完成截交线。光滑地连接 d、g、f、h、e 各点,即得双曲线的水平投影,该投影为双曲线的实形。图 4-11(e)中的细虚线为顶尖头下部圆柱面与圆锥面交线的投影。

4.2 相 贯 线

两个或两个以上的基本几何体相交,称为相贯体,其表面交线称为相贯线,如图 4-12 所示。根据立体的几何性质不同,相贯体可分为平面立体相贯,平面立体与曲面立体相贯,曲面立体相贯。

在生产实际中,常见的是两曲面立体相贯时求贯线的问题。本节着重讨论回转体相贯时相贯线的性质及作图方法。

4.2.1 相贯线的性质和求法

1. 相贯线的性质
(1) 相贯线是两个回转体表面共有点的集合,也是两回转体表面的分界线。
(2) 一般情况下,相贯线是封闭的空间曲线,特殊情况下是平面曲线或直线。

2. 求相贯线的方法
相贯线是两个回转体表面的共有线(共有点的集合),因此,求相贯线的实质就是求两回转体表面一系列共有点,然后依次光滑地连接成相贯线。求相贯线的一般方法是积聚性法、辅助平面法及辅助球面法。

4.2.2 利用积聚性求相贯线

当相交两圆柱体的轴线正交时,相贯线的两面投影具有积聚性,此时可按"二求一"的方法作出共有点的第三面投影,即可利用投影积聚性直接作图。

例 4-7 如图 4-12 所示,已知圆柱与圆柱正交,求作相贯线的投影。

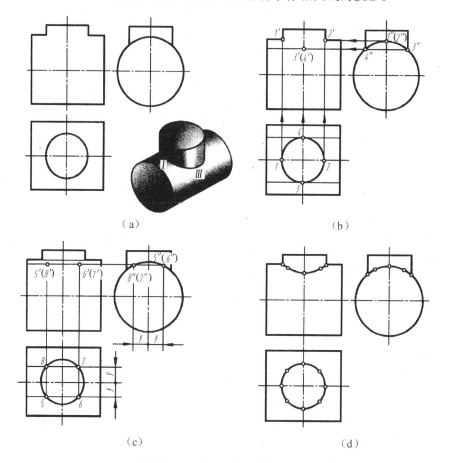

图 4-12 利用积聚性求相贯线

分析：

图中两圆柱体垂直相交，称为正交。根据相贯线的共有性，相贯线是直立圆柱表面的线，而直立圆柱表面的水平投影积聚成圆，所以相贯线的水平投影也就是这个圆，这是相贯线的一个已知投影。又因为相贯线也是水平圆柱表面的线，水平圆柱的侧面投影积聚成圆，所以相贯线的侧面投影必在这个圆上，而且应在两圆柱体侧面投影的重合区域内的一段圆弧上，从而找到了相贯线的侧面投影，因此只需求出相贯线的正面投影，如图 4-12 (a) 所示。

作图：

(1) 求特殊点。相贯线上的特殊点主要是转向轮廓线上的共有点，分别求正面投影轮廓线上的点Ⅰ、Ⅱ和侧面投影轮廓线的点Ⅲ、Ⅳ。它们的水平投影 1、2、3、4 和侧面投影 1″、2″、3″、4″都可以直接求出，再利用投影规律求出它们的正面投影 1′、2′、3′、4′，如图 4-12(b) 所示。

(2) 求一般点。根据准确作图的需要，作出适当数量一般位置点，如点Ⅴ、Ⅵ、Ⅶ、Ⅷ。可先在相贯线的水平投影上取点 5、6、7、8，再在相贯线的侧面投影上求 5″、6″、7″、8″，然后求出 5′、6′、7′、8′，如图 4-12(c) 所示。

(3) 完成相贯线。根据点的水平投影顺序，光滑连接各点相应的正面投影。因相贯线前、后对称，所以只需顺次光滑连接 1′、5′、3′、6′、2′，即为相贯线的正面投影，如图 4-12 (d) 所示。

两圆柱相交，除了两圆柱外表面相交外，还有一圆柱孔与一圆柱体外表面相交，还有两圆柱孔内表面相交的形式，如图 4-13 所示。

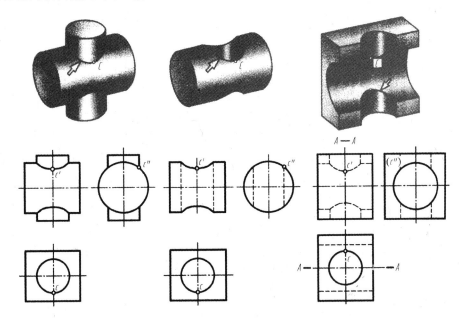

图 4-13　两圆柱相交的三种形式

4.2.3　利用辅助平面法求相贯线

当两回转体的相贯线不能（或不便于）用积聚性法求出时，需用辅助平面法求解。辅助平面法是求相贯线上共有点的常用方法,一般适用于两回转体相贯的各种场合。

辅助平面法的原理:假想用辅助平面截切两相贯体(两基本体的公共部分),则得两组截交线,其交点是两个相贯体表面和辅助平面的共有点(三面共点),即为相贯线上的点。如图 4-14(a)所示,当假想用辅助平面 P 截切圆柱和圆锥时,得到了截交线Ⅰ和Ⅱ,它们的交点 C、D 就是用辅助平面法来求相贯线的方法。

辅助平面的选取原则:为了能方便地作出相贯线上的点,应选取特殊位置平面作为辅助平面,并使辅助平面与两回转体的截交线为最简单图形(直线或圆)。

利用辅助平面法求相贯线的作图步骤:
(1) 选取合适的辅助平面。
(2) 分别求出辅助平面与两回转体的截交线。
(3) 求出两截交线的交点,即相贯线上的点。

例 4-8 求圆柱与圆锥正交的相贯线,如图 4-14(a)所示。

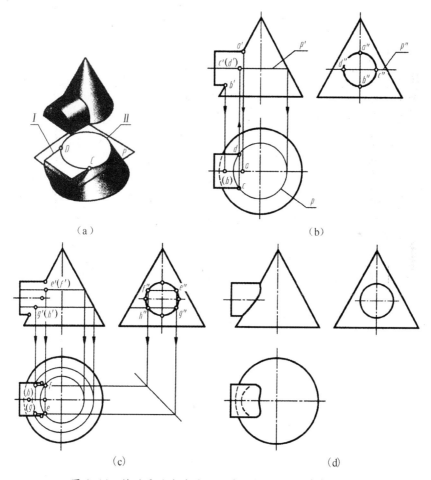

图 4-14 辅助平面法的原理及利用辅助平面法求相贯线

分析:

圆柱与圆锥轴线正交,圆柱全部贯穿于圆锥之中,相贯线是一条前后、左右对称的封闭空间曲线。因圆柱的轴线垂直于侧面,故相贯线的侧面投影重合在圆柱的侧面投影圆周上(两立体的公共部分)——圆弧,即是已知的。而相贯线的正面投影和水平投影没有聚积性,不能直接确定,需要求出。

作图:

(1) 求特殊点。因两立体前后对称,所以两立体正面投影的转向轮廓线必定相交,交点为 A、B。在正面投影和侧面投影上可直接得到 a'、b' 和 a''、b'',由点的两面投影可求出水平投影 a、b。A、B 分别为最高点、最低点,也为相贯线正面投影可见与不可见的分界点。c''、d'' 是最前点、最后点 C、D 的侧面投影,为求另外两个投影,过圆柱体的轴线作水平面 P 为辅助平面,作出 p'、p'',求出 P 平面与圆锥面截交线的水平投影,P 平面与圆柱面截交线的水平投影为两条直线,它们与水平投影圆的交点为 c、d,由 c、d 可求出 c'、d',如图 4-14(b)所示。

(2) 求一般点。在适当位置作辅助平面,求出一般点 E、F。同样可再求几个一般位置点,如图 4-14(c)所示。

(3) 完成相贯线。将所求各点的正面投影依次光滑连接,即得相贯线的正面投影。点 C、D 为水平投影可见与不可见的分界点,此两点上方的一段 $ceafd$ 可见,画成粗实线,下方的一段 $cgbhd$ 为不可见,画成细虚线,即得相贯线的水平投影,如图 4-14(d)所示。

4.2.4 相贯线的特殊情况

在一般情况下,两回转体的相贯线是封闭的空间曲线,但在特殊情况下相贯线可能是平面曲线或直线。

1. 两回转体共轴线

两回转体有一条公共轴线时,它们的相贯线都是平面曲线——圆,如图 4-15 所示。因为两回转体的轴线平行于正投影面,所以它们相贯线的正面投影积聚为直线,水平投影为圆或椭圆。

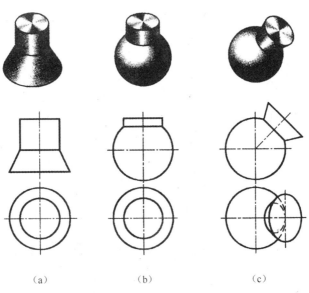

图 4-15 两回转体共轴线

(a)圆柱与圆锥共轴;(b)圆柱与球共轴;(c)圆锥与球共轴。

2. 两回转体共切于球

圆柱与圆柱相交,共切于球;圆柱与圆锥相交,共切于球等,都属于两回转体相交,并共切于球,它们的相贯线都是平面曲线——椭圆。图 4-16 所示两回转体的轴线都平行于正投影面,所以它们相贯线的正面投影为直线,水平投影为圆或椭圆。

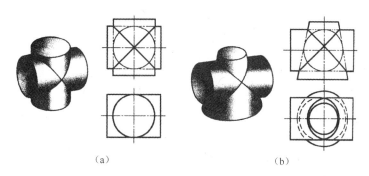

图 4-16　两回转体共切于球

3. 相贯线是直线

当两相交圆柱的轴线平行时,相贯线是圆柱上的两平行直线,如图 4-17(a)所示;两个有公共顶点的圆锥相交时,相贯线是交于顶点的两直线,如图 4-17(b)所示。

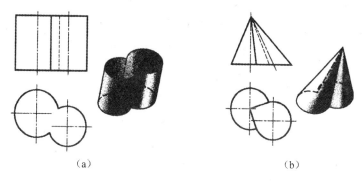

图 4-17　相贯线是直线

4. 过渡线以断开形式表达

对铸造件或锻造件来说,两表面转折面处,是以圆角形式过渡的,这时的相贯线称为过渡线。为了区分于相贯线,过渡线要求用细实线绘制,同时在圆角处或相切处应以断开的形式表达,详细内容见 9.5.1 节。

思 考 题

1. 平面与圆柱体相交有几种相对位置? 其截交线有哪些形状?
2. 平面与圆柱体相交,试述求截交线的方法。
3. 平面和圆锥体相交有几种相对位置? 其截交线有哪些形状?
4. 平面与圆锥体相交,试述求截交线的方法。
5. 试述平面与球体相交的截交线形状及其求解方法。

6. 两回转体相贯线的性质是什么？
7. 用辅助平面法求相贯线的基本原理是什么？
8. 求两回转体相贯线应如何选择辅助平面的位置？
9. 试说明判别相贯线可见与不可见的原则。

第5章 轴测投影

正投影法绘制的三视图，能准确地表达物体的结构形状和相对位置，具有较好度量性，但缺乏立体感。轴测图确有较强的直观性，工程上常用于说明机器及零部件的外观、内部结构或工作原理，以及绘制化工图、给排水图、采暖通风管道系统图等。

在机械制图教学过程中，轴测图主要是培养读三视图能力的手段之一，通过绘制轴测图可以帮助想象物体的结构形状，培养空间思维及想象能力。

本章要点

学习目标	考核标准	教学建议
（1）掌握轴测投影图的形成过程、参数含义及基本性质； （2）正等测及斜二测图的画法； （3）轴测草图的绘制方法	应知：正等测及斜二测投影图的形成过程，各参数的含义； 应会：利用正等测及斜二测绘制基本及简单组合体的轴测图	通过正等测及斜二测的形成，讲解各参数的含义、作图方法和技巧

项目五　完成指定的轴测投影图

项 目 指 导	条件及样例
一、目的 （1）掌握正等测及斜二测投影作图方法。 （2）正确运用形体分析法，识读组合体三视图。 二、内容及要求 （1）根据给出的组合体三视图，运用形体分析法，在读懂其结构形状的基础上，完成轴测投影图的作图。 （2）用A4图纸，横放，比例1∶1。 （3）在一张图纸上，完成两个相应的轴测投影图。 三、作图步骤 （1）读图：运用形体分析法识读组合体的两视图，了解其组合形式，结构特点，应采用何种轴测图来表达。 （2）画底稿：①画图框和标题栏外框；②布图，画轴测轴，完成两个轴测图。	已知三视图，试完成其相应的正等测及斜二测投影

(续)

项目指导	条件及样例
（3）检查底稿,擦去作图线及多余线条。 （4）描深图形。 （5）在轴测图上,完成尺寸的标注,填写标题栏,加深图框及标题栏外框线。 （6）校对,修饰图面。 四、注意事项 （1）布图时应留足标注尺寸的位置,使图形布置匀称。 （2）此项目是在一张图纸上,完成两个相应轴测图的绘制,具体表达方案可以自选。 （3）此次作业,是在学完组合体读图以后完成。	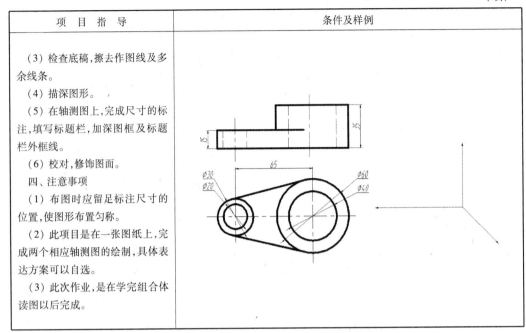

5.1 轴测投影的基本知识

GB/T 4458.3—2013《机械制图 轴测图》规定,轴测图是用平行投影原理绘制的一种单面投影图,这种图接近于人的视觉习惯,富有较强的立体感,但度量性较差,如图5-1(a)所示。而形体的三视图虽然是工程上广泛使用的图示方法,但缺乏立体感,如图5-1(b)所示。因此,轴测图在生产中作为辅助图样,用于需要表达机件直观形象的场合。

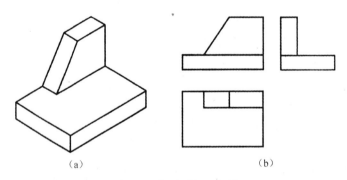

图 5-1 轴测图与三视图

5.1.1 轴测投影的形成

将物体连同直角坐标系,沿不平行于任一坐标平面方向,用平行投影法将其投射在单一投影面上所得到的图形称为轴测投影图,简称轴测图。轴测投影是单面投影,单靠物体的一面投影就能反映物体的长、宽、高的整体形状,如图5-2所示。

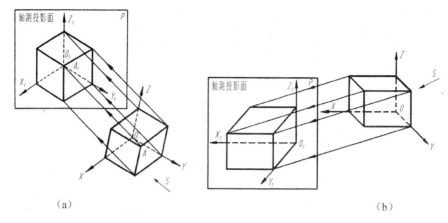

图 5-2 轴测投影的形成

在轴测投影中,投影面 P 称为轴测投影面(一般选 V 面),投射方向 S 称为轴测投影方向。

当投射方向 S 垂直于轴测投影面时,所得图形称为正轴测图,如图 5-2(a)所示。

当投射方向 S 倾斜于轴测投影面时,所得图形称为斜测图,如图 5-2(b)所示。

5.1.2 轴测轴、轴间角、轴向伸缩系数

(1)轴测轴。直角坐标轴在轴测投影面上的投影称为轴测轴,如图 5-2 中的 O_1X_1、O_1Y_1、O_1Z_1。

(2)轴间角。轴测投影中,任意两根坐标轴在轴测投影面上投影之间的夹角称为轴间角,如图 5-2 中的 $\angle X_1O_1Y_1$、$\angle Y_1O_1Z_1$、$\angle X_1O_1Z_1$。

(3)轴向伸缩系数。直角坐标轴轴测投影的单位长度与相应直角坐标轴上的单位长度的比值称为轴向伸缩系数。OX、OY、OZ 轴的轴向伸缩系数分别用 p、q、r 表示,即

$$p=O_1X_1/OX \quad q=O_1Y_1/OY \quad r=O_1Z_1/OZ$$

为了便于作图,轴向缩系数之比值,即 $p:q:r$ 应采用简单的数值。

5.1.3 轴测图的种类

轴测图如前所述,按投射方向不同分为正轴测和斜轴测两大类。每类按轴向伸缩系数不同又分为三种:

(1)正(或斜)等测,即 $p=q=r$;

(2)正(或斜)二测,即 $p=r\neq q$;

(3)正(或斜)三测,即 $p\neq q\neq r$。

在国家标准 GB/T 4458.3—2013《机械制图 轴测图》中,推荐了正等测、正二测、斜二测三种轴测图。本书只介绍正等测和斜二测的画法。

5.1.4 轴测投影的基本性质

轴测投影是用平行投影法画出的,所以它具有平行投影的一切投影特性。

(1)平行性。空间平行的直线,轴测投影后仍平行;空间平行于坐标轴的直线,轴测

投影后仍平行于相应的轴测轴。

（2）度量性。凡是 OX、OY、OZ 轴或与其平行的线段,在轴测图投影中轴向伸缩系数是已知的,故画轴测图时要沿轴测轴或与其平行的线段方向度量,这就是轴测图的得名。

5.2 正等轴测图

使确定物体的空间直角坐标轴对轴测投影面的倾角相等,用正投影法将物体连同其坐标轴一起投射到轴测投影面上,所得到的轴测图称为正等轴测图,简称正等测。

5.2.1 正等测的形成及参数

1. 形成方法

如图 5-2(a)所示,首先将物体建立在直角坐标系中,物体连同坐标系绕 OZ 轴向右向后旋转 45°,再绕原点 O 前倾,使 OX、OY、OZ 轴与轴测投影面成相同的倾角位置,投射方向与轴测投影面垂直时,即得到轴测投影的图形。此时,三个轴向伸缩系数相等、三个轴间角相等。

2. 轴间角和轴向伸缩系数

图 5-3 表示了正等测的轴测轴、轴间角及其画法。从图中可以看出,正等测的轴间角互成 120°,即

$$\angle X_1 O_1 Y_1 = \angle Y_1 O_1 Z_1 = \angle X_1 O_1 Z_1 = 120°$$

作图时通常将 $O_1 Z_1$ 轴画成竖直线,使 $O_1 X_1$、$O_1 Y_1$ 轴与水平线成 30°。

当三根直角坐标轴相对轴测投影面成相同倾角时,其投影长度相对原长都缩短了近似 0.82 倍,即

$$p = q = r \approx 0.82$$

为了作图方便,通常采用 $p = q = r = 1$ 的简化轴向伸缩系数,即凡平行于各坐标轴的尺寸都按原尺寸的长度放大了 $1/0.82 \approx 1.22$ 倍,但这对表达形体的直观形象没有影响,如图 5-4(b)所示。今后在实际绘制正等测时,均按简化轴向伸缩系数来作图。

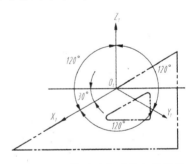

图 5-3 正等测的轴测轴和轴间角

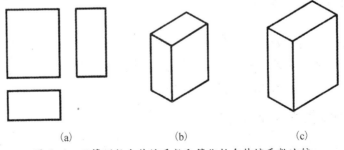

图 5-4 正等测轴向伸缩系数和简化轴向伸缩系数比较
(a)三视图;(b)$p = q = r \approx 0.82$;(c)$p = q = r = 1$。

5.2.2 正等测的基本画法

作图：

(1) 根据形体结构特点，选定坐标原点位置，一般定在物体的对称轴或主要棱边端点上，且放在顶面或底面处，这样对作图较为有利。

(2) 画轴测轴。

(3) 按点的坐标作点、直线的轴测图，一般自上而下，根据轴测投影基本性质，逐步作图，不可见棱线通常不画出。

例 5-1 根据图 5-5(a) 所示正六棱柱的两个视图，绘制其正等测。

分析：

由正投影图可知，正六棱柱的顶面、底面均为水平的正六边形。在轴测图中，顶面可见，底面不可见，宜从顶面画起，且使坐标原点与顶面正六边形中心重合，向下作为 OZ 轴正方向，如图 5-5(a) 所示。

作图：

(1) 选择正六棱柱顶面中心为坐标系原点，建立直角坐标系，如图 5-5(a) 所示。

(2) 画轴测轴，根据 a 确定点 Ⅰ、Ⅳ，如图 5-5(b) 所示。

(3) 根据 b、c 确定点 Ⅱ、Ⅲ、Ⅴ、Ⅵ，顺次连接 Ⅰ、Ⅱ、Ⅲ、Ⅳ、Ⅴ、Ⅵ，然后由顶面各点向下画棱线（只画出可见轮廓线），按尺寸 h 截取底面各点，如图 5-5(c) 所示。

(4) 连接底面各点，擦去作图线，加深轮廓线，完成全图，如图 5-5(d) 所示。

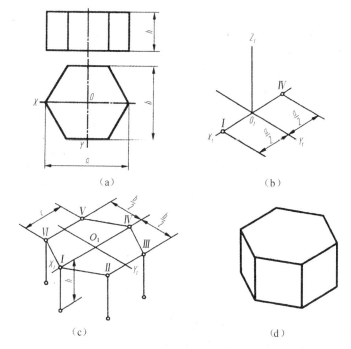

图 5-5　正六棱柱正等测的作图步骤

例 5-2 根据图 5-6(a) 所示的四棱锥两视图，绘制其正等测。

分析：

四棱锥前后、左右对称,四棱锥的底面为矩形,锥高与底面垂直并通过底面的中心,故选择锥底面的中心点作为坐标原点,锥高作为 OZ 轴正方向,如图 5-6(b)(c)所示。

作图:

(1) 选择四棱锥底面中心为坐标系原点,建立直角坐标系,如图 5-6(a)所示。

(2) 画轴测轴,按给定的尺寸 l、k 画出底面的正等测,如图 5-6(b)所示。

(3) 按给定的棱锥高度 h 定出锥顶,如图 5-6(c)所示。

(4) 过锥顶与底面各顶点连线,如图 5-6(d)所示。

(5) 擦去作图线并描深,完成四棱锥的正等测,如图 5-6(e)所示。

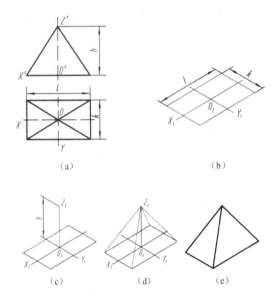

图 5-6 四棱锥正等测的作图步骤

5.2.3 平行坐标面圆的正等测

1. 圆的画法

在正等测中,由于空间各坐标面相对轴测投影面都是倾斜的,而且倾角相等,所以平行于各坐标面且直径相等的圆,正等测投影后椭圆的长轴、短轴均分别相等,但椭圆长轴、短轴方向不同,如图 5-7 所示。

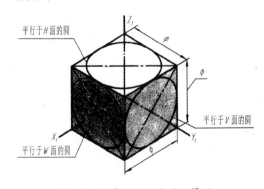

图 5-7 平行坐标面圆的正等测

正等测图中的椭圆通常采用近似画法(菱形法)作图。现以水平圆的轴测图为例,说明作图方法(正平和侧平自行分析),具体过程如图5-8所示。

作图:

(1) 以圆心 O 为坐标原点,画坐标轴 OX、OY,画圆的外切正方形,并标出切点 Ⅰ、Ⅱ、Ⅲ、Ⅳ,如图5-8(a)所示。

(2) 画轴测轴,沿轴向按圆的半径在 O_1X_1、O_1Y_1 上量取 I_1、$Ⅱ_1$、$Ⅲ_1$、$Ⅳ_1$ 点,并过这些点画相应轴的平行线,得外切正方形的正等轴测图——菱形,如图5-8(b)所示。

(3) A_1、B_1 为菱形短对角线两端点,连接 $A_1Ⅰ_1$、$B_1Ⅲ_1$(或 $A_1Ⅱ_1$、$B_1Ⅳ_1$)与菱形对角线分别交于 C_1、D_1,则 A_1、B_1、C_1、D_1 为椭圆四段圆弧的圆心,如图5-8(c)所示。

(4) 分别以 A_1、B_1 为圆心,$A_1Ⅰ_1$、$B_1Ⅲ_1$ 为半径画大圆 $\widehat{I_1Ⅱ_1}$、$\widehat{Ⅲ_1Ⅳ_1}$,以 C_1、D_1 为圆心,以 $C_1Ⅰ_1$、$D_1Ⅱ_1$ 为半径画小圆弧 $\widehat{I_1Ⅳ_1}$、$\widehat{Ⅱ_1Ⅲ_1}$,如图5-8(d)所示。

(5) 擦去辅助作图线,即得圆的正等轴测图——椭圆。

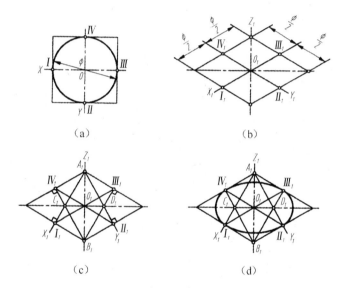

图5-8 菱形法作椭圆的画法

2. 圆柱的正等测画法

圆柱的正等测画法是先画出顶面和底面圆的正等轴测图——两椭圆,然后画两椭圆的外公切线即可,如图5-9所示。

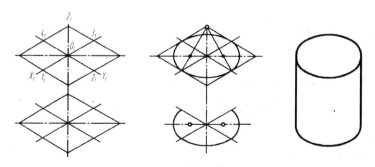

图5-9 圆柱的正等测画法

3. 圆角的画法

圆角是圆的 1/4,其正等测画法与圆的正等测画法相同,即画出对应的 1/4 菱形,画出近似圆弧。以水平圆角为例,说明其作图步骤,如图 5-10 所示。

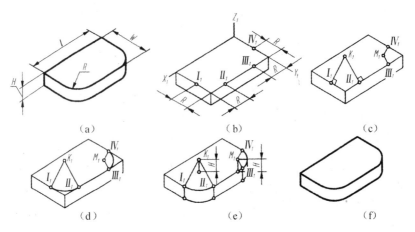

图 5-10 圆角正等测的画法

作图:

(1) 画出未切圆角前长方体的正等测,如图 5-10(b)所示。

(2) 以圆角半径 R 为长度,量取点 I_1、II_1、III_1、IV_1,如图 5-10(b)所示。再分别过 I_1、II_1 两点作菱形大角两边垂线,其交点 K_1 即为大圆弧的圆心;过菱形小角两边上 III_1、IV_1 两点作垂线,其交点 M_1 为小圆弧的圆心,如图 5-10(c)所示。

(3) 分别以 K_1、M_1 为圆心,K_1I_1、M_1III_1 为半径画弧,如图 5-10(d)所示。

(4) 用"移心法"将两圆弧的圆心和切点按板厚 H 下移,画出下底面上的圆弧,再补画右边圆角的外切线,如图 5-10(e)所示。

(5) 擦去多余的作图线,描深,即完成作图,如图 5-10(f)所示。

5.3 斜二等轴测图

在确定物体的直角坐标系时,使 X 轴和 Z 轴平行轴测投影面 P,用斜投影法将物体连同其坐标轴一起向 P 面投射,所得到的轴测图称为斜二等轴测图,简称斜二测,如图 5-2(b)所示。

5.3.1 斜二测的形成及参数

1. 形成方法

如图 5-2(b)所示,首先将物体建立在直角坐标系中,物体连同坐标系不动,投射线方向与轴测投影面倾斜,而且处于左上角某一位置时,即得到斜二测投影的图形。

2. 斜二测的轴间角和轴向伸缩系数

如图 5-11 所示,斜二测的轴间角:$\angle X_1O_1Z_1 = 90°$,$\angle X_1O_1Y_1 = \angle Y_1O_1Z_1 = 135°$。

斜二测轴向伸缩系数 $p_1 = r_1 = 1$,$q_1 = 0.5$。

在斜二测中,形体的正面形状能反映实形,因此,如果形体仅在正面有圆或圆弧时,选用斜二测表达直观形象就很方便,这是斜二测的最大优点。

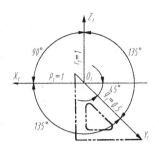

图 5-11 斜二测的轴间角、轴向伸缩系数

5.3.2 斜二测的作图方法

斜二测的作图方法与正等测的方法相同,只是轴间角、轴向伸缩系数不同而已。

由于斜二测能反映物体坐标面 XOZ 及其平行面的实形,故当某一个方向形状复杂,或只有一个方向有圆或圆弧时,宜用斜二测表示。应指出,平行于 XOY、YOZ 坐标面的圆,斜二测均为椭圆,其作图较复杂,所以当物体上有两个或两个以上方向上有圆或圆弧时,不宜采用斜二测,而应画正等测。

例 5-3 图 5-12(a)为带孔圆台两视图,画出其斜二测。

分析:

圆台具有同轴圆柱孔,圆台的前后端面及孔口都是圆。因此,将前后端面平行于正面放置,以后端面作为 $X_1O_1Z_1$ 坐标面,作图比较方便。

作图:

(1) 画出轴测轴,在 O_1Y_1 轴上量取 $L/2$,定出前端面的圆心,如图 5-12(b)所示。
(2) 画出前后端面上的四个圆,如图 5-12(c)所示。
(3) 作前后端面上两个大圆的公切线,如图 5-12(d)所示。
(4) 擦去作图线并描深,完成带孔圆台的斜二测,如图 5-12(e)所示。

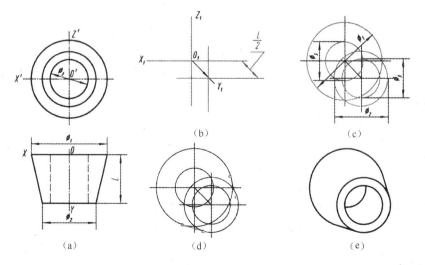

图 5-12 带孔圆台的斜二测画法

例 5-4 根据图 5-13(a)所示支座的两视图,画出其斜二测。

分析:

支座的前后端面平行且与 V 面平行,采用斜二测作图比较方便。选择前端面作为 $X_1O_1Z_1$ 坐标面,坐标原点过圆心,O_1Y_1 轴向后。

作图:

(1) 画出前端面的斜二测(主视图的重复),如图 5-13(b)所示。

(2) 过圆心向后作 O_1Y_1 轴,在 Y_1 轴上量取 $L/2$,定出后端面的圆心,画出后端面上的两个圆;过底板的顶点,作 O_1Y_1 轴的平行线,如图 5-13(c)所示。

(3) 过后端面大圆与中心线交点、作 O_1Z_1 轴的平行线,与 O_1Y_1 轴的平行线相交;进而作出 O_1X_1 轴的平行线,完成底板的斜二测;作前后端面两个大圆的公切线,如图 5-13(d)所示。

(4) 擦去作图线并描深,完成支座的斜二测,如图 5-13(e)所示。

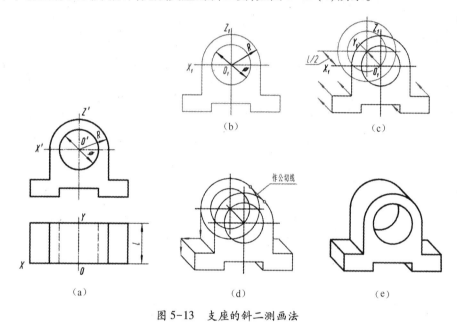

图 5-13 支座的斜二测画法

5.4 轴测剖视图

为了表达物体内部结构形状,在轴测图上可假想用剖切平面剖切物体的 1/4 或 1/2,然后画成轴测剖视图。

5.4.1 轴测剖视图的剖切方法

1. 剖切面的选择

为了使物体的内外形状表达清楚,在轴测图上一般采用两个互相垂直的轴测坐标面进行剖切,如图 5-14(a)所示。有时也可以用一个剖切平面,但这样会使物体的外形表达不够清楚,如图 5-14(b)所示。

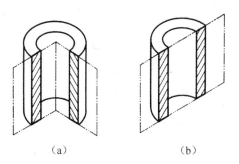

图 5-14 轴测剖视图剖切的选择

2. 剖面线的画法

1) 正等测剖视图

投影图上剖面线方向相对水平线成 45°,在轴测剖视图上仍要保持这样的关系。例如,在 $X_1O_1Z_1$ 平面上画剖面线时,因为角的对边和底边是 1∶1 的比例关系,因此可以在轴测轴上,按各轴的轴向伸缩系数取相等长度。例如,当用简化轴向伸缩系数时,可在 O_1X_1、O_1Z_1 轴各取一个长度单位,得到两点。其连线即为 $X_1O_1Z_1$ 平面上 45° 方向的剖面线,对正等测来说,剖面线与水平线成 60°。

应用同样的办法,可以画出 $Y_1O_1Z_1$、$X_1O_1Y_1$ 两平面上相应方向的剖面线,如图 5-15(a)所示。

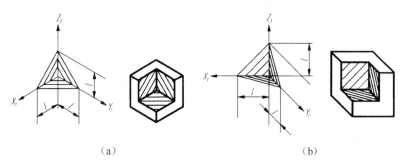

图 5-15 轴测剖视图剖面线的画法

2) 斜二测剖视图

剖面线的画法与正等测剖视图类似,只是在画 $Y_1O_1Z_1$、$X_1O_1Z_1$ 两平面上的剖面线时,应注意在 O_1X_1、O_1Z_1 轴上各取 1 个单位长,而在 O_1Y_1 轴上取 1/2 单位长,如图 5-15(b)所示。

5.4.2 轴测剖视图的画法

为了表示零件的内部形状,在轴测图上也常取剖视,但为了保持外形的清晰,所以无论零件是否对称,剖视常切掉物体的 1/4,具体画法有两种(以组合体的剖视图为例)。

1. 先画物体外形,再画剖面区域

图 5-16 所示正等测剖视图的画法,其作图步骤如下:

(1) 在三视图上建立直角坐标系,如图 5-16(a)所示。

(2) 画正等测轴测轴及组合体正等轴测图,如图 5-16(b)所示。

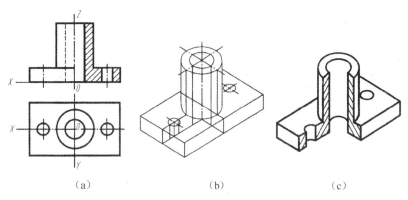

图 5-16 组合体正等测剖视图的画法(一)

(3) 假想用两个剖切平面沿坐标面把组合体剖开,画出剖面区域轮廓,注意剖切后圆柱孔底圆的部分正等测(椭圆弧)应画出,如图 5-16(b)所示。

(4) 画剖面线,擦去多余作图线,加深完成全图,如图 5-16(c)所示。

2. 先画物体剖面区域,再画机件外形

图 5-17 所示正等测剖视图的画法,其作图步骤如下:

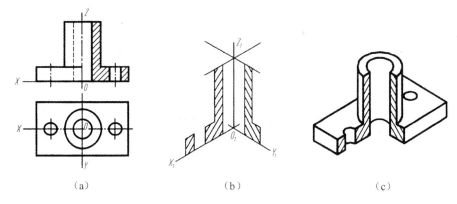

图 5-17 支架正等测剖视图的画法(二)

(1) 在三视图上建立直角坐标系,如图 5-17(a)所示。

(2) 画轴测图的坐标轴及主要中心线,如图 5-17(b)所示。

(3) 画剖切部分的剖面区域形状,如图 5-17(c)所示。

(4) 画其余部分和剖面线,擦去多余的作图线,加深完成全图,如图 5-17(c)所示。

注意:第一种方法作图,易画且好掌握,而第二种需了解断图形状后方可作图,必须有一定的知识积累方可采用。

5.5 轴测草图的画法

轴测草图是一种表达设计思想的很好工具。在构思一部新机器或新结构的过程中,可先用立体的轴测草图将结构设计的概貌初步地表达出来,然后再进一步画出正投影的设计草图,最后再仔细地完成设计工作图;也可以用轴测草图向没有读正投影图能力的人

5.5.1 画轴测草图的基本技巧

1. 徒手画轴测轴

（1）正等测轴测轴的画法。正等测轴测轴要求三条轴测轴之间的夹角应尽量接近120°，可先画一条水平线和竖线 O_1Z_1 轴，然后将下面两个象限分别三等分，其中1/3的上边，即为 O_1X_1 和 O_1Y_1 轴，如图5-18(a)所示。

（2）斜二测轴测轴的画法。斜二测轴测轴先画互相垂直的轴测轴 O_1X_1 和 O_1Z_1 轴，然后作第四象限的角平分线，即得 O_1Y_1 轴，如图5-18(b)所示。

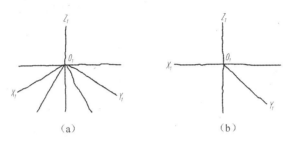

图5-18 圆的轴测草图

2. 徒手均匀划分等长线段

如图5-19(a)所示，若以长方体的一条棱线作单位长度 L，则其另两条棱线的长度可成一定比例画出，并可再将 L 划分为必要的等分。也可以按图5-19(b)所示的方法成比例地放大和缩小矩形尺寸。

3. 利用对角线及中心线作图

利用对角线及中心线作图，如图5-20所示。

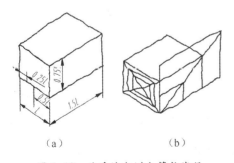

图5-19 徒手均匀划分等长线段

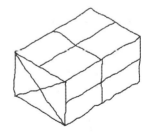

图5-20 利用对角线及中心线作图

4. 圆的轴测草图

（1）圆的正等测投影是椭圆，椭圆长轴方向垂直于回转轴，椭圆短轴方向与回转轴一致。

（2）用菱形法画椭圆，椭圆与菱形四个边的中点相切。徒手画出大、小圆弧，再画出光滑椭圆曲线，如图5-21所示。

5. 圆柱体的轴测草图

先画出圆柱体前面椭圆的外切菱形，再按圆柱体的厚度画出后面椭圆的外切菱形，就

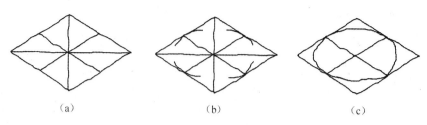

图 5-21 圆的轴测草图

可迅速地画出圆柱体轴测草图,如图 5-22 所示。

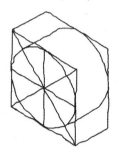

图 5-22 圆柱体的轴测草图

5.5.2 画轴测草图的一般步骤

（1）根据模型、三视图或其他来源,分析物体的结构形状和比例关系。
（2）选择应用的轴测图种类。
（3）确定物体的轴测投影方向,以更好、更多地表达物体的结构形状为原则。
（4）选择适当大小的图纸。
（5）进行具体的作图。

思 考 题

1. 正等轴测图和斜等轴测图根据什么区分?
2. 自选图例,试画出正等测、斜二测,并标出实际作图时采用的轴向伸缩系数。
3. 试画出平行于正面和侧面圆(ϕ30)的正等轴测图。
4. 斜二测与正等测比较,其突出优点是什么?
5. 轴测剖视图一般采用 1/2 剖切还是 1/4 剖切? 为什么?
6. 轴测剖视图正等测及斜二测如何画剖面线?
7. 轴测剖视图的两种画法是什么?

第 6 章 组合体的投影

任何机器零件,从形体的角度来分析,都可以看成是由一些简单的基本几何体经过叠加、切割或穿孔等方式组合而成的。这种由两个或两个以上的基本几何体组合构成的整体称为组合体。

掌握组合体的画图、读图和尺寸标注等问题,不仅是前面所学知识的系统总结和运用,也是学习工程图十分重要的基础。

本章要点

学习目标	考核标准	教学建议
(1) 组合体的形体分析法; (2) 组合体三视图的画法; (3) 组合体三视图的读图方法; (4) 组合体轴测图的画法; (5) 组合体的尺寸标注方法	应知:形体分析含义,组合体表面连接的画法,三视图的画图规律,组合体尺寸标注的基本要求,三视图的读图规律; 应会:正确地绘制组合体三视图,较合理地完成组合体的尺寸标注,能读懂中等复杂程度的组合体三视图	在学习组合体三视图画图和读图过程中,要让学生充分利用轴测图的绘制来提高读三视图的能力

项目六 绘制组合体的三视图

项 目 指 导	条件及样例
一、目的 (1) 掌握组合体三视图布图规律。 (2) 掌握组合体三视图的正确表达。 (3) 正确完成组合体的尺寸标注。 二、内容及要求 (1) 完成给定组合体三视图的绘制。 (2) 用 A4 或 A3 图纸,横放,自行确定表达方案,比例自定。 (3) 完成尺寸标注。 三、作图步骤 (1) 分析图形:用形体分析法,将该组合体分解成若干个基本几何体,搞清楚各基本体结构形状、位置关系、连接关系,并确定主视图的投影方向。 (2) 绘制底稿:①画图框和标题栏外框线;②布图,画出三视图的作图基准线;③逐一完成各基本体的三视图;④画尺寸界线、尺寸线。 (3) 检查底稿,擦去多余线条。 (4) 描深图形。 (5) 画箭头,标注尺寸数字,填写标题栏,加深图框及标题栏外框。 (6) 校对,修饰图面。 四、注意事项 (1) 主视图的方向选择要合理。 (2) 尺寸标注要做到正确、完整、清晰。	已知组合体轴测图,试根据给出的尺寸,完成其三视图的表达,并标注尺寸

6.1 组合体的组合形式及分析方法

6.1.1 组合体的组合形式

任何复杂的物体,以几何形状来分析,都可看成是由基本几何体按一定的相对位置组合而成的,其组合形式大体上可分为叠加型、切割型和综合型三种。叠加型组合体是由若干个基本几何体叠加而成的,图 6-1(a)所示的螺栓(毛坯),是由六棱柱、圆柱和圆台叠加而成的。切割型组合体则可看成是由基本几何体经过切割或穿孔后形成的,图 6-1(b)所示的压块(模型),是由四棱柱经过四次切割再穿孔以后而成的。综合型组合体则既有叠加又有切割,如图 6-1(c)所示的支架。

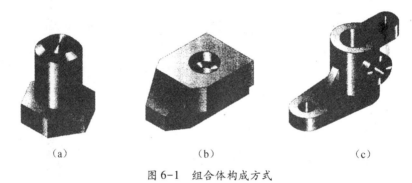

图 6-1 组合体构成方式

6.1.2 组合体上相邻表面之间的连接关系

不管是哪一种形式的组合体,画它们的视图,都必须正确表示各基本形体之间的表面连接关系,可归纳为以下四种情况。

1. 共面

两形体的表面共面时,在共面处没有交线,如图 6-2 所示。

2. 相错

两形体的表面为相互错开的表面时,两表面投影之间应有实线分开,如图 6-3 所示。

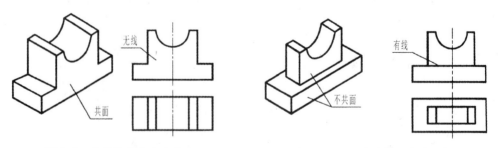

图 6-2 两形体的表面共面　　　图 6-3 两形体的表面为错开表面

3. 相切

两形体的表面相切时,两表面间为光滑过渡,故相切处的投影不应画线,而相邻表面其投影应画到相切处,如图 6-4 所示。

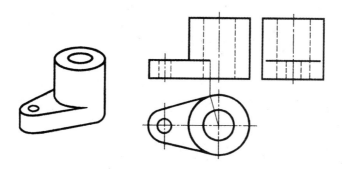

图 6-4 两形体表面相切

4. 相交

两形体的表面相交时,在两表面相交处有交线(截交线或相贯线),其投影必须画出交线,如图 6-5 所示。

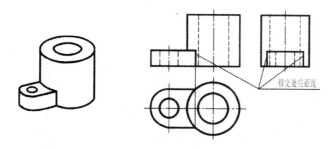

图 6-5 两形体表面相交

6.1.3 形体分析法与线面分析法

任何复杂的物体,从几何形状来分析,都可以看成是由多个基本体按一定的位置关系组合而成的。形体分析法是假想将组合体分解为各个基本几何体,弄清各基本形体的组合形式、相对位置,以及表面间的连接关系,以达到了解整体的目的。画图时,运用形体分析法,可以将复杂的形体简化为比较简单的基本体来完成;而看图时,运用形体分析法,就能从基本体着手,看懂复杂的形体。所以说形体分析法是画图、读图、标注尺寸所依据的主要方法,它可以将复杂的组合体分解为比较简单的基本体来处理。

在绘制和阅读组合体的视图时,也可以将组合体分解成若干个面和线,并分析它们之间的相对位置以及对投影面的相对位置,这种方法称为线面分析法。

分清它们各自的形状、组合方式和相对位置,分析它们的表面连接关系以及投影特点,是画图和读图的基本方法。

6.2 组合体三视图的画法

6.2.1 叠加型组合体的三视图

以图 6-6 所示的轴承座为例,说明画组合体三视图的方法与步骤。

1. 形体分析与线面分析

把组合体分解成若干个基本几何体,明确它们的组合形式及相邻两形体表面之间的连接关系和位置关系,再考虑其视图选择。

如图 6-6(b)所示,轴承座由底板、支承板、肋板和圆筒四个部分组成,它们之间的组合形式均为叠加。轴承座左右对称,支承板与底板、圆筒的后表面平齐,圆筒前端面伸出肋板前表面;支承板左右侧面与圆筒表面相切,前表面与圆筒相交;肋板的左右侧面及前表面与圆筒相交,底板的顶面与支承板、肋板的底面重合。此外,底板加工出两个安装孔,属于切割。

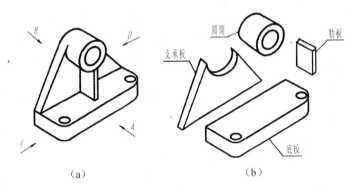

图 6-6 组合体的形体分析

2. 选择主视图

主视图是三视图中最重要的视图。主视图的选择主要从以下三个方向考虑。

(1) 组合体的安放位置。安放组合体时,应将组合体放正,大多数取自然位置,并尽可能使其主要表面或主要轴线平行或垂直于投影面。

(2) 主视图的投射方向。应选择能较多地反映组合体形状特征及各部分相对位置特征的方向作为主视图的投射方向。

(3) 视图的清晰性。为使视图清晰,图中虚线要尽可能少。选择主视图要兼顾俯视图与左视图,两视图中的虚线应尽可能少。

按图 6-6(a)所示,组合体可按自然位置放置,即底板放成水平,这时有 A、B、C、D 共四个投射方向。对其所得的四个视图进行比较,若以 B 视图作为主视图,细虚线较多,显然没有 A 视图清楚;C 视图和 D 视图虽然细虚线情况相同,但若以 C 视图作为主视图,则左视图上会出现较多的细虚线,没有 D 视图好;再比较 D 视图和 A 视图,A 视图反映轴承座各部分的轮廓特征明显,所以确定 A 视图作为主视图的投射方向,如图 6-7 所示。

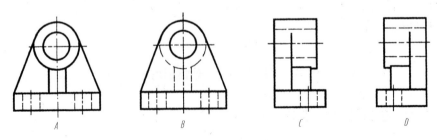

图 6-7 分析主视图的投射方向

主视图选定以后,俯视图和左视图也随之确定。俯视图、左视图补充表达了主视图上未表达清楚的部分,如底板的形状及通孔的位置在俯视图上反映出来,肋板的形状则在左视图上来表达。

3. 选比例、定图幅

视图确定好之后,根据形体的大小和复杂程度,按标准确定绘图比例。再依据各视图所占幅面大小,并留有标注尺寸和画标题栏等的余量,再确定幅面。一般情况下,尽量选用 1∶1 比例。

4. 绘制底稿

(1) 画基准线。以确定各视图在幅面中的位置,如图 6-8(a)所示。

(2) 从形状特征明显的视图入手,先画底板的俯视图,再画主视图、左视图,如图 6-8(b)所示;再画圆筒的主视图、俯视图、左视图,如图 6-8(c)所示;再画支承板的左视图、主视图、俯视图,如图 6-8(d)所示;再画肋板的主视图、俯视图、左视图,如图 6-8(e)所示。

注意:画图时针对形体的每一部分,最好是三个视图配合一起画出。

5. 检查、描深,完成全图

完成各基本几何体的三视图后,应检查形体间表面连接处的投影是否正确,擦去多余的线条,完善细微之处,最后描深,完成全图,如图 6-8(f)所示。

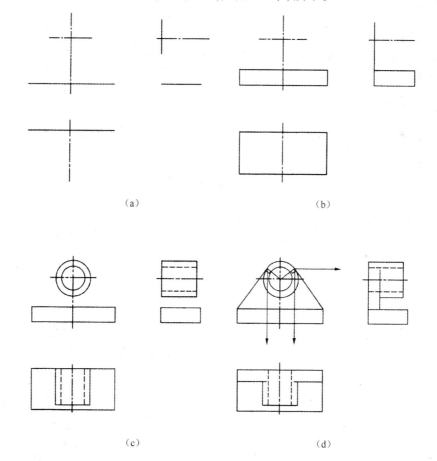

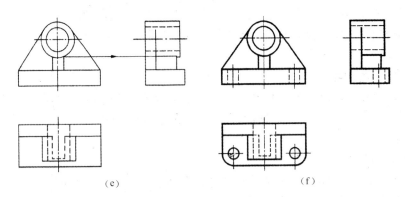

图 6-8 轴承座的画图过程
(a)布置视图,画中心线和基准线;(b)画底板三视图;(c)画圆筒三视图;
(d)画支承板三视图;(e)画肋板三视图;(f)画局部结构,检查、描深。

6.2.2 切割型组合体的三视图

以图 6-9 所示切割体为例,说明其三视图的画法与步骤。

1. 形体分析与线面分析

该组合体为切割型组合体,可看作是一个长方体被切去三个部分而形成的,如图 6-9(b)所示。

2. 选择主视图

以图 6-9(a)中箭头所指方向为主视图的投射方向。

3. 选比例、定图幅

4. 绘制底稿

(1) 布置视图,画基准线,并画出长方体的三视图,如图 6-9(c)所示。

(2) 从主视图开始,在长方体的左上角切去三棱柱Ⅰ,右上角切去长方体Ⅱ,随后完成各自的俯视图、左视图,如图 6-9(d)所示。

(3) 从左视图开始,在长方体的上方切去四棱柱Ⅲ,随后完成其主视图、俯视图,如图 6-9(e)所示。

5. 检查、描深,完成全图

检查、描深,完成全图,如图 6-9(f)所示。

注意:画切割型组合体三视图时,应遵循不重复切割的原则。

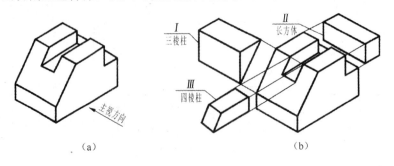

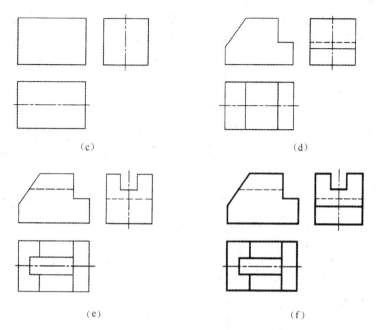

图 6-9 切割型组合体的画图步骤

(a)切割型组合体轴测图;(b)形体分析;(c)画基准线和长方体三视图;
(d)切去三棱柱Ⅰ、长方体Ⅱ;(e)切去四棱柱Ⅲ;(f)检查、描深。

6.3 读组合体的方法

根据视图想象出组合体空间形状的全过程称为读图。画图是"物"→"图",而读图则是"图"→"物",这两方面的训练都是为了培养和提高制图的空间想象能力和构思能力,并且它们之间是相辅相成、不可分割的。因此读图也是本课程的主要内容,必须逐步掌握。

6.3.1 读图的基本要领

1. 几个视图联系起来看

通常一个视图不能确定较复杂的物体形状,因此在读图时,一般要根据几个视图运用投影规律进行分析、构思、设想、判断,才能想象出空间物体的形状。如图 6-10(a)所示主视图,可以是图 6-10(b)(c)(d)所示三个组合体的正面投影。

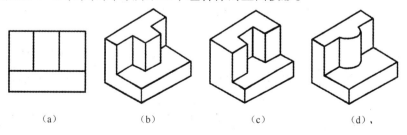

图 6-10 几个视图联系起来想象物体的形状

有时两个视图也不能确定物体的形状,如图 6-11(b)(c)(d)所示的组合体,主、俯视图均为图 6-11(a),这两个视图无法确定组合体的形状,只有联系左视图来对照,才能确定各自的形状。因此看图应以主视图为主,运用投影规律,联系其他视图一起看,才能正确地想象出其立体形状。

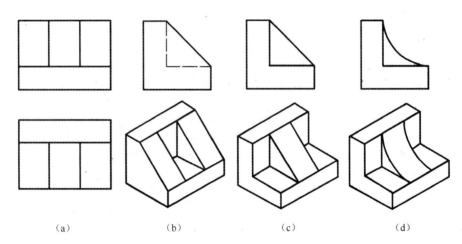

图 6-11　几个视图联系起来想象物体的表状

2. 应弄清视图上每条线和线框的含义

为了正确、迅速地读懂视图和培养空间想象能力,还应当通过读图实践,逐步提高空间思维能力。随着空间物体形状的改变,在同样一个视图上,它的每条线及每个封闭线框均有不同的含义,如图 6-12 所示。

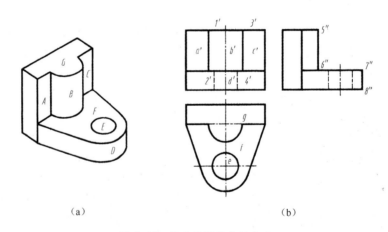

图 6-12　线和线框代表的含义

1) 图线含义

(1) 垂直面的投影。如图 6-12(b)所示,俯视图的每条边框线都是物体表面的投影。

(2) 两表面的交线。可能是平面与平面的交线;也可能是平面与曲面的交线,如图 6-12(b) 中所示的 3′4′表示平面 C 与圆柱面 B 的交线。

(3) 曲面的转向轮廓线。如图 6-12(b)中所示的左视图上的 5″6″和 7″8″表示圆柱转向轮廓线的投影。

2) 封闭线框含义

(1) 平面。如图 6-12(b) 中所示的主视图上的线框 a' 和 c'。

(2) 曲面。如图 6-12(b) 中所示的 b'。

(3) 平面与曲面相切。如图 6-12(b) 中所示的主视图上的线框 d'。

(4) 通孔或凸台。如图 6-12(b) 中所示的俯视图上的 e。

3) 相邻线框或相套封闭线框含义

(1) 视图上相邻线框可以代表两相交的面,如图 6-12(b) 所示,主视图上的 a' 和 b' 及 b' 和 c';或是表示错开的表面,如俯视图上的 f 和 g 是上、下关系的两个面。

(2) 视图上两相套的线框。里面的小线框可能是通孔或凸台,如图 6-12(b) 俯视图上的 f 和 e,e 是通孔。

3. 从反映形状和位置特征最明显的视图入手

(1) 形状特征。在每个视图中都可能反映物体一部分形状特征,如图 6-13 所示,俯视图反映了底板的形状特征,主视图反映了立板的形状特征。再将其他视图联系起来一起看,就可以想象出其全貌。

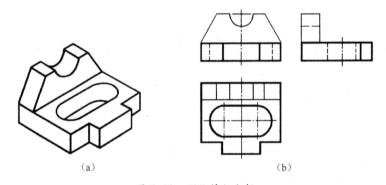

图 6-13 形状特征分析

(2) 位置特征。图 6-14(a) 给出了物体的三视图。如果只从主、俯两个视图看,则物体上的 Ⅰ 和 Ⅱ 两部分哪个凸出,哪个凹进是无法确定的。可以表示为图 6-14(b)(c) 所示两个物体,而从主、左两个视图看,则只能唯一地判定为图 6-14(c) 所示的物体。显然,该物体上 Ⅰ、Ⅱ 两部分的位置关系,在左视图上表示的较为清楚,因此,左视图是反映位置特征最明显的视图。

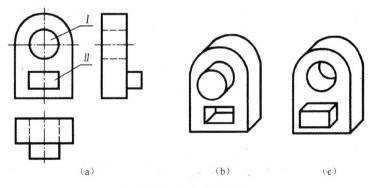

图 6-14 位置特征分析

可见,反映特征的视图是读图过程中的关键视图,抓住了它就是抓住了主要矛盾。

6.3.2 读图的基本方法

1. 形体分析法

形体分析法是读图的基本方法。通常从最能反映形状和位置特征的主视图入手,分析该物体是由哪些基本形体(线框)组成以及它们的组合方式;然后运用投影规律,逐个找出每个形体(线框)在其他视图上的投影,从而想象出各个基本形体的形状以及形体之间的相对位置关系,最后想象出整个物体的形状。

图 6-15 为一滑座三视图,从主视图可看出它由三部分组成。运用投影规律,读懂和想象出各个组成部分的形状和位置,如图 6-16 所示。

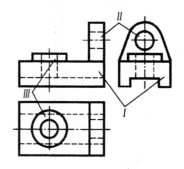

图 6-15 滑座三视图

(1) 长方四棱柱,在对称面上开垂直圆孔,下方开四棱柱长槽,如图 6-16(a)所示。
(2) 圆头棱柱体,在对称面上开水平圆孔,如图 6-16(b)所示。
(3) 开孔扁圆柱,如图 6-16(c)所示。

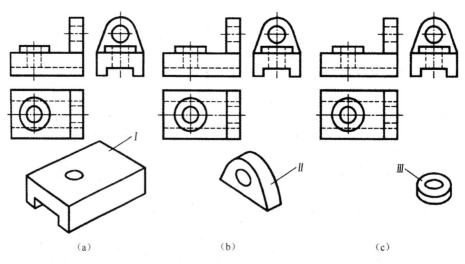

图 6-16 滑座读图分析

分析各基本立体的相对位置以及两形体之间的连接关系,想象出整体的空间形状,如图 6-17 所示。

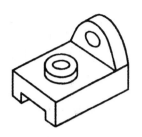

图 6-17 滑座立体图

2. 线面分析法

在一般情况下,运用形体分析法读图,问题是比较容易解决的。然而,有些物体的局部结构比较复杂,特别是切割型组合体,有时单用形体分析法还不够,必须采用线面分析法。

线面分析法就是根据直线及平面的投影特性,对视图上的某些线、面进行投影分析,以确定组合体该部分形状的方法。

图 6-18 所示为切割体的三视图,对三视图形体分析可以看出,该切割体是由长方体经过三次切割而成的,如图 6-18(b) 所示。虽然对物体的整体形状有了初步的了解,但要把图上某些线框和图线的含义理解清楚,还必须运用线面分析法去解决。

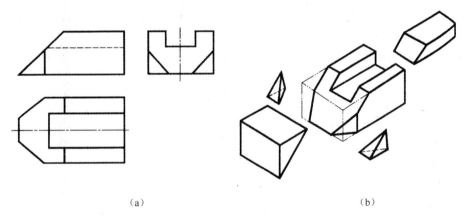

(a)　　　　　　　　　　　(b)

图 6-18 用线面分析法读图

线面分析法应用过程如下:

(1) 图 6-19(a)中俯视图左边的十边形线框 s。根据"长对正、宽相等、高平齐"的投影规律,找到 S 平面的另外两个投影,主视图上是一条倾斜线 s';左视图上与 S 类似的十边形 s''。由此判定 S 平面为正垂面。

(2) 图 6-19(b)中主视图的直角三角形线框 t',在俯视图中可找到对应的斜线 t,左视图中找到类似直角三角形 t'',可判定 T 面为铅垂面。

(3) 图 6-19(c)中俯视图的矩形线框 u,在另两个视图中找到对应的直线 u' 和 u''。可判定 U 面为水平面。

(4) 图 6-19(d)中主视图的四边形线框 v',在其他两个视图上找到对应的直线 v 和 v''。可判定 V 面为正平面。

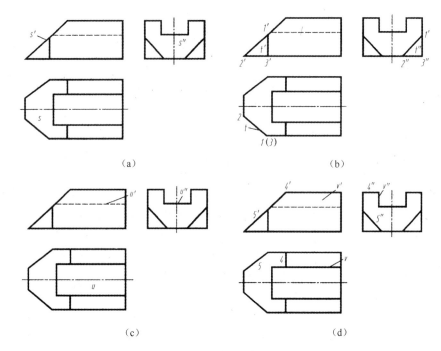

图 6-19 用线面分析法读图

其余表面不做逐一分析。综合起来可想象整体形状,如图 6-20 所示。

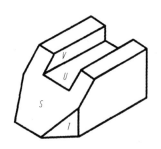

图 6-20 切割体轴测图

综上所述,读图的基本要领可归纳为:
所给视图联系看,抓住特征是关键;
形体分析对投影,线面分析找特性;
综合起来想整体,掌握要领易过关。

6.3.3 读图举例

由已知两视图补画第三视图,以及根据不完整的三视图补画漏线,这类问题对于培养分析问题和解决问题能力是十分重要的,应当熟练掌握。

补画三视图及漏线的关键,是运用所学过的形体分析法和线面分析法,想清物体的形状,从而补画第三视图和漏线。

例 6-1 根据图 6-21 所示支座的主视图、俯视图,试补画其左视图。

作图:

1) 运用形体分析法分析已知两视图,想清整体形状

根据主、俯两视图上三个对应的封闭线框,可知该支座分为三个部分,如图6-21(b)所示。Ⅰ为长方形底板;Ⅱ为长方形竖板,立在底板之上,二者后面平齐,从上到下又开一通槽;Ⅲ为半圆头棱柱,立在底板之上;竖板之前,其上又有一圆柱通孔。该支座是左右对称的,整体形状如图6-21(c)所示。

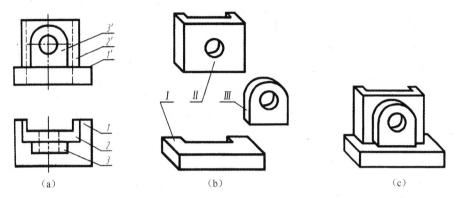

图 6-21 支座的两视图及形体分析

2) 补画左视图

补画左视图,画图步骤如图6-22所示。

(1) 补画底板的左视图,如图6-22(a)所示。
(2) 补画竖板的左视图,如图6-22(b)所示。
(3) 补画半圆头棱柱、凹槽及通孔,如图6-22(c)所示。
(4) 检查并描深,如图6-22(d)所示。

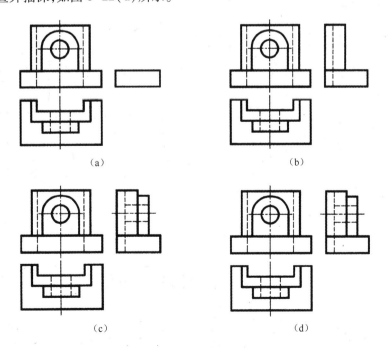

图 6-22 补画支座的左视图

例 6-2　根据图 6-23 所示的三视图,补画三个视图中所缺的图线。

从图中可以看出,若将主、俯、左三个视图上所缺的部分图线补全,则该物体可看成是一长方体,经过切割而成的切割型组合体。

作图:

(1) 运用线面及形体分析法,首先看主视图左上部缺口,可看成是切去一个四棱柱,则左视图应补画上两条实线,如图 6-23(b)所示。

(2) 再看俯视图左半部分,可看成是切去一个梯形四棱柱,则左视图应改成图 6-23(c)所示的形状;俯视图右半部分的缺口,及左视图从上至上的两条虚线,可看成是切去一个四棱柱,则主视图应补画一条虚线。

(3) 左视图上部中间有一缺口,可看成是从左至右,在前后对称位置切去一小长方体,则主视图应补画一条虚线,俯视图应补画两条实线,如图 6-23(d)所示。

切割体的整体形状及完整三视图,如图 6-23(d)所示,即完成了切割体三视图补画漏线的全过程。

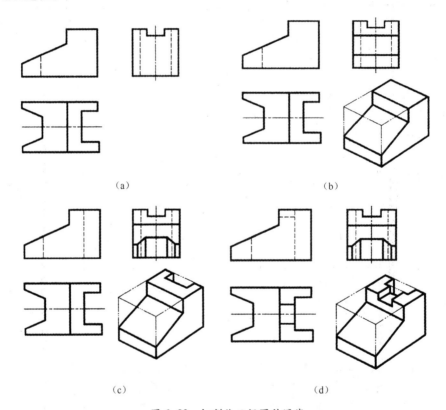

图 6-23　切割体三视图补漏线

6.4　组合体的轴测图

组合体轴测图的完成是在读懂三视图的基础上,根据其组合形式、位置关系和表面连接关系,从基本形体出发,自下而上,由前至后,按它们的相对位置逐一画出。

例 6-3 根据图 6-24(a)所示组合体的三视图,画出其正等测。

分析:

利用形体分析法,不难看出,该组合体是切去两个圆角和安装孔的长方形底板,与切去一个圆孔的拱形圆柱叠加、切割而成的综合型组合体,故采用先叠加后切割的方法画出其轴测图。

作图:

(1) 画轴测轴 X_1、Y_1、Z_1。画底板长方体,并由 R 定出顶面圆角的切点,从切点作切边的垂线,交于 A、B,以 A、B 为圆心分别在切点间画圆弧,即得顶面圆角。由 H 用移心法画底面圆角,并画出右边圆弧的外公切线,如图 6-24(b)所示。

(2) 由 R 分别确定底板顶面上两圆的中心 C、D,过 C、D 分别作 X_1、Y_1 的平行线,并用四圆弧近似画出底板圆孔的正等测——椭圆。圆孔底面圆不可见,不需要画出,如图 6-24(c)所示。

(3) 由 H 定位,画支承板长方体。并由 L、S 定出前端面上圆的中心 E,过 E 分别作 X_1、Z_1 的平行线,并画出支承板前后端面上圆的正等测椭圆及右上方两端圆的公切线,如图 6-24(d)所示。

(4) 直接以底板顶面和支承板前面的交线定位,用坐标法画肋板的正等测。

(5) 整理、加深全图,即完成支座的正等测,如图 6-24(e)所示。

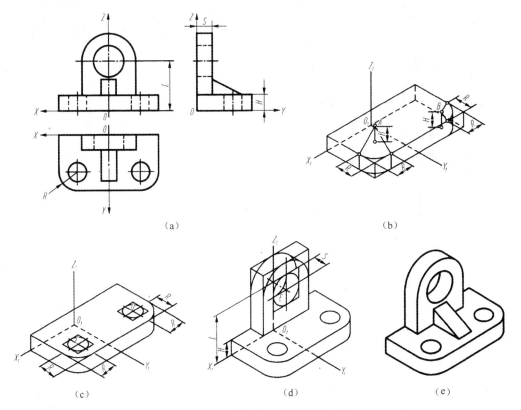

图 6-24 用叠加法画组合体轴测图

例 6-4 根据图 6-25(a)的正投影图,画出其正等测。

分析：

由图可知,该组合体是由长方体切割而成的,利用线面分析法和形体分析法,在长方体的左、前、上部切除一个切口,在中间上部前后对称位置从左至右切除一个凹槽。因此可用切割法完成其轴测图。

作图：

(1) 建立直角坐标系,根据完整的三视图大小,画出长方体正等测,如图 6-25(b) 所示。

(2) 按不重复切割的顺序,利用轴向线段法,在三视图中量取尺寸大小,先切除左、前、上部的切角,如图 6-25(c)所示。

(3) 在上部前后对称位置,依据截取的尺寸大小,切除凹槽,如图 6-25(d)所示。

(4) 擦去多余作图线,描深,即完成全图,如图 6-25(e)所示。

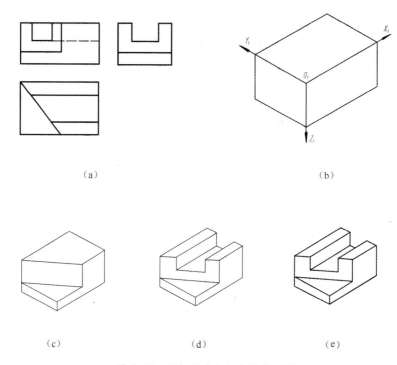

图 6-25 用切割法画组合体轴测图

例 6-5 如图 6-26(a)所示,试画出该物体的斜二测。

分析：

利用形体分析法,可知该组合体(法兰盘)是由一个圆盘和一个圆筒叠加而成,其中圆盘、圆柱与圆孔的圆都平行于正立投影面,因此可采用斜二测来绘制。

作图：

(1) 确定坐标系,如图 6-26(a)所示。

(2) 画轴测轴,定出各圆圆心,如图 6-26(b)所示。

(3) 由前向后画出各圆,并画出两圆柱轮廓线,如图 6-26(c)所示。

(4) 画小圆孔,如图 6-26(d)所示。

(5) 擦去多余作图线,描深,即完成全图,如图 6-26(e)所示。

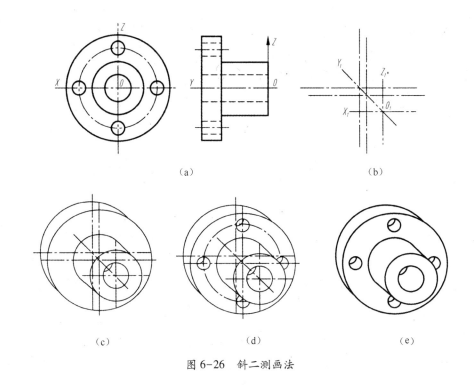

图 6-26 斜二测画法

6.5 组合体的尺寸标注

视图只能表达物体的结构形状,物体的真实大小是根据图样上所注的尺寸来确定的。加工时也是按照图样上的尺寸来制造的,因此形体的尺寸标注,是图样中极为重要的组成部分。形体的尺寸标注要做到正确、完整、清晰。

6.5.1 基本体的尺寸标注

要掌握组合体的尺寸标注,必须先了解基本体的尺寸标注。基本体的大小通常由长、宽、高三个方向的尺寸来确定。

1. 平面立体的尺寸标注

平面立体的尺寸应根据具体形状进行标注。如图 6-27(a)所示,应注出三棱柱的底面边长尺寸和高度尺寸。对于图 6-27(b)所示的六棱柱,底面尺寸有两种注法:一种是注出正六边形的对角线尺寸(外接圆直径);另一种是注出正六边形的对边距(内切圆直径,通常也称扳手尺寸)。常用的是后一种注法,将对角线尺寸作为参考尺寸,所以加上括号表示参考之意。图 6-27(c)所示正五棱柱的底面为正五边形,只需标注其外接圆直径。图 6-27(d)所示四棱台必须注出上、下底面的长宽尺寸和高度尺寸。

2. 曲面立体的尺寸标注

如图 6-28(a)(b)所示,圆柱(或圆锥)应注出底面圆的直径和高度尺寸,圆台还要注出顶面圆的直径。在标注直径尺寸时,应在数字前面加"φ"。图 6-28(c)所示的圆环要注出素线圆及中心直径。值得注意的是,当完整标注了圆柱(或圆锥)、圆环的尺寸之后,

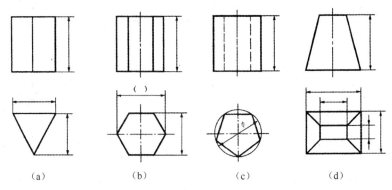

图 6-27 基本体的尺寸标注

只要一个视图就能确定其形状和大小,其他视图可省略不画。图 6-28(d) 所示的球体只要一个视图加注尺寸即可,球体的标注应在直径数字前加"$S\phi$"。

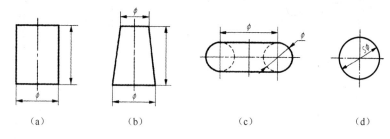

图 6-28 曲面立体的尺寸标注

6.5.2 组合体的尺寸标注

以图 6-29 所示的组合体为例,说明组合体尺寸标注的基本方法。

1. 尺寸标注要完整

要做到尺寸标注完整,既不遗漏,也不重复,应先按形体分析法注出各基本形体的大小尺寸,再确定它们之间的位置尺寸,最后根据组合体的结构特点注出总体尺寸。

1) 定形尺寸

确定组合体各基本体形状大小的尺寸称为定形尺寸,如图 6-29(a) 所示。

(1) 底板:长、宽、高尺寸(40、24、8),底板上圆孔和圆角尺寸($2\times\phi 6$、$R6$)。必须注意,相同的圆孔 $\phi 6$ 要注出数量,如 $2\times\phi 6$,但相同的圆角 $R6$ 是不注数量的,两者都不必重复标注。

(2) 竖板:长、宽、高尺寸(20、7、22),圆孔直径 $\phi 9$。

2) 定位尺寸

确定组合体中各基本体之间相互位置的尺寸称为定位尺寸。标注定位尺寸时,必须在长、宽、高三个方向分别确定尺寸基准,即标注尺寸的起讫点,要求每个方向至少有一个尺寸基准,以便确定各基本形体之间的相对位置。基准的选择通常为组合体的底面、端面、对称中心面以及回转体的轴线等。如图 6-29(b) 所示,该组合体左右对称中心面为长度方向的尺寸基准;底板后端面为宽度方向的尺寸基准;底面为高度方向的尺寸基准。图中用符号"▼"来表示,符号的尖角点用以表示基准的位置。

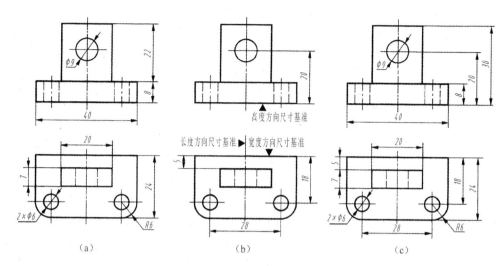

图 6-29 组合体的尺寸标注
(a)定形尺寸;(b)定位尺寸;(c)总体尺寸。

由长度方向的尺寸基准出发,注出底板上两圆孔的定位尺寸 28;由宽度方向的尺寸基准出发注出底板上圆孔与底板后端面的定位尺寸 18,竖板与底板后端面的定位尺寸 5;由高度方向的尺寸基准出发注出底板上圆孔与底面的定位尺寸 20。

3) 总体尺寸

确定组合体在长、宽、高三个方向的总长、总宽和总高的尺寸称为总体尺寸,如图 6-29(c)所示。

组合体的总长和总宽尺寸,即底板的长 40 和宽 24,不再重复标注。总高尺寸 30 应从高度方向的尺寸基准处注出。总高尺寸标注以后,原来标注的竖板高度尺寸 22 取消不注,或取消底板高度尺寸 8,以免注成封闭的尺寸链。

注意事项:

(1) 当组合体以回转面为某方向轮廓时,一般不注该方向的总体尺寸,而只注回转中心的定位尺寸和外端的圆弧半径,如图 6-30 所示。

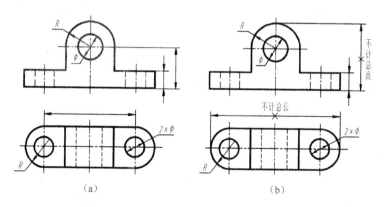

图 6-30 不标注总体尺寸的情况
(a)正确;(b)不正确。

(2) 截交线和相贯线不标注尺寸,因截交线和相贯线是零件制造过程中自然形成的表面结构。在标注尺寸时,应先标注出原始形体的定形尺寸,然后标注截平面或相贯体的定位尺寸,交线就已经确定了,因此,不应在交线上标注尺寸,如图 6-31 中打"×"的为多余尺寸。

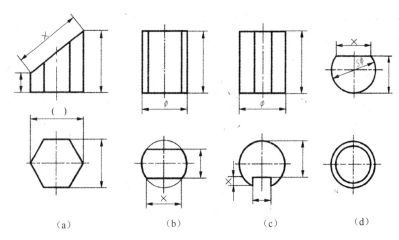

图 6-31　截断体和相贯体的尺寸标注

2. 尺寸标注要清晰

为了便于读图和查找相关尺寸,尺寸的布局必须整齐清晰,下面以图 6-29(c)为例,说明尺寸布置时应注意的几个方面。

(1) 突出特征。定形尺寸应尽量标注在形状特征明显、位置特征清楚的视图上。如底板的圆孔和圆角的尺寸应标注在俯视图上。

(2) 相对集中。形体某部分的定形尺寸和定位尺寸,应集中标注在一个视图上,便于看图时查找。如底板的长、宽尺寸,圆孔的定形尺寸、定位尺寸集中标注在俯视图内;竖板上圆孔的定形尺寸、定位尺寸标注在主视图上。

(3) 布局整齐。尺寸尽量布置在两视图之间,便于对照。同方向的平行尺寸,应使小尺寸在内,大尺寸在外,间隔均匀,避免尺寸线与尺寸界线相交。同方向的串联尺寸应排列在同一直线上,既整齐又便于画图,如主、俯两视图中的 18、20、30 和 18、24。

(4) 尺寸应尽量避免在细虚线上标注。

(5) 圆的直径尺寸最好标注在投影为非圆的视图上,但由于细虚线上应尽量避免标注尺寸,所以竖板上圆孔的尺寸标注在主视图上。圆弧的半径必须标注在投影为圆弧的视图上,如底板圆角半径 R6 标注在俯视图上。

(6) 尺寸尽量标注在视图的外部,以保证视图中图线完整与清晰。

例 6-6　标注支架尺寸,如图 6-32 所示。

作图:

(1) 逐个注出各基本体的定形尺寸。如图 6-32(a)所示,将支架分解为六个基本形体,分别标注其定形尺寸。这些尺寸应标注在哪个视图上,要根据具体情况而定。如直立圆柱的尺寸 80 和 ϕ40 可分别标注在主视图、俯视图上,但 ϕ72 在主视图上标注不清楚,应注在左视图上,而厚度尺寸 20 只能标注在主视图上。其余各部分尺寸请读者对照轴测分解图自行分析。

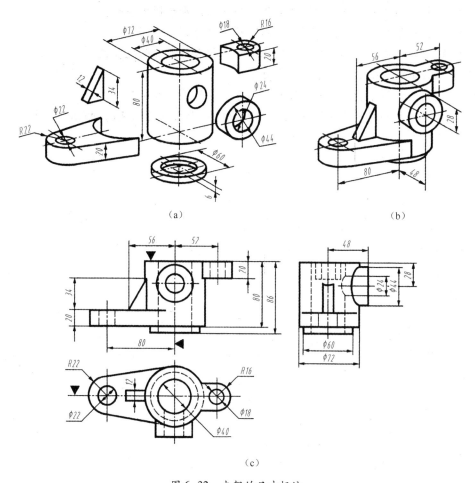

图 6-32 支架的尺寸标注
(a)支架的定形尺寸分析;(b)支架的定位尺寸分析;(c)支架的完整尺寸标注。

(2) 标注确定各基本形体之间相对位置的定位尺寸。先选定支架长、宽、高三个方向的尺寸基准。支架长度方向的尺寸基准为直立空心圆柱的轴线;宽度方向的尺寸基准为底板与直立空心圆柱的前后对称面;高度方向的尺寸基准为直立空心圆柱的上表面。如图 6-32(b)所示,标注各基本形体之间的五个定位尺寸:直立空心圆柱与底板圆孔长度方向的定位尺寸 80;肋板、耳板与直立空心圆柱轴线之间长度方向的定位尺寸 56、52;水平圆柱与直立空心圆柱在高度方向的定位尺寸 28;宽度方向的定位尺寸 48。

(3) 标注总体尺寸。支架的总高度尺寸 86。由于组合体的端部为同轴的圆柱和圆孔(底部左端和耳板右端),有了定位尺寸后,一般不再标注总体尺寸总长和总宽。如标注了定位尺寸 80、52,以及圆弧半径 R22、R16,则不再标注总长尺寸。在左视图上标注了定位尺寸 48,则不再标注总宽尺寸。图 6-32(c)为支架完整的标注结果。

思 考 题

1. 什么是组合体? 有哪几种组合形式?

2. 什么是形体分析法？试述用形体分析法画图和读图的步骤？
3. 组合体表面在相切、相交处，画图时应注意什么？
4. 组合体的尺寸分哪几种？如何保证标注组合体尺寸的完整性？
5. 如何才能将组合体尺寸标注得更清晰？
6. 什么是线面分析法？举例说明线面分析法读图的步骤？
7. 自行构思一个含有四个基本形体的组合体，画出它的三视图，并标注尺寸。
8. 组合体轴测图常用什么画法？

第7章 机件的表达方法

机件的结构形状千差万别,仅仅采用主、俯、左三个视图,往往不能完整、清晰、简便地表达较为复杂的机件。为此,机械制图国家标准规定了机件的基本表示法(按投影要求表达机件所做的基本规定),本章将其主要内容加以介绍。

本章要点

学习目标	考核标准	教学建议
(1)除基本视图外,其他视图的表达方法; (2)剖视图、断面图及其他规定的各种表达方法; (3)各种视图及剖视图的标注形式	应知:各种视图、剖视图、断面图表达的目的,表达方式,标注形式;根据不同机件的结构特点,选择合适的表达方法——视图、剖视图、断面图,以及相应选项; 应会:根据题意或教师指导下,完成指定机件的各种表达	其他视图、剖视图、断面图表达,在分析其结构特点的基础上,讲解其表达方法及标注形式,同时强调投影面的设置问题

项目七 完成机件的表达

项 目 指 导	条件及样例
一、目的 (1)培养三视图的读图能力。 (2)机件的各种表达方法的合理应用。 二、内容及要求 (1)根据机件的两个视图,在读懂空间结构的基础上,完成第三视图的补画,或直接完成机件的合理表达。 (2)用 A4 或 A3 图纸,比例自定。 (3)按机件表达基本要求,重新确定表达方法。 (4)尺寸标注做到正确、完整、清晰、合理。 三、作图步骤 (1)分析图形:读懂机件的结构形状,拟定表达方案。 (2)画底稿:①画图框和标题栏外框;②画作图基准线;③绘制必要的视图;④画尺寸界线、尺寸线。 (3)检查底稿,擦去多余线条。 (4)描深图形,并画出剖面符号。 (5)画箭头,标注尺寸数字,填写标题栏。 (6)加深外框及标题栏外框。 (7)校对,修饰图面。 四、注意事项 (1)布图时应留足标注尺寸的位置,使图形布置匀称。 (2)机件表达完成后,做到无虚线结构存在。 (3)机件各种表达方法的标注要正确。	已知支座体的两个视图,补画第三视图,或直接根据机件表达的基本要求,重新确定表达方案,完成该机件的表达 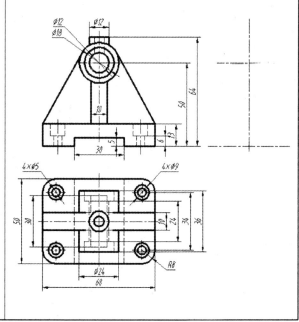

7.1 视　　图

视图的国家标准中,GB/T 17451—1998《技术制图　图样画法　视图》是基础,GB/T 4458.1—2002《技术制图　图样画法　视图》是补充。另外,GB/T 16675.1—2012《技术制图　简化表示法　第 1 部分:图样画法》、GB/T 13361—2012《技术制图　通用术语》规定了第一角画法与第三角画法的投影顺序。

7.1.1　基本视图

基本视图是物体向基本投影面投射所得的视图。为了清晰地表达机件上、下、左、右、前、后六个方向的结构形状,在原三个投影面的基础上,再增加三个投影面构成了一个正六面体。将机件在其中放正,并向各基本投影面投射,便得到了六个基本视图,如图 7-1 所示。

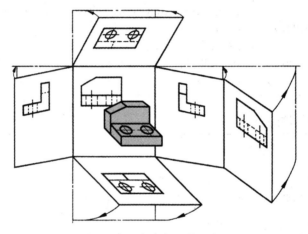

图 7-1　六个基本投影面展开

各视图按图 7-2 配置,称为基本位置配置,一律不注视图名称。否则,对应的视图称为向视图,如图 7-3 所示。

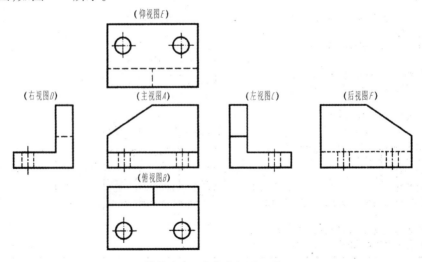

图 7-2　六个基本视图配置

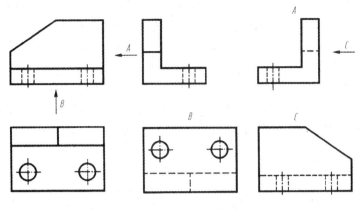

图 7-3 向视图

六个基本视图之间,仍符合"三等规律"。除后视图外,各视图靠近主视图的一边,均表示机件的后面,远离的一边为机件前面。

7.1.2 向视图

自由配置的基本视图称为向视图,向视图需在图形正上方标注视图的名称"×"(×为大写的拉丁字母),在相应视图的附近用箭头指明投射方向,并注写相同的字母,如图 7-3 所示。这种在图样上将视图(含剖视图)自由配置的表示法,在 GB/T 16948—1997 中称为向视配置法。

向视图的配置,并非是完全"自由"的,不能超越一定的限度,具体可以归纳为三个"不能":不能倾斜投影,应正射;不能只画部分图形,必须完整画出投射所得图形;不能旋转配置。向视图是移位配置的基本视图,其投射方向与基本视图的投射方向一一对应。

向视图的应用,有利于充分利用图纸的空间。

7.1.3 局部视图

局部视图是将机件的某一部分,向基本投影面投射所得的视图。当机件的主要形状已表达清楚,只是局部结构未表达清楚时,为了简便,不必再增加一个完整的基本视图,如图 7-4 中 A 视图,图 7-5 中 B、C 视图。

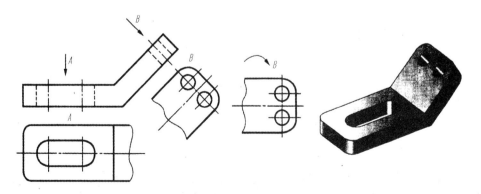

图 7-4 局部视图及斜视图(一)

局部视图可以按基本视图位置配置;也可以按向视图位置配置;或按第三角投影法配置在视图上所需表示物体局部结构的附近,并用细点画线将两者相连。

局部视图的断裂边界以波浪线或双折线表示。当所表示的结构是完整的,且轮廓成封闭状,波浪线可以省略,如图 7-5 中 C 视图所示。

标注局部视图时,一般在局部视图正上方注出"×",在相应视图附近用箭头指明投射方向,并注同样字母,如图 7-4 中 A 视图、图 7-5 中 B、C 视图所示。当局部视图按投影关系配置,中间无其他图形隔开时,可省略标注,如图 7-4 中 A 可以省去、图 7-5(d) 中 B、C 视图省去了标注。

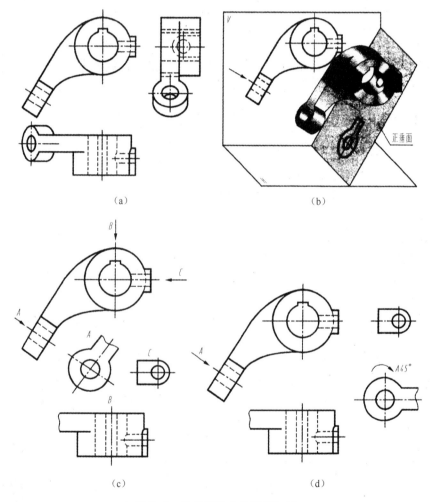

图 7-5 局部视图及斜视图(二)

7.1.4 斜视图

斜视图是将机件的倾斜部分,向与基本投影面相垂直的某一辅助投影面进行投射所得到的视图。斜视图一般用于机件具有倾斜结构的情况,如图 7-5(a)所示压紧杆具有倾斜结构,其三个视图有两个不反映实形,这使画图、读图及标注尺寸都有一定困难。如图

7-5(b)所示,为了表达其倾斜结构的实形,选择了一个与压紧杆倾斜部分平行且与 V 面垂直的平面作为新的投影面(辅助投影面),将倾斜部分向新的投影面投射,即得到反映倾斜部分实形的斜视图。如图 7-5(c)中 A 视图、图 7-4 中 B 视图,即为所表达的斜视图。

因斜视图只是表达倾斜部位的局部形状,其余部分不画,所以用波浪线或双折线画出断开部位。斜视图通常按投影关系配置,并加标注。也可以配置在其他适当位置,在不引起误解时,允许将图形旋转摆正后画出,此时在旋转视图正上方注上"⌒×",如图 7-4 中的"⌒B"、图 7-5(d)中的"⌒A45°"。

斜视图旋转配置时,旋转方向与旋转角度的确定,应考虑便于看图。旋转符号的箭头指向应与旋转方向一致。表示斜视图名称的大写拉丁字母应靠近旋转符号的箭头端部,需给出旋转角度时,角度应注写在字母之后。旋转符号是一个半圆,其半径应等于字高 h。

7.2 剖 视 图

当机件的内部结构比较复杂时,视图中的虚线较多,这些虚线与实线重叠交错,既不便于画图和读图,也不便于标注尺寸。因此,国家标准中规定了剖视图的表达方法,其中 GB/T 17452—1998《技术制图 图样画法 剖视图和断面图》是补充,另外还有 GB/T 17453—2005《技术制图 图样画法 剖面区域的表示法》、GB/T 16675.1—2012《技术制图 简化表示法 第 1 部分:图样画法》。本节主要介绍剖视图。

7.2.1 剖视的基本概念

1. 剖视图

假想用剖切面剖开物体,将处在观察者和剖切面之间的部分移去,而将剩余部分向投影面投射所得的图形,称为剖视图,简称剖视。

由图 7-6 可以看出,由于主视图采取了剖视的画法,原来不可见的孔、槽成为可见,图上原有的虚线改为实线,加上剖面线的作用,使图形更加清晰。

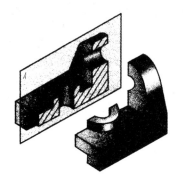

(a)

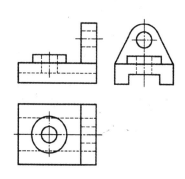

(b)

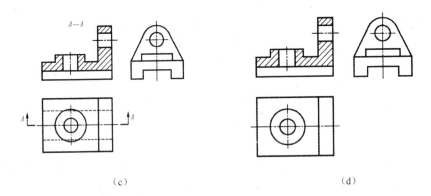

图 7-6 剖视图

2. 剖视图的表达方法

1）确定剖切平面的位置

为充分表达机件的内部孔、槽等真实结构形状，剖切平面应平行于投影面且通过孔的轴线、槽的对称面，如图 7-6(a)所示。

2）画剖视图

剖切面与机件实体接触的部分称为剖面区域。画剖视图时，应把剖面区域轮廓线及剖切面后方的可见轮廓线用粗实线画出。

画剖视图时应注意以下几个问题：

（1）剖切面是假想的，因此，当机件的某一个视图画成剖视图之后，其他视图仍按完整结构画出，如图 7-6(c)所示。

（2）剖切面后方的可见轮廓线应全部画出，不得有遗漏或多画，如图 7-7 所示。

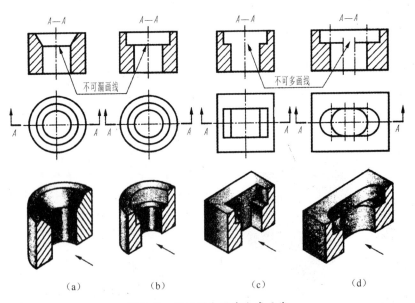

图 7-7 剖视图上漏线和多画线

（3）在剖视图中，已经表达清楚的结构，细虚线省略不画。对于没有表达清楚的结构,在不影响剖视图的清晰度而又可以减少基本视图数量的情况下,可以画少量虚线,如图 7-8 所示。

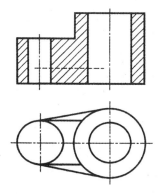

图 7-8　应画细虚线的剖视图

初学机械制图者,往往喜欢用细虚线而不用剖视图表示内部结构,这是受直观的影响,即细虚线易理解。实际上一般的机械制图中,剖视图采应用远远超出细虚线。只要有内部结构,即使只是一个孔或一个槽,就可以用剖视图,目的就是不用或少用细虚线。

3）画剖面符号

为使机件的被剖切部分与未剖切部分明显区分开来,看图时具有明显的层次感,同时还为了表示制造该机件所用材料的类别,在机件的剖面区域画出剖面符号。在 GB/T 17453—2005《技术制图　图样画法　剖面区域的表示法》和 GB/T 4457.5—2013《机械制图　剖面区域的表示法》中规定了 14 种剖面符号及画法,见表 7-1。

表 7-1　剖面符号(摘自 GB/T 4457.5—2013)

金属材料 (已规定的除外)		混凝土		格网(筛网、过滤网等)	
线圈绕组元件		钢筋混凝土		木质胶合板 (不分层数)	
转子、电枢、变压器和电抗器等的迭钢片		砖		玻璃及供观察用的其他透明材料	
非金属材料 (已规定的除外)		木材	纵剖面	基础周围的泥土	
型砂、填砂、粉末冶金、砂轮、陶瓷刀片、硬质合金刀片等			横剖面	液体	

金属材料的剖面符号一般画成与水平线成 45°的等距平行细实线,剖面线向左倾或

向右倾均可,但同一机件在各个视图中的剖面线倾斜方向应一致,且间距相等。特殊情况时,剖面线最好画成与主要轮廓线或剖面区域的对角线成45°的等距平行细实线,如图7-9所示。

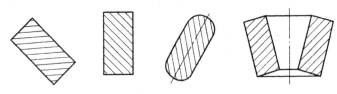

图7-9 特殊情况时剖面线的画法

4) 剖视图的标注

剖视图绘制完成之后,需加以标注,标注的三要素有名称、剖切符号和投影方向。

(1) 名称:剖视图采用"×—×"的形式命名,"×"是大写的拉丁字母。

(2) 剖切符号:指示剖切面起讫和转折的位置,用粗实线表示,长5~10mm。

(3) 投射方向:在剖切符号的起讫点处,应用箭头指明剖视图的投射方向。

剖视图标注时需要注意以下几个问题:

(1) 一般在剖视图的正上方注写名称,在相应的视图上用剖切符号表示剖切位置,同时在剖切符号外侧画出与它垂直的细实线和箭头表示投射方向,剖切符号不应与图形的轮廓相交,在它们的起讫和转折处应标注相同的大写字母,字母一律水平填写,如图7-6(c)所示。

(2) 当剖视图按投影关系配置,中间又无其他图形隔开时,可省略表示投射方向的箭头,如图7-10(c)所示。

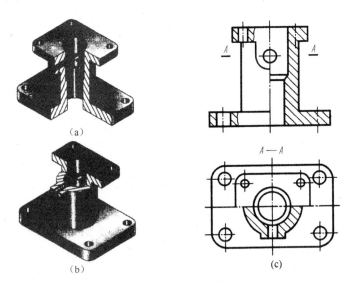

图7-10 半剖视图

(3) 当单一剖切平面通过机件的对称平面、且剖视图按投影关系配置,中间无其他图形隔开时,则不必标注,如图7-6(d)和图7-8所示。

(4) 当单一剖切平面的剖切位置明确时,局部剖视图不必标注,如图7-11所示。

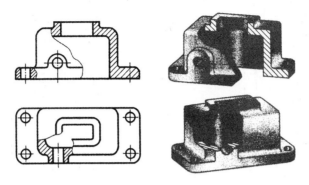

图 7-11 局部剖视图

7.2.2 剖视图的种类

按剖切平面剖开机件的范围不同,可分为全剖视图、半剖视图和局部剖视图。

1. 全剖视图

用剖切面完全地剖开机件所得的剖视图,称为全剖视图。全剖视图主要用于表达外形简单、内部形状复杂的不对称机件。剖切平面可以采用一个,也可以采用几个,如图 7-6 和图 7-7 所示。

2. 半剖视图

当物体具有对称平面时,向垂直于对称平面的投影面上投射所得到的图形,可以对称中心面为界,一半画成剖视图,另一半画成视图,这种组合的图形称为半剖视图,如图 7-10 所示。

半剖视图适用于机件对称或基本对称,其主要优点在于被剖的一半可表达内部结构,而未剖的另一半可以表达外形,综合起来很容易想出内、外部整体结构形状。

画半剖视图时应注意以下两点:

(1) 半个视图与半个剖视图应以点画线为界。

(2) 半剖视图中视图的一半一般不画虚线。对于在半个剖视图中未表达清楚的结构,可以在另半个视图中作局部剖视。

3. 局部剖视图

用剖切面局部地剖开机件所得的剖视图,称为局部剖视图,如图 7-11 所示。

局部剖视图具有同时表达机件内、外结构的优点,且不受机件是否对称的条件限制。在什么位置剖切、剖切范围的大小,均可根据实际需要来确定,所以应用比较广泛。但应注意,在一个视图中,数量不宜过多,以免图形过于零碎。局部剖视图常用于下列情况:

(1) 机件虽然对称,但轮廓线和对称线重合,此时应采用局部剖视图,如图 7-12 所示。

(2) 需要保留部分外形的不对称机件,如图 7-13 所示。

局部剖视图要用波浪线与视图分界,波浪线可以看作机件断裂面的投影,因此,波浪线不能超出视图的轮廓线,不能穿过中空处,也不允许波浪线与图样上其他图线重合,如图 7-14 所示。

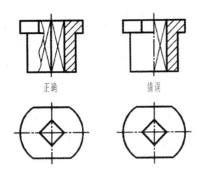

图 7-12 不宜采用半剖的局部剖视图

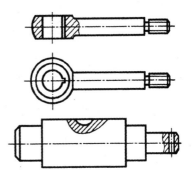

图 7-13 需要保留部分外形的局部剖视图

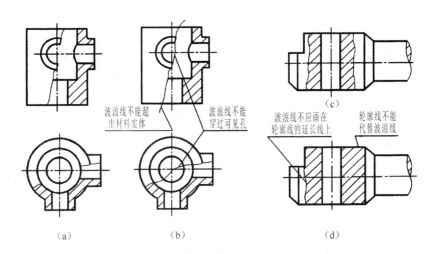

图 7-14 波浪线常见正误画法对比

7.2.3 剖切平面和剖切方法

由于机件的结构形状差异很大,因此画剖视图时应根据机件的结构特点,选用不同形式和数量的剖切面,从而使其结构形状表达得更加充分。依据国家标准 GB/T 4458.6—2002《机械制图 图样画法 剖视图和断面图》中规定,剖切面有以下几种。

1. 单一剖切面

(1) 单一剖切平面。假想用平行于基本投影面的剖切平面,获得的剖视图,如图 7-6~图 7-14 所示。

(2) 单一斜剖切平面(斜剖)。假想用不平行于任何基本投影面的剖切平面,获得的剖视图,如图 7-15 所示。单一斜剖切平面也可以剖切获得全剖视图、半剖视图和局部剖视图。

单一斜剖切平面常用来表达机件倾斜部分的内部结构。用一个与倾斜部分平行,且垂直于某一基本投影面的剖切平面剖开机件,然后,将剖切平面后面的部分向与剖切平面平行的投影面上投射,可得到倾斜部分内部结构的实形。采用单一斜剖切平面时,最好按投影关系配置,如图 7-15(a)中的 A—A 剖视图。必要时也可配置在其他位置,如图 7-15(c)所示。在不引起误解时,允许将图形旋转(角度小于 90°),但在剖视图上方要注明

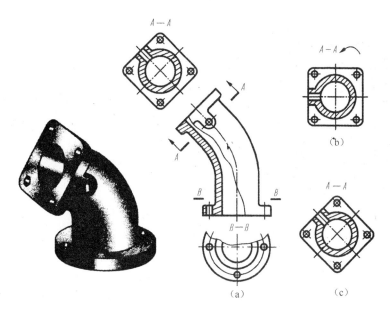

图 7-15 单一斜剖切平面剖切

"×—×⌒",如图 7-15(b)所示。

2. 几个平行的剖切平面

当机件的外形简单、内部有孔和槽等结构较多且位于几个互相平行的平面上时,难以用单一剖切平面进行剖切,此时可采用几个平行的剖切平面剖开机件,再向基本投影面投射,如图 7-16 所示。

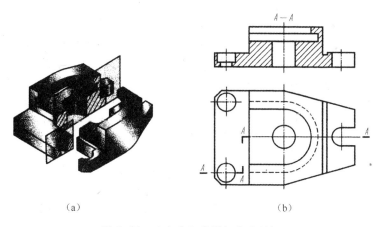

图 7-16 几个平行的剖切平面剖切

采用几个平行的剖切平面剖切后绘制剖视图应注意以下几点,如图 7-17 所示。

(1) 剖切平面转折处的剖切符号,不应与视图中轮廓线重合,转折处不应画线,如图 7-17(c)所示。

(2) 避免在剖视图上出现不完整的结构要素,如图 7-17(d)所示。

(3) 仅当两个要素在图形上具有公共对称中心线或轴线时,可以各画一半,此时,应以对称中心线为界,如图 7-18 所示。

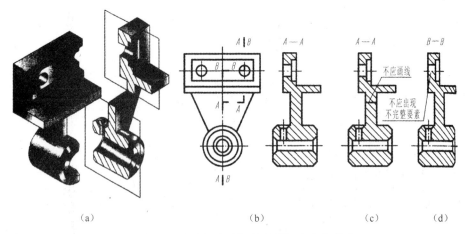

图 7-17　几个平行的剖切平面剖切的注意事项

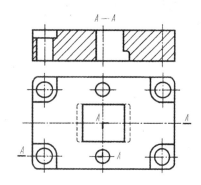

图 7-18　具有公共对称中心线的剖视图

几个平行的剖切平面常用于获得全剖视图的场合，也可以用于获得半剖视图和局部剖视图的场合。剖切平面应平行于基本投影面，决不允许任意斜向剖切。

3. 几个相交的剖切平面

用几个相交的剖切平面（交线垂直于某一个基本投影面）获得的剖视图，先假想按剖切位置剖开机件，然后将被剖切平面剖开的结构及其有关部分旋转到与选定的投影面平行再进行投射，在剖切平面后的其他结构一般仍按原来位置投射，如图 7-19 所示。

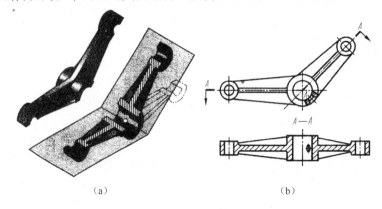

图 7-19　两个相交的剖切平面的剖切

采用几个相交的剖切面剖切主要用于表达孔、槽等内部结构不在同一剖切平面内,但又具有公共回转轴线的机件。

采用几个相交的剖切平面剖开机件后绘制剖视图时应注意以下几点:

(1) 被倾斜的剖切平面剖开的结构,应绕交线旋转到与选定的投影面平行后,再投射画出,如图 7-19(a)中细双点画线所示的位置。

(2) 在剖切面后面的其他结构,仍按原来位置投射画出,如图 7-19(b)中小孔的投影。

(3) 当两相交剖切平面剖切到机件上的结构出现不完整要素时,则这部分结构作不剖处理,如图 7-20 所示。

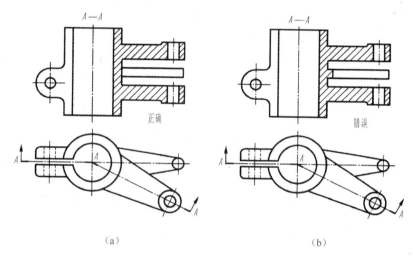

图 7-20　两个相交的剖切平面的剖切得剖视图正误对比

(4) 采用两个以上相交的剖切平面剖切机件时,一般需要展开表达,如图 7-21 所示。同时注意,命名时要用"×—×展开"。

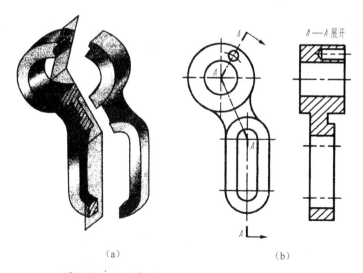

图 7-21　几个相交的剖切平面剖得的全剖视图

采用几个相交的剖切平面剖切,除可以获得全剖视图外,也可以获得半剖视图和局部剖视图。

7.2.4 剖视图的规定画法

(1) 对于机件上的肋板、轮辐及薄壁件等,如按纵向剖切,这些结构不画剖面符号,而用粗实线将与其相邻部位分开。实心杆件及常用件等,如采用纵向剖切,该机件通常按不剖绘制。当这些结构按横向剖切时,仍画出剖面符号,如图 7-22 所示。

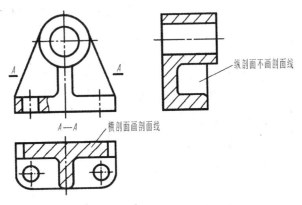

图 7-22 肋板的剖视图规定画法

(2) 带有规则分布结构要素的回转零件,需要绘制剖视图时,可以将其结构要素旋转到剖切平面上绘制,如图 7-23 中为均匀分布的孔和肋板的画法。

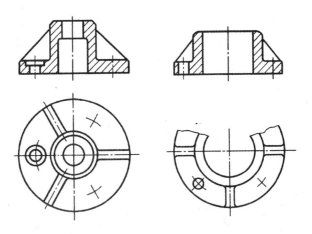

图 7-23 均匀分布的孔与肋板的剖视图画法

7.3 断 面 图

7.3.1 基本概念

假想用剖切平面将物体切断,仅画出该剖切面与物体接触部分的图形,称为断面图。断面图也可简称断面,如图 7-24(a)所示。

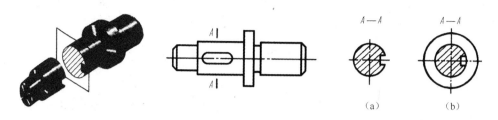

图 7-24 断面图的基本概念
(a)断面图;(b)剖视图。

断面图主要应用于实心杆件表面开有孔、槽等,以及型材、薄壁件等断面结构的表达。如图 7-24 中(a)所示,剖切平面 A 在垂直于轴线方向将键槽处切断,然后画出断面实形,就能清楚地表达该断面的形状、键槽的深度。

断面图与剖视图的区别:断面图只是画出被剖切面切断的断面形状,而剖视图则是将断面连同它后面结构的投影一起画出,如图 7-24(b)为剖视图。

7.3.2 断面图的种类

根据断面图配置的位置,断面图分为移出断面图、重合断面图和中断断面图。

1. 移出断面图

画在视图之外的断面图,称为移出断面图,如图 7-25 所示。移出断面的轮廓用粗实线绘制,通常配置在剖切线的延长线上,必要时也可以将移出断面配置在投影位置或其他适当位置。在不引起误解时,允许将图形旋转表达,其标注形式参考剖视图旋转表达。

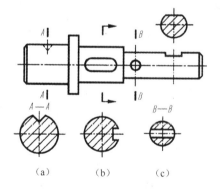

图 7-25 移出断面图

2. 重合断面图

图形画在视图之内的断面图,称为重合断面图,如图 7-26 所示。画重合断面图时,轮廓线是细实线,当视图中轮廓线与重合断面的图形轮廓线重叠时,视图中的轮廓线应连续画出,不能间断,如图 7-26(a)(c)所示。重合断面图无论是对称或是不对称,一般省略标注。

3. 中断断面图

结构断面形状一致或按一定规律变化时,可在其中断处画出断面图形,这种图形称为中断断面图。表达时一般用中实线(或粗实线)画出其外部轮廓,如图 7-27 所示。中断

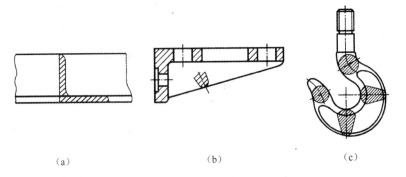

图 7-26 重合断面图

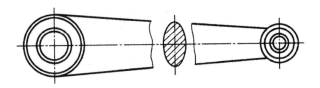

图 7-27 中断断面图

断面图一般为对称的断面图形,而且省略标注。

7.3.3 移出断面图的标注

移出断面图的标注同剖视图的标注形式一致,移出断面图的配置及具体标注方法,见表 7-2。

表 7-2 移出断面图的配置与标注

配置位置 \ 断面形状	对称的移出断面	未对称的移出断面
剖切线延长线位置	不必标出字母和剖切符号	不必标注字母
投影位置	不必标注箭头	不必标注箭头

（续）

断面形状 配置位置	对称的移出断面	未对称的移出断面
其他位置		
	不必标注箭头	应标注剖切符号、箭头和字母

7.3.4 断面图的规定画法

（1）剖切平面通过回转面形成的孔或凹坑的轴线时，此结构按封闭绘制，如图 7-28 所示。

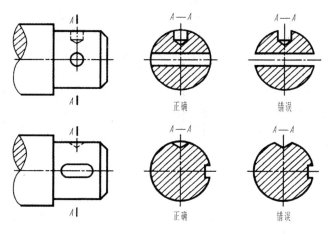

图 7-28 剖切平面通过回转面形成的孔或凹坑轴线的断面图

（2）剖切平面通过非回转面形成的孔或槽时，如果出现完全分离的两个断面，则按剖视图绘制，如图 7-29 所示。

（3）由两个或多个相交平面剖切所得的移出断面，中间一般应断开，如图 7-30 所示。

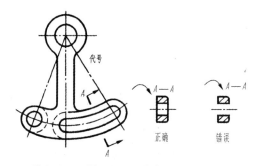

图 7-29 剖切平面通过非圆孔的断面图

图 7-30 相交剖切平面剖切的断面图

7.4 其他表达方法

7.4.1 局部放大图

机件按一定比例绘制视图后,如果其中一些微小结构表达不够清晰,又不便于标注尺寸时,可以放大单独画出这些结构。将机件的部分结构,用大于原图形所采用的比例单独绘出的图形,称为局部放大图,如图 7-31(a)所示。

局部放大图可以画成视图、剖视图、断面图,它和被放大部位的表示方法无关。画局部放大图时,除螺纹牙型、齿轮和链轮的齿形外,应在原图上把要放大的部位用细实线圈出,并尽量把局部放大图配置在被放大部位的附近,如图 7-31(a)(b)所示。

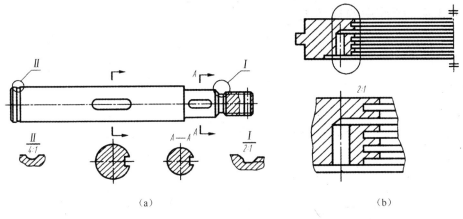

图 7-31 局部放大图

当同一机件有几处放大部位时,要用罗马数字依次注明被放大部位,并在局部放大图的上方标注出相应的罗马数字和所采用的比例,如 7-31(a)所示;若只有一处放大部位时,则只须在放大图的上方注明采用的比例就可以了,如图 7-31(b)所示。

7.4.2 简化画法

简化画法是包括规定画法、省略画法、示意画法等在内的图示方法。我国已发布了 GB/T 16675.1—2012《技术制图 简化表示法 第 1 部分:图样画法》、GB/T 16675.2—2012《技术制图 简化表示法 第 2 部分:尺寸注法》两项有关图样简化的专项标准,其目的是减少绘图工作量,提高设计效率及图样的清晰度,满足手工制图和计算机制图的要求,适应国际贸易和技术交流的需要。

1. 规定画法

规定画法是对标准中规定的某些特定表达对象所采用的特殊图示方法。

(1) 在不引起误解时,对称机件的视图可以只画 1/2 或 1/4,并在对称中心线的两端画出对称符号(两条与其垂直的平行细实线),如图 7-32(a)(b)所示。

(2) 较长机件(轴、杆、型材、连杆等)沿长度方向的形状一致或按一定规律变化时,可断开后缩短绘制,但标注尺寸时仍按实际的大小标注,如图 7-33 所示。

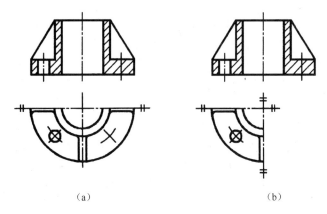

图 7-32 对称机件的规定画法

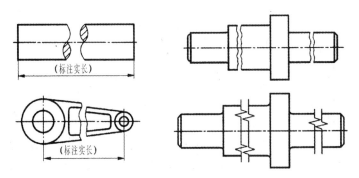

图 7-33 较长机件的规定画法

（3）为了避免增加视图或剖视图，对回转体上的平面，可用细实线画出对角线，即平面符号来表示，图 7-34 所示为简化前后对比图。

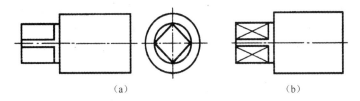

图 7-34 平面的规定画法

（4）在需要表示位于剖切平面前的结构时，这些结构可假想地用细双点画线绘制，如图 7-35 所示。

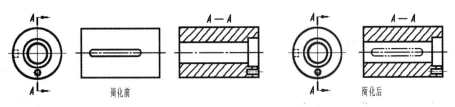

图 7-35 局部视图的规定画法

2. 省略画法

省略画法是通过省略重复投影、重复要素、重复图形等使图样简化的图示方法。

（1）在不致引起误解时，图形中的相贯线、过渡线可以简化，可用圆弧或直线代替非圆曲线，如图7-36(a)所示；也可以采用模糊画法表示相贯线，如图7-36(b)所示。

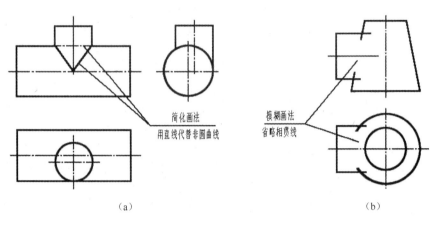

图 7-36 相贯线的省略画法

（2）机件中成规律分布的重复结构，允许只绘制出其中一个或几个完整结构，并反映其分布情况。除已有规定者外（如轮齿等），对称的重复结构用细点画线表示各对称结构要素的位置，如图7-37所示；不对称的重复结构按一定规律分布时，只需画出几个完整的结构，其余用细实线连接，并注明该结构的总数即可，如图7-38所示。

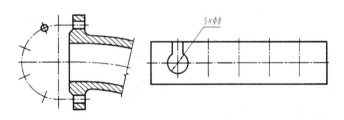

图 7-37 对称重复结构的省略画法

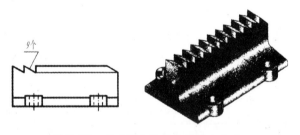

图 7-38 不对称重复结构的省略画法

（3）若干直径相同且成规律分布的孔，可仅画出一个或几个，其余只需用细点画线或"⌖"表示其中心位置，如图7-39所示。

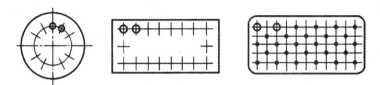

图 7-39　若干相同直径孔的省略画法

(4) 当机件上较小的结构已在一个视图中表达清楚时,在其他图形上应简化或省略不画,图 7-40(a)(b)为简化前后对比图。

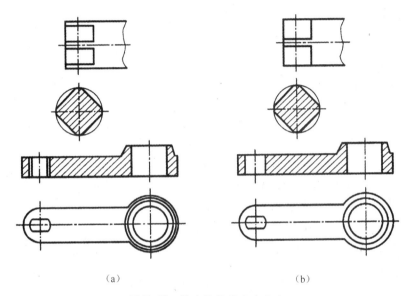

(a)　　　　　　　　　　(b)

图 7-40　较小结构的省略画法

(5) 机件上斜度和锥度等较小的结构,如在一个图形中已表达清楚,其他视图可按小端画出,如图 7-41 所示。

(6) 在不致引起误解时,零件图中的小圆角、倒角均可省略不画,但必须注明尺寸或在技术要求中加以说明,如图 7-42 所示。

(7) 与投影面倾斜角度小于或等于 30°的圆或圆弧,其投影为椭圆,为了简化作图,可用圆或圆弧来代替椭圆,如图 7-43 所示。

(8) 在不致引起误解时,零件图中的移出断面图,允许省略剖面符号,如图 7-44 所示。

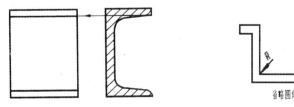

图 7-41　较小斜度的省略画法

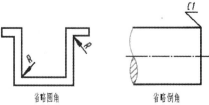

图 7-42　圆角与倒角的省略画法

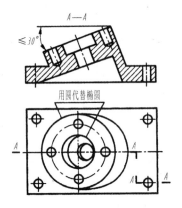

图 7-43 倾斜圆或圆弧的简化画法

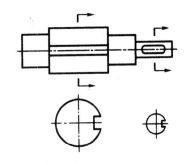

图 7-44 移出断面图剖面符号的省略画法

3. 示意画法

示意画法是用规定符号和(或)较形象的图线绘制图样的表意性图示方法。

GB/T 6403.3—2008《滚花》规定,滚花、槽沟等网状结构应用粗实线完全或部分地表示出来,也可省略不画。网格线按与水平方向成 30° 绘制,通常与实际倾斜角度一致,如图 7-45 所示。

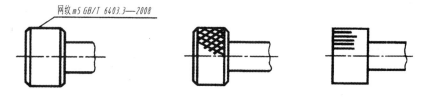

图 7-45 滚花结构的示意画法

7.5 第三角投影简介

V、H、W 三个投影面把空间划分为八个部分,第 I 部分称为第一分角,第 III 部分称为第三分角,如图 2-9 所示。我国采用第一分角投影法,因此前述各章均以第一分角来研究投影的问题。但一些欧美国家等采用第三角投影法,即将物体放在第三分角区域进行投射,如图 7-46 所示。为了方便国际间交流,我们简单了解一下第三角投影的相关知识,即画第三角投影图时应注意的几个问题。

(1) 投影面假定为透明,投射时保持观察者—投影面—物体(即人—面—物)的相互位置。然后按正投影法得到各个视图,由前方垂直向后观察,在 V 面上得到的视图,称为主视图;由上面垂直向下观察,在 H 面上得到的视图,称为俯视图;由左面垂直向右观察,在 W 面上得到的视图,称为左视图;从右面垂直向左观察,在 W 面上得到的视图,称为右视图;由下面垂直向上观察,在 H 面上得到的视图,称为仰视图;由后方垂直向前观察,在 V 面上得到的视图,称为后视图。

(2) 投影面的展开方法,规定前面不动,顶面向上、底面向下、侧面向左、向右各旋转 90° 与前面重合,后立面向右旋转 180° 与前面重合。

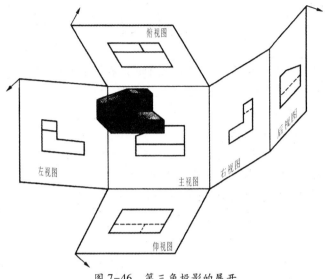

图 7-46　第三角投影的展开

（3）各视图的位置。俯视图在主视图正上方,仰视图在主视图的正下方,左视图在主视图的正左方,右视图在主视图的正右方,后视图在右视图的正右方,视图之间保持投影的对应关系,即长对正、宽相等、高平齐,如图 7-47 所示。

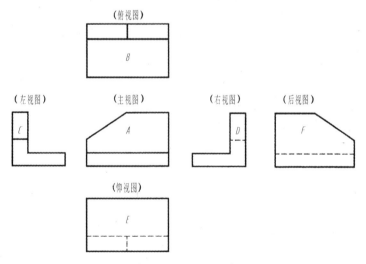

图 7-47　第三角投影视图的命名及配置

（4）国家标准规定,第一角画法用图 7-48(a)所示的识别符号表示,第三角画法用图 7-48(b)所示的识别符号表示。因我国优先采用第一角画法,所示无须标注识别符号。当采用第三角画法时,必须在图样中(在标题栏附近)画出第三角画法的识别符号。

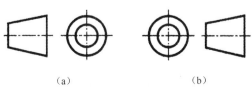

图 7-48　第一角、第三角识别符号

思 考 题

1. 什么是基本视图？试说明六个基本视图的配置和标注的规定。
2. 试述斜视图、局部视图和旋转视图的使用条件。
3. 什么是剖视图？剖视图有哪几种？
4. 试述常用的剖切面和剖切方法。
5. 试述剖视图的标注规则，在什么情况下标注可以部分省略或全部省略？
6. 什么是断面图？它和剖视图的区别是什么？
7. 移出断面和重合断面的区别是什么？
8. 试述肋板被剖切时剖面线的规定画法。

第8章 常用机件的特殊表达

在各种机器和设备上,经常用到螺栓、螺柱、螺钉、齿轮、键、销、轴承等各种不同的零件。由于这些零件应用范围非常广泛,往往需要成批或大量生产。为了减轻设计工作,提高产品质量,降低生产成本,便于专业化生产制造,国家标准对这些零件的结构、尺寸及技术要求都做了统一的规定,这些零件称为标准件。另外还有些零件,如齿轮、弹簧等,国家标准只对它们的部分参数和尺寸做了规定,这些零件称为常用非标准件。标准件和常用非标准件统称为常用机件。为了绘图方便,国家标准对常用机件的画法做了规定,即特殊表示法(按比例简化地表达特定的机件和结构要素)。本章将介绍常用机件的基本知识、规定画法和规定标记,以及通过资料表查阅参数和尺寸的方法。

本章要点

学习目标	考核标准	教学建议
(1) 常用机件的结构参数含义、规定画法; (2) 常用机件规格的标注形式; (3) 常用机件的查表方法	应知:常用机件的结构特点,规定画法,标注形式,结构尺寸的查表方法; 应会:查表获得尺寸,按规定画法完成单件及装配图的绘制	在了解常用机件结构的前题下,重点讲解其规定画法,标注形式,以及查表方法

项目八 一般类零件和常用机件的连接装配图

项目指导	条件及样例
一、目的 (1) 学会常用机件查表方法及规定画法。 (2) 掌握一般和常用机件装配图的画法。 二、内容及要求 (1) 根据齿轮轴上各常用机件安装的位置及基本尺寸,通过查表确定各常用机件的结构和尺寸,自行设计表达方案,将轴、键、齿轮、轴承组装成装配图。 (2) 用A4图纸,横放,比例1:1。 (3) 完成后的装配图,参照装配图要求,标注装配尺寸及序号,填写标题栏及明细表。 三、作图步骤 (1) 以齿轮轴各轴段的直径尺寸为基本尺寸,通过查表确定各常用机件的结构、尺寸及标记代号。 (2) 画底稿:①画图框和标题栏;②以图例中齿轮轴线侧垂放置为主视图投影方向,其他表达自行确定,进而完成底稿绘制。 (3) 检查底稿,擦去多余线条,描深图形。 (4) 填写标题栏,加深图框、标题栏外框及修饰图面。 四、注意事项 (1) 图形布置要匀称。 (2) 图例只是给出齿轮轴及齿轮轮毂部分,其他如轴承、键、轴和毂上键槽、轮齿部分的结构都需要完整表达出来。 (3) 装配图的尺寸、序号、明细表、题栏格式等,需参阅第10章内容完成。	已知某齿轮传动轴和齿轮轮毂样例,在轴的指定位置试将深沟球轴承,导向型A型平键,模数为2、齿数为40的直齿圆柱齿轮,通过查表确定其结构尺寸后,装配成组件

8.1 螺纹及螺纹紧固件

8.1.1 螺纹的形成及要素

螺纹是指在圆柱或圆锥体表面上、沿螺旋线所形成的、具有相同剖面的连续凸起和沟槽，如图8-1所示。在圆柱体表面上形成的螺纹称为圆柱螺纹。在圆锥体表面上形成的螺纹称为圆锥螺纹。在外表面形成的螺纹，称为外螺纹；在内表面形成的螺纹称为内螺纹。内、外螺纹必须成对使用，可用于联接或传递运动和动力。

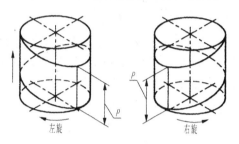

图8-1 圆柱螺旋线的形成

螺纹的加工方法很多，图8-2为在车床上车削外螺纹和内螺纹的情形。

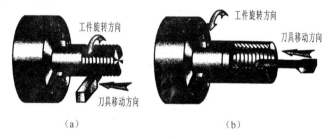

图8-2 车削螺纹
(a)车削外螺纹；(b)车削内螺纹。

1. 螺纹的术语和要素

GB/T 14791—2013《螺纹 术语》对螺纹术语进行了修改和重新定义。

(1) 螺纹牙型。在螺纹轴线平面内的螺纹轮廓形状，称为牙型；相邻牙侧间的材料实体，称为牙体；连接两个相邻牙侧的牙体顶部表面，称为牙顶；连接两个相邻牙侧的牙槽底部表面，称为牙底。常见牙型如图8-3所示，有三角形、梯形、锯齿形和矩形等。

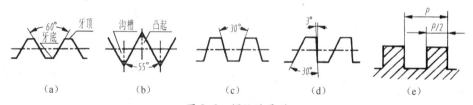

图8-3 螺纹的牙型
(a)普通螺纹(M)；(b)管螺纹(R_C)(R_P)(R)(G)；(c)梯形螺纹(Tr)；(d)锯齿形螺纹(S)；(e)矩形螺纹。

(2) 螺纹直径。直径有大径(d、D)、中径(d_2、D_2)和小径(d_1、D_1)之分,如图 8-4 所示。

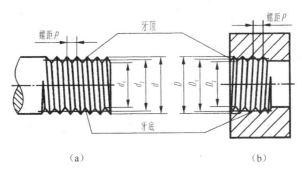

图 8-4 螺纹各部分名称
(a)外螺纹;(b)内螺纹。

① 大径(d、D):与外螺纹牙顶或内螺纹牙底相切的假想圆柱或圆锥的直径。

② 小径(d_1、D_1):与外螺纹牙底或内螺纹牙顶相切的假想圆柱或圆锥的直径。

③ 中径(d_2、D_2):一个假想圆柱(或圆锥)的直径,该圆柱(或圆锥)的素线通过圆柱(或圆锥)螺纹上牙厚与牙槽相等的地方。

④ 公称直径(d、D):代表螺纹尺寸的直径,一般是指螺纹大径的公称尺寸(管螺纹用尺寸代号来表示)。

(3) 线数(n)。螺纹有单线与多线之分,只有一个起始点的螺纹,称为单线螺纹;具有两个或两个以上起始点的螺纹,称为多线螺纹,如图 8-5 所示。

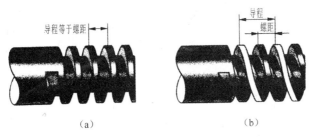

图 8-5 螺距与导程
(a)单线螺纹;(b)多线螺纹。

(4) 螺距(P)和导程(Ph)。相邻两牙体上的对应牙侧与中径线相交两点间的轴向距离,称为螺距,用 P 表示。最邻近的两同名牙侧与中径线相交两点间的轴向距离,称为导程,用 Ph 表示。若线数为 n,则导程和螺距的关系为 $Ph = n \times P$,如图 8-5 所示。

(5) 旋向。螺纹分右旋和左旋两种,顺时针旋转时旋入的螺纹,称为右旋螺纹;逆时针旋转时旋入的螺纹,称为左旋螺纹,如图 8-6 所示。工程上常用右旋螺纹。

内、外螺纹总是成对使用的,只有螺纹的牙型、大径、螺距、线数和旋向完全相同时,内、外螺纹才能相互旋合。

(6) 螺尾、倒角及退刀槽。为了便于内、外螺纹的旋合,在螺纹的端部制成 45°倒角。在制造螺纹时,由于退刀的原因,螺纹的尾部会出现渐浅部分,这种不完整的牙型,称为螺尾。为了消除这种现象,需要在螺纹的终止处加工一个退刀槽,如图 8-7 所示。退刀槽

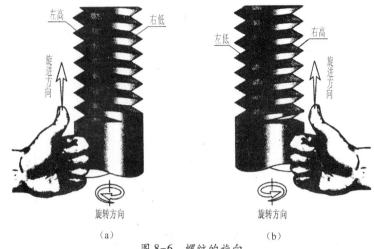

图 8-6 螺纹的旋向
(a)左旋螺纹；(b)右旋螺纹。

的结构尺寸见附表 24。

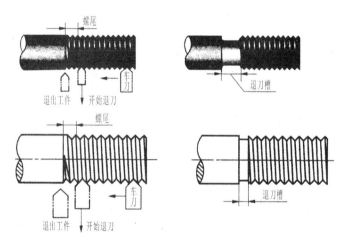

图 8-7 螺尾与退刀槽

2. 螺纹的规定画法

由于螺纹是采用专用机床和刀具加工，所以无需将螺纹按真实投影作图。GB/T 4459.1—1995《机械制图 螺纹及螺纹紧固件表示法》规定了螺纹的画法。

（1）外螺纹的画法。图 8-8（a）为外螺纹的视图画法，图 8-8（b）为外螺纹的局剖画法。此时螺纹的牙顶线、牙顶圆用粗实线绘制；牙底线、牙底圆（大小为大径的 0.85 倍）用细实线绘制。

注意：主视图上螺杆的倒角应画出，螺纹的终止线用粗实线表示，螺尾部分一般不画，当需要表示螺尾时，该部分用与轴线成 30°的细实线画出；端视图上的牙底圆只画约 3/4 圈的细实线圆，此时的倒角投影不应画出。

（2）内螺纹的画法。如图 8-9 所示，内螺纹一般应画成剖视图。此时内螺纹牙底线、牙底圆（大小为大径的 0.85 倍）用粗实线绘制；牙顶线、牙顶圆用细实线绘制。

注意：主视图上螺杆的倒角应画出，螺纹的终止线用粗实线表示，螺尾部分一般不画；

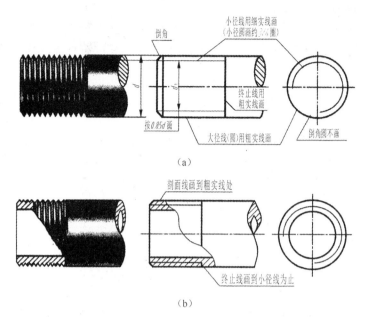

图 8-8 外螺纹的规定画法

端视图上的牙顶圆只画约 3/4 圈的细实线圆,此时的倒角投影不应画出。

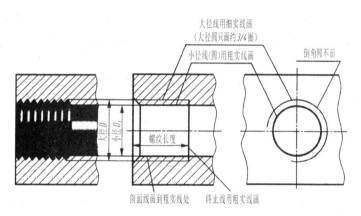

图 8-9 内螺纹的画法

(3)内、外螺纹联接的画法。内、外螺纹联接一般用剖视图来表达,其旋合部分按外螺纹的画法绘制,其余部分仍按各自的规定画法绘制,如图 8-10 所示。

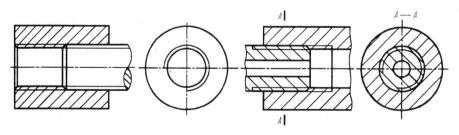

图 8-10 内、外螺纹联接的画法

3. 螺纹的种类

(1) 按用途分。螺纹的分类主要按其用途分,有三大类,如图 8-11 所示。其中普通螺纹按其牙型、大径、螺距是否符合标准,又可分为标准螺纹、特殊螺纹和非标准螺纹等。

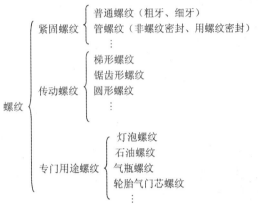

图 8-11 螺纹按用途分类

(2) 按牙型分。螺纹按牙型可分为三角形螺纹、梯形螺纹、锯齿形螺纹、矩形螺纹、圆形螺纹,对称牙型螺纹与非对称牙型螺纹。

(3) 按单位分。螺纹按单位制可分为米制螺纹、寸制螺纹、美制螺纹。

(4) 按外形分。螺纹按外形可分为内螺纹、外螺纹、圆柱螺纹、圆锥螺纹。

(5) 按配合分。螺纹按配合可分为间隙配合螺纹、过渡配合螺纹、过盈配合螺纹;柱/柱螺纹、锥/锥螺纹、柱/锥螺纹。

(6) 按密封性分。螺纹按密封性可分为非密封螺纹、密封螺纹、干密封螺纹。

(7) 按螺距分。螺纹按螺距可分为粗牙螺纹、细牙螺纹、超细牙螺纹和恒定螺距螺纹。

4. 螺纹的标记

由于螺纹规定画法不能表示螺纹种类和螺纹要素,因此绘制螺纹图样时,必须按照国家标准所规定的格式和相应代号进行标注。

(1) 普通螺纹的标记。普通螺纹的完整标记由螺纹代号、螺纹公差代号和螺纹旋合长度代号三部分组成,规定格式如下:

<u>螺纹特征代号</u> <u>公称直径×Ph 导程 P 螺距</u> <u>中径公差带</u> <u>顶径公差带</u>—<u>螺纹旋合长度</u> — <u>旋转方向</u>
  螺纹代号   公差带代号   旋合长度代号 旋向代号

普通螺纹的螺纹代号由表示螺纹特征的字母 M、螺纹的尺寸(大径和螺距)、螺纹的旋向构成。粗牙普通螺纹不标注螺距。LH 代表左旋螺纹,右旋螺纹不标注旋向。

公差带代号由中径公差带和顶径公差带(外螺纹指大径公差带、内螺纹指小径公差带)两组公差带组成。每组公差带代号又由表示公差等级的数字和表示公差带位置的字母组成。大写字母代表内螺纹,小写字母代表外螺纹。若两组公差带相同,则只写一组。根据 GB/T 197—2003《普通螺纹 公差》规定,常用的内螺纹和外螺纹的推荐公差带见表 8-1 和表 8-2。普通螺纹各部分尺寸参数见附表 1。

表 8-1 内螺纹的推荐公差带

公差精度	公差带位置 G			公差带位置 H		
	S	N	L	S	N	L
精密	—	—	—	4H	5H	6H
中等	(5G)	<u>6G</u>	(7G)	<u>5H</u>	*6H	<u>7H</u>
粗糙	—	(7G)	(8G)	—	7H	8H

注：1. 带*号的公差带用于大量生产的紧固件螺纹；
2. 公差带优先选用顺序为：带下划线的公差带、不加括号的公差带、括号内的公差带；
3. 除特殊情况外，表格以外的其他公差带不宜选用

表 8-2 外螺纹的推荐公差带

公差精度	公差带位置 e			公差带位置 f			公差带位置 g			公差带位置 h		
	S	N	L	S	N	L	S	N	L	S	N	L
精密	—	—	—	—	—	—	—	(4g)	(5g4g)	(3h4h)	<u>4h</u>	(5h4h)
中等	—	<u>6e</u>	(7e6e)	—	<u>6f</u>	—	(5g6g)	6g*	(7g6g)	(5h6h)	6h	(7h6h)
粗糙	—	(8e)	(9e8e)	—	—	—	—	8g	(9g8g)	—	—	—

注：1. 带*号的公差带用于大量生产的紧固件螺纹；
2. 公差带优先选用顺序为：带下划线的公差带、不加括号的公差带、括号内的公差带；
3. 除特殊情况外，表格以外的其他公差带不宜选用

旋合长度分为短(S)、中(N)、长(L)三种，一般情况下应采用中等旋合长度。若属于中等旋合长度时，不标注旋合长度代号。

普通螺纹标注含义如下：

"M10-5g6g-S"表示某粗牙普通外螺纹，大径为10mm，中径公差带为5g，大径公差带为6g，短旋合长度，右旋；

"M10×6H-1LH"表示某细牙普通内螺纹，大径为10mm，螺距为1mm，中径公差带为6H，小径公差带为6H，中等旋合长度，左旋。

"M20-7g6g-40"表示对旋合长度有特殊需要时，可将旋合长度值写在旋合长度代号的位置上。

"M10-6H/6g"表示内、外螺纹相互旋合称为螺纹副，即为有螺纹副的标记。

（2）管螺纹的标记。管螺纹有55°非密封内螺纹(G)和55°密封圆柱内管螺纹(Rp)，还有55°密封圆锥内管螺纹(Rc)、圆锥外管螺纹(R)等。

55°密封管螺纹标记内容和格式：螺纹特征代号 尺寸代号 - 旋向代号

55°非密封管螺纹标记内容和格式：螺纹特征代号 尺寸代号 公差等级代号 - 旋向代号

55°非密封管螺纹公差等级代号分A、B两级，A级为精密级，B级为粗糙级；而内、外

螺纹的顶径和内螺纹的中径只规定了一种公差等级,故外螺纹分 A、B 两级进行标记,内螺纹则不用标记公差等级代号。螺纹为左旋时,标记"LH"。英制管螺纹的尺寸代号并非公称直径,也不是管螺纹本身的真实尺寸,而是该螺纹所在管子的公称通径,它代表在某公称通径管子上加工的螺纹尺寸。管螺纹的大径、小径及螺距等具体尺寸,可通过查阅相关国家标准来确定。非螺纹密封管螺纹的各部分尺寸参数见附表 2。

管螺纹的标注含义如下:

"G ½ A-LH"表示圆柱外螺纹,尺寸代号 ½（查附表 2,其大径为 20.955mm,螺距为 1.814mm）,公差等级为 A 级,左旋。

"G 1¼ — LH"表示圆柱内螺纹（未标注公差等级）,尺寸代号为 1¼,（查附表 2,其大径为 41.910mm,螺距 2.309mm）,左旋。

（3）梯形和锯齿形螺纹的标记。梯形和锯齿形螺纹的完整标记由螺纹代号、公差带代号和旋合长度代号三部分组成,其规定格式如下:

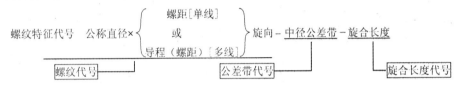

梯形螺纹的牙型是牙型角为 30°的等腰梯形,牙型代号为"Tr"。单线螺纹用"公称直径×螺距"表示;多线螺纹用"公称直径×导程（P 螺距）"表示。当螺纹为左旋时,标注"LH",右旋省略不标。其公差带代号只标注中径的,旋合长度只分中等旋合长度和长旋合长度两种。

梯形螺纹标注含义如下:

"Tr28×5-7H"表示梯形内螺纹,公称直径 28mm,螺距 5mm,单线,右旋,中径公差带代号 7H,中等旋合长度。

"Tr28×10(P5)-LH-H-7e-L"表示梯形外螺纹,公称直径 28mm,导程 10mm,螺距 5mm,双线,左旋,中径公差带代号 7e,长旋合长度。

梯形螺纹的精度等级只规定中等和粗糙两种,一般应按表 8-3 中国标规定的公差带选用。梯形螺纹的各部分尺寸参数见附表 3。

表 8-3 梯形螺纹选用的公差带

精　度	内　螺　纹		外　螺　纹	
	中径公差带		中径公差带	
	N	L	N	L
中　等	7H	8H	7e	8e
粗　糙	8H	9H	8c	9c

锯齿形螺纹的牙型角为 30°,牙型代号为"S",其标注形式基本与梯形螺纹一致。

表 8-4 给出了常用标准螺纹的标记方法。

表 8-4 常用标准螺纹的标记方法

序号	螺纹类别及标准号		特征代号	标记示例	螺纹副标记示例	附注
1	普通螺纹 GB/T 197—2003		M	M8 M8×1-LH M16×Ph6 P2-5g6g-L	M20-6H/5g6g	粗牙不注螺距,左旋时尾部加"-LH"; 中等公差精度(6h 和 6H)不注公差带代号; 中等旋合长度不注 N; 多线时注出 Ph(导程)和 P(螺距)
2	小螺纹 GB/T 15054.4—1994		S	S0.9-4H5 S1.2LH-5h3	S0.9-4H5/5h3	适用范围 0.3~1.4mm; 末位的 5 和 3 为顶径公差等级。顶径公差带仅一种,故只注等级,不注位置
3	55°非密封管螺纹 GB/T 7307—2001		G	G 1½ A G 1½ B G ½ LH	G 1½ A	外螺纹公差等级分 A 级和 B 级两种,内螺纹公差等级只有一种,不加标记;表示螺纹副时,仅需要标注外螺纹的标记
4	55°密封管螺纹 GB/T 7306.1—2000、GB/T 7306.2—2000	圆锥外螺纹	R₁ R₂	R₁3 R₂¾	Rc/R₂¾ Rp/R₁3	R₁ 表示与圆柱内螺纹相配合的圆锥外螺纹; R₂ 表示与圆锥内螺纹相配合的圆锥外螺纹; 内外螺纹均只有一种公差带,故省略不注;表示螺纹副时,尺寸代号只注写一次
4		圆锥内螺纹	Rc	Rc 1½ LH		
4		圆柱内螺纹	Rp	Rp ½		
5	60°密封管螺纹 GB/T 12716—2011	圆锥管螺纹(内、外)	NPT	NPT6		左旋时尾部加"-LH"
5		圆柱内螺纹	NPSC	NPSC ¾		
6	梯形螺纹 GB/T 5796.4—2005		Tr	Tr36×6-7H Tr36×14(P7)LH-7e	Tr36×6-7H/7c	内螺纹公称直径系指外螺纹大径; 顶径公差带惟一(4H,4h),故省略不注
7	锯齿形螺纹 GB/T 13576.1—2008 GB/T 13576.4—2008		S	S40×7-7a S40×14(P7)LH-8c-L	S40×7-7A/7c	标记格式同梯形螺纹
8	米制锥螺纹 GB/T 1415—1992		ZM	ZM10 ZM10×1GB/T 1415 ZM10-S	ZM10/ZM10 ZM10×1GB/T 1415/ZM10-S	圆锥内螺纹与外螺纹配合 圆柱内螺纹与圆锥外螺纹配合,S 为短基距代号,标准基距不注代号

（4）非标准螺纹和特殊螺纹。非标准螺纹应画出螺纹牙型，并注出所需要的尺寸及有关要求。对于特殊螺纹，应在牙型符号前加注"特"字。

5. 螺纹的标注方法

标准螺纹应注出相应标准所规定的螺纹标记。公称直径以 mm 为单位（如普通螺纹、梯形螺纹和锯齿形螺纹），其标记应直接注在大径的尺寸线上，如图 8-12（a）所示，或标注在尺寸线的引出线上，如图 8-12（b）（c）所示。管螺纹的标记一律注在引出线上，引出线应由大径处引出，如图 8-12（d）所示，或由对称中心处引出，如图 8-12（e）所示。非标准螺纹应画出螺纹的牙型，并注出所需要的尺寸及有关要求，如图 8-12（f）所示。

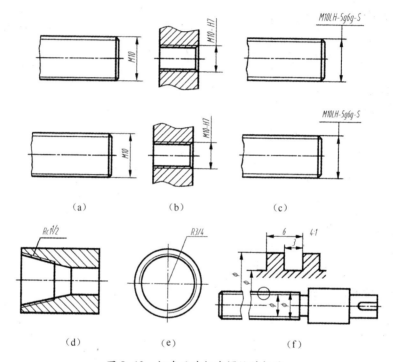

图 8-12 标准及非标准螺纹的标注

6. 螺纹的测绘

根据给出的螺纹件测绘螺纹，具体步骤如下：

（1）确定螺纹的线数和旋向。

（2）测量螺距。可采用拓印法，即将螺纹放在纸上压出痕迹，量出 n 个螺距的长度，如图 8-13（a）所示。

然后按 $P = L/n$ 计算出螺距，如图 8-13（b）所示。若有螺纹规，可直接确定牙型和螺距，如图 8-13（c）所示。

（3）用游标卡尺测大径。内螺纹的大径无法直接测量，可先测小径，然后由螺纹标准查出螺纹大径；或测量与之相配合的外螺纹的大径。

（4）查标准、定标记。根据牙型、螺距及大径，查有关标准，确定螺纹标记，见附表 1～附表 3。

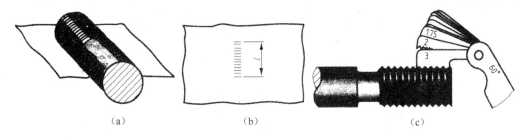

图 8-13 螺距的测量方法

8.1.2 螺纹紧固件及其联接

螺纹联接件种类很多,常用的螺纹联接件有螺栓、双头螺柱、螺钉以及螺母、垫圈等,如图 8-14 所示。常见的联接形式有螺栓联接、双头螺柱联接和螺钉联接。

图 8-14 常见的螺纹紧固件

(a)六角头螺栓;(b)双头螺柱;(c)六角螺母;(d)六角开槽螺母;(e)平垫圈;(f)弹簧垫圈;(g)圆螺母止动垫圈;(h)圆螺母;(i)内六角圆柱头螺钉;(j)开槽圆柱头螺钉;(k)半圆头螺钉;(l)开槽沉头螺钉;(m)开槽锥端紧定螺钉。

1. 螺纹紧固件的标记及规定画法

(1)螺栓。螺栓由头部和杆身组成。常用的为六角头螺栓,根据螺栓的功能及作用,六角头螺栓有"全螺纹""半螺纹""粗牙""细牙"等多种规格。螺栓的规格尺寸是螺纹大径(d)和螺纹长度(l)。其规定标记为:

| 名称 | 标准代号 | 螺纹代号×长度 |

例 8-1 螺栓 GB/T 5782—2016 M24×100

此标记表示螺栓为粗牙普通螺纹,螺纹规格 $d=24$ mm、长度 $l=100$ mm。由附表 4 得知:此螺栓为 A 级、性能等级为 8.8 级、不经表面处理、杆身半螺纹、A 级六角头螺栓。

常见螺纹制件的绘制一般不按查表尺寸为依据,而是按规定比例画法,即以螺纹制件的大径为公称尺寸,其他结构尺寸按一定比例折算画出,如图8-15所示。

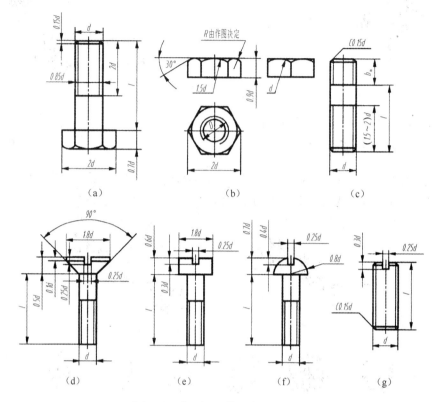

图8-15 常用螺纹紧固件比例画法
(a)六角头螺栓;(b)六角螺母;(c)双头螺柱;
(d)开槽沉头螺钉;(e)开槽圆柱头螺钉;(f)半圆头螺钉;(g)开槽平端紧定螺钉。

(2)双头螺柱。双头螺柱两端均制有螺纹。旋入螺孔的一端称旋入端(b_m);另一端称为紧固端(b)。双头螺柱的结构形式分A型(车制)、B型(辗制)两种。根据旋入零件材料不同,旋入端长度有四种规格,每一种规格对应一个标准,见表8-5。

表8-5 旋入端长度

旋入端材料	旋入端长度	标准代号	旋入端材料	旋入端长度	标准代号
钢与青铜	$b_m = d$	GB 897—1988	铸铁或铝合金	$b_m = 1.5d$	GB 899—1988
铸铁	$b_m = 1.25d$	GB 898—1988	铝合金	$b_m = 2d$	GB 900—1988

双头螺柱的规格尺寸是螺纹大径(d)和双头螺柱长度(l),其规定标记为:

|名称| |标准代号| |类型| |螺纹代号×长度|

例8-2 螺柱 GB 897—1988 AM10×50

此标记表示旋入端长度 $b_m = d$,两端均为粗牙普通螺纹,螺纹大径 $d = 10$mm,螺柱长度 $l = 50$mm。由附表5可知:螺柱结构为A型(B型不加标记)、性能等级为4.8级、不经表面处理、$b_m = 1.25d$ 的双头螺柱。

(3) 螺钉。螺钉按其作用可分为联接螺钉和紧定螺钉两种。联接螺钉由钉头和钉杆组成。按钉头形状可分为开槽盘头螺钉、开槽沉头螺钉、圆柱内六角螺钉等。紧定螺钉按其前端形状可分为锥端紧定螺钉、平端紧定螺钉、长圆柱端紧定螺钉等。

螺钉的规格尺寸为螺钉直径(d)和螺钉长度(l)。其规定标记为：

| 名称 | 标准代号 | 螺纹代号×长度 |

例 8-3　螺钉　GB/T 68—2016　M5×20

此标记表示螺纹规格 $D=$M5，$l=$20mm。由附表 6 可知：此螺钉是性能等级为 4.8 级、不经表面处理的开槽沉头螺钉。

(4) 螺母。常用的螺母有六角螺母、方螺母和内螺母等，其中六角螺母应用最为广泛。螺母的精度等级分为 A、B、C 三级，B 级精度不注。六角螺母的规格尺寸是螺纹大径（D）。其规定标记为：

| 名称 | 标准代号 | 螺纹代号-性能等级 |

例 8-4　螺母 GB/T 6170—2015　M20

此标记表示螺母为粗牙普通螺纹，螺纹规格 $D=$M20。由附表 9 可知：此螺母性能等级为 10 级、不经表面处理、B 级、Ⅰ型六角螺母。

(5) 垫圈。垫圈一般置于螺母与被联接件之间，常用的有平垫圈和弹簧垫圈。平垫圈有 A 和 C 级标准系列，在 A 级标准系列平垫圈中，分带倒角和不带倒角型两种结构，如图 8-16(a)(b)所示。弹簧垫圈具有防松作用，如图 8-16(c)所示。垫圈的规格尺寸为螺栓直径 d。其规定标记为：

| 名称 | 标准代号 | 公称尺寸-性能等级 |

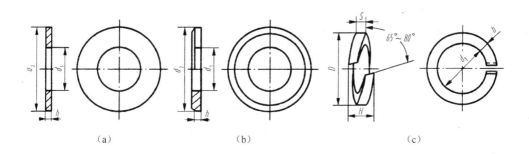

图 8-16　平垫及弹簧垫圈
(a)平垫圈；(b)倒角形平垫圈；(c)弹簧垫圈。

例 8-5　垫圈　GB/T 97.2—2002　24-140HV

此标记表示垫圈为标准系列，公称尺寸 $d=$24mm。由附表 11 可知：性能等级为 140HV、倒角型、不经表面处理的 A 级平垫圈（A 级不标注）。

例 8-6　垫圈　GB/T 93—1987　16

此标记表示标准型弹簧垫圈，规格尺寸 $d=$16mm。由附表 12 可知：材料为 65Mn、表面氧化处理。

2. 螺纹紧固件的联接

绘制螺纹紧固件联接图的一般规定：

相邻两零件的表面接触时，只画一条粗实线；不接触时，按各自的尺寸画出。如间隙过小，可夸大画出。

在剖视图中，当剖切平面通过螺纹紧固件的轴线时，这些零件应按不剖画出。

在剖视图中，相邻两被联接件的剖面线方向应相反，必要时也可以相同，但要相互错开或间隔不等。在同一张图样上，同一零件的剖面线在各个剖视图中应方向一致、间隔相等。

（1）螺栓联接。常用的螺栓紧固件有螺栓、螺母、垫圈等，它主要适用于联接两个中等厚度的零件。联接时螺栓穿过两个被联接件上的通孔，再加上垫圈，拧紧螺母，如图 8-17 所示。

为了提高画图速度，联接件的各个尺寸可不按相应的标准数值画出，而是采用近似画法。采用近似画法时，除螺栓长度按 $l_{计} \approx t_1 + t_2 + 1.35d$ 计算后再查附表 4 取标准值外，其他各部分尺寸均取与螺栓直径成一定比例来绘制。螺栓、螺母、垫圈的各部分比例关系如图 8-18 所示。

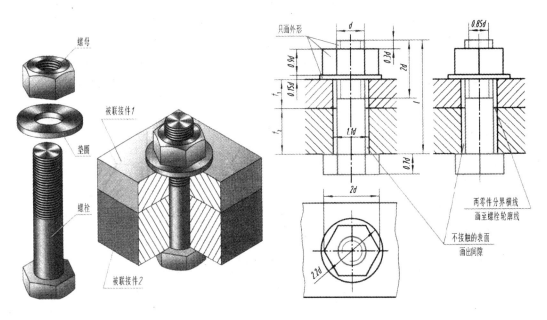

图 8-17 螺栓联接　　　　图 8-18 螺栓联接的近似画法

画图时必须遵守下列基本规定：

① 在装配图中，当剖切平面通过螺栓、螺柱、螺钉、螺母及垫圈等标准件的轴线时，应按未剖切绘制，即只画外形。

② 螺纹紧固件应采用简化画法，六角头螺栓和六角螺母的头部曲线可省略不画。螺纹紧固件上的工艺结构，如倒角、退刀槽、缩颈、凸肩等均省略不画。

③ 两个零件接触面处只画一条粗实线，不得加粗。凡不接触的表面，无论间隙多小，均应在图上画出间隙。

④ 在剖视图中，相互接触的两个零件的剖面线方向应相反。而同一个零件在各剖视图中，剖面线的倾斜方向和间距应相同。

（2）双头螺柱联接。双头螺柱联接常用于被联接件之一较厚而不能加工成通孔，而另一个件为中等厚度的场合。双头螺柱联接形式如图 8-19(a)所示，其联接图可按规定画法画出，即采用近似画法，如图 8-19(b)(c)所示。

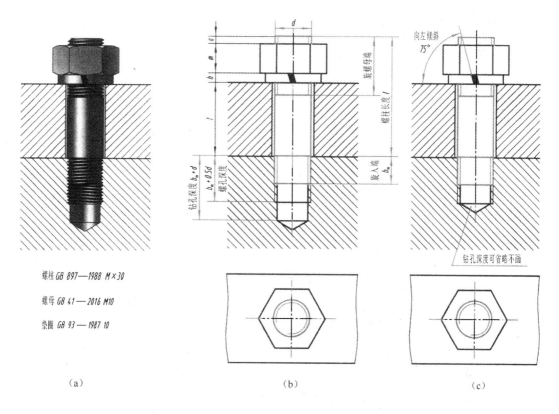

图 8-19 双头螺柱联接图的近似画法

因为双头螺柱旋入端全部旋入螺孔内，所以螺纹终止线与两个被联接件接触面在同一条直线上。不穿通的螺纹孔可不画出钻孔深度，仅按有效螺纹部分的深度画出。弹簧垫圈开口按与水平线成 75°并向左倾斜、宽度可查附表 12 或近似按 0.1d 间隙或加粗线（2d）绘制、直径按 1.5d 绘制。其他部位的画法与螺栓联接画法相同。

（3）螺钉联接。联接螺钉常用于轴向受力不大、而又不经常拆卸，其中被联接件之一较厚而不能加工成通孔，另一个被联接件为中等厚度的场合。螺钉联接不用螺母和垫圈，可将螺杆直接旋入较厚的被联接件螺纹孔内，用螺钉头部将被联接件紧固。图 8-20(a)(b)所示为开槽沉头螺钉联接形式及装配图的规定画法，图 8-20(c)(d)所示为开槽圆柱头螺钉联接形式及装配图的规定画法。

（4）螺钉紧定的画法。螺钉紧定是指用螺钉固定两个零件的相对位置，使之不产生相对运动，其联接前和联接后的规定画法如图 8-21(a)(b)所示。

（5）紧固件通孔及沉头座尺寸，见附表 13。

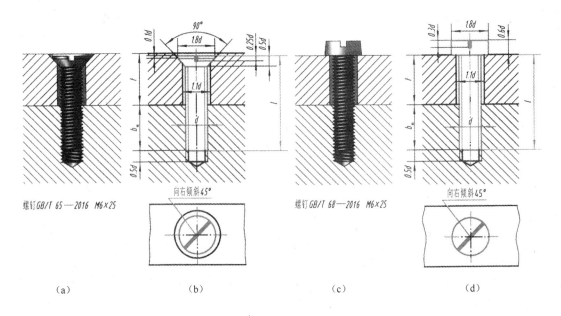

图 8-20 螺钉联接的规定画法

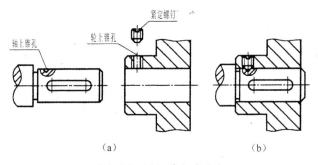

图 8-21 螺钉紧定的画法

8.2 齿　　轮

齿轮是传动零件,它可以传递动力、改变转速和传动方向。常见的传动形式有平行轴齿轮副、相交轴齿轮副、交错轴齿轮副三种。平行轴齿轮副(圆柱齿轮啮合)用于两平行轴间的传动,如图 8-22(a)所示;相交轴齿轮副(锥齿轮啮合)用于两相交轴间的传动,如图 8-22(b)所示;交错轴齿轮副(蜗杆蜗轮啮合)用于两交错轴间的传动,如图 8-22(c)所示。齿轮传动的另一种形式为齿轮齿条传动,它是圆柱齿轮转动的演变形式,即相当于一个齿轮的直径无穷大时,用于转动和平动之间的运动转换,如图 8-23 所示。

8.2.1 圆柱齿轮

圆柱齿轮按其齿线方向不同可分为直齿、斜齿、人字齿等,如图 8-24 所示。其外形是圆柱形,由轮齿、齿盘、辐板(或辐条)、轮毂等组成。本节主要介绍直齿圆柱齿轮。

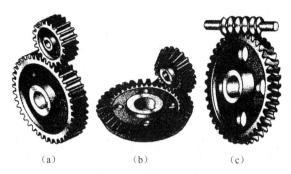

图 8-22 齿轮传动图
(a)圆柱齿轮;(b)锥齿轮;(c)蜗杆与蜗轮。

图 8-23 齿轮齿条传动

(a)　　　　　　(b)　　　　　　(c)

图 8-24 圆柱齿轮分类
(a)直齿轮;(b)斜齿轮;(c)人字齿轮。

1. 直齿圆柱齿轮轮齿的各部分名称及代号

直齿圆柱齿轮轮齿的各部分名称及代号如图 8-25 所示。

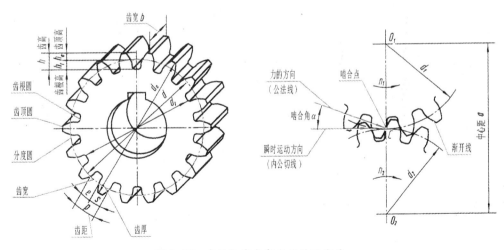

图 8-25 齿轮轮齿各部分名称及代号

(1) 顶圆(齿顶圆 d_a)。在圆柱齿轮上,齿顶圆柱面与端平面的交线称为齿顶圆。

(2) 根圆(齿根圆 d_f)。在圆柱齿轮上,齿根圆柱面与端平面的交线称为齿根圆。

(3) 分度圆(d)和节圆(d')。圆柱齿轮的分度圆柱面与端平面的交线称为分度圆;平行轴齿轮副中,圆柱齿轮的节圆柱面与端平面的交线称为节圆。在一对标准齿轮中,两齿轮分度圆圆柱面相切,即 $d = d'$。

(4) 齿数(z)。齿轮上的每一个用于啮合的凸起部分,均称为轮齿。一个齿轮的轮齿总数,称为齿数。

(5) 齿厚(端面齿厚 s)。在圆柱齿轮的端平面上,一个齿的两侧端面齿廓之间的分度圆弧长称为齿厚。

(6) 槽宽(端面槽宽 e)。齿轮上两相邻轮齿之间的空间称为齿槽。在端平面上,一个齿槽的两侧齿廓之间的分度圆弧长称为槽宽。

(7) 齿宽(b)。齿轮的有齿部位沿分度圆柱面的直素线方向度量的宽度称为齿宽。

(8) 齿顶高(h_a)。齿顶圆与分度圆之间的径向距离称为齿顶高。

(9) 齿根高(h_f)。齿根圆与分度圆之间的径向距离称为齿根高。

(10) 齿高(h)。齿顶圆与齿根圆之间的径向距离称为齿高。

(11) 齿距(端面齿距 P)。两个相邻而同侧的端面齿廓之间的分度圆弧长称为齿距。在标准齿轮中,槽宽与齿厚各为齿距的一半,即 $s = e = P/2$, $P = s + e$。

(12) 齿形角和压力角(α)。在一般情况下,两相啮合轮齿的端面齿廓在接触点处的公法线与两节圆的内公切线所夹的锐角称为啮合角;对于渐开线齿轮,指的是两相啮合轮齿在节点上的端面压力角。我国标准齿轮的齿形角 $\alpha = 20°$。

(13) 中心距(a)。平行轴齿轮副两轴线之间的最短距离称为中心距。

2. 直齿圆柱齿轮的基本参数及齿轮各部分的尺寸关系

(1) 模数(m)。分度圆的大小等于齿距 P 乘以齿数 z,即分度圆周长 $\pi d = Pz$,令 $m = P/\pi$,则得 $d = mz$。m 称为模数,单位为 mm,模数的大小直接反映出轮齿的大小,一对相互啮合的齿轮,其模数必须相等。为了减少加工齿轮的刀具,模数已经标准化,其系列见表 8-6。

表 8-6 齿轮模数系列(GB/T 1357—2008,等同采用 ISO 标准)　　　　　(单位:mm)

第一系列	1	1.25	1.5	2	2.5	3	4	5	6	8	10	12	16	20	25	32	40	50
第二系列	1.125	1.375	1.75	2.25	2.75	3.5	4.5	5.5	(6.5)	7	9	11	14	18	22	28	35	45

(2) 直齿轮各部分的尺寸关系。齿轮的模数 m 确定后,按照与 m 的比例关系,可算出轮齿及其他各部分的公称尺寸,见表 8-7。

表 8-7 直齿圆柱齿轮的各部分尺寸关系

名称	代号	计算公式	名称	代号	计算公式
模数	m	$m = d/z$(计算后,查表 8-5 选取)	齿顶圆直径	d_a	$d_a = d + 2h_a = m(z+2)$
齿顶高	h_a	$h_a = m$	齿根圆直径	d_f	$d_f = d - 2h_f = m(z-2.5)$
齿根高	h_f	$h_f = 1.25m$	齿距	P	$P = \pi m$
齿高	h	$h = h_a + h_f = 2.25m$	齿厚	s	$s = P/2$
分度圆直径	d	$d = mz$	中心距	a	$a = (d_1 + d_2)/2 = m(z_1 + z_2)/2$

3. 直齿圆柱齿轮的画法

GB/T 4459.2—2003《机械制图　齿轮表示法》规定了齿轮及齿轮啮合的画法。

(1) 单齿圆柱齿轮的画法。单个圆柱齿轮一般用视图或剖视图(主视图)和一个端视图(左视图)来表示,如图 8-26 所示。

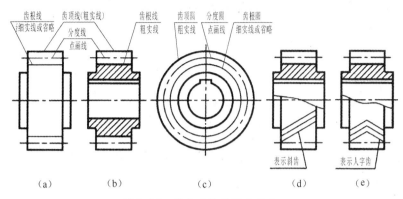

图 8-26 单个齿轮的规定画法

视图表达:齿顶线和齿顶圆用粗实线;分度线和分度圆用点画线;齿根线和齿根圆用细实线或省略不画,如图 8-26(a)(c)所示。

剖视图表达:齿顶线和齿顶圆用粗实线;分度线和分度圆用点画线;齿根线用粗实线、齿根圆用细实线或省略不画,如图 8-26(b)(c)所示。

当需要表明斜齿与人字齿齿线的特征时,可用三条与齿线方向一致的细实线表示,如图 8-26(d)(e)所示。

仅当需要表明齿形时,可在图形中用粗实线画出一到两个齿,或用适当比例的局部放大图表示,否则一般不画。齿轮的其他结构,因是非标准结构,应按真实投影画出即可。

(2) 圆柱齿轮啮合的画法。圆柱齿轮啮合图,一般采用一个全剖的主视图和一个端视图的画法,如图 8-27(a)(c)(d)所示。规定齿顶线、齿顶圆用粗实线;分度线、分度圆用点画线;齿根线用粗实线、齿根圆用细实线或省略不画。

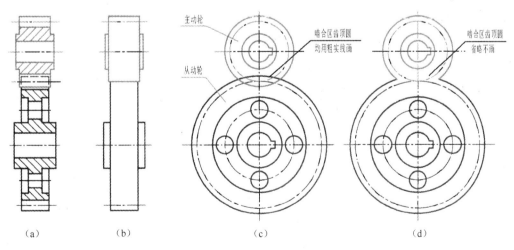

图 8-27 圆柱齿轮啮合的画法

注意:在主视图中的一条齿顶线画成虚线,端视图中两个齿顶圆、两个节圆(相切状态)按并集画出,如图 8-27(c)所示;也可以按交集画出,如图 8-27(d)所示;主视图如不剖,在节圆线的位置只画一条粗实线,如图 8-27(b)所示。

直齿圆柱齿轮的零件工作图,如图 8-28 所示。

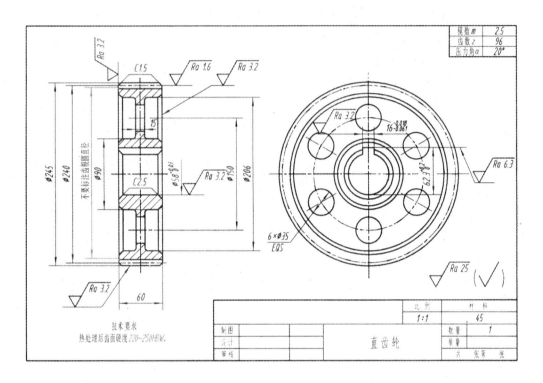

图 8-28　直齿圆柱齿轮零件工作图

8.2.2　锥齿轮

1. 锥齿轮的特点

锥齿轮常用于垂直相交两轴齿轮副之间的传动,如图 8-22(b)所示。锥齿轮的轮齿分布在圆锥体表面上,如图 8-29(a)所示。其齿厚、模数和直径由大端到小端是逐渐变小的。为了便于设计和制造,规定以大端模数为标准来计算各部分尺寸,模数按表 8-8 选取。齿顶高、齿根高沿大端背锥素线量取,背锥素线与分锥素线垂直。锥齿轮各部分的尺寸关系见表 8-9。

表 8-8　锥齿轮大端模数系列(GB 12368—1990,非等效采用 ISO 标准)　(单位:mm)

适用类型	标准模数 m
直齿锥齿轮、斜齿锥齿轮	⋯　1　1.125　1.25　1.375　1.5　1.75　2　2.25　2.5　2.75　3　3.25　3.5　3.75　4　4.5　5　5.5　6　6.5　7　8　9　10　11　12　14　16　18　20　22　25　28　30　32　36　40　45　50

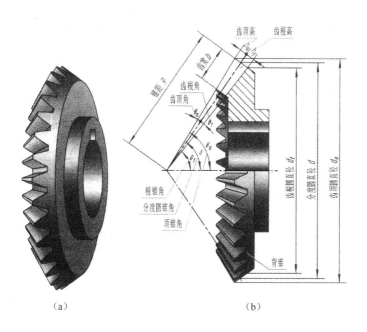

图 8-29 锥齿轮各部分名称及代号

表 8-9 直齿锥齿轮各部分的尺寸关系

基本参数:模数 m、齿数 z			基本参数:模数 m、齿数 z		
名称	代号	计算公式	名称	代号	计算公式
齿根角	θ_f	$\tan\theta_f = 2.4\sin\delta/z$	外锥距	R	$R = mz/2\sin\delta$
齿顶高	h_a	$h_a = m$	分度圆直径	d	$d = mz$
齿根高	h_f	$h_f = 1.2m$	齿顶圆直径	d_a	$d_a = m(z + 2\cos\delta)$
齿高	h	$h = h_a + h_f = 2.2m$	齿根圆直径	d_f	$d_f = m(z - 2.4\cos\delta)$
分锥角	δ	$\tan\delta_1 = z_1/z_2$ $\tan\delta_2 = z_2/z_1$	顶锥角	δ_a	$\delta_a = \delta + \theta_a$
背锥角	δ_v	$\delta_v = 90° - \delta$	根锥角	δ_f	$\delta_f = \delta - \theta_f$
齿顶角	θ_a	$\tan\theta_a = 2\sin\delta/z$	齿宽	b	$b \leq (1/3)R$

2. 直齿锥齿轮的画法

(1) 单个锥齿轮的规定画法。锥齿轮的画法与圆柱齿轮的画法基本相同,一般用全剖的主视图(或视图)和端视图两个视图来表达,如图 8-30 所示。其中齿顶线、大小端齿顶圆用粗实线;分度线和大端分度圆用点画线,小端分度圆不画;齿根线用粗实线(视图不画),大小端齿根圆均不必画出。图 8-31 给出了单个锥齿轮剖视的画图步骤。

(2) 锥齿轮啮合的画法。锥齿轮啮合图的画法与圆柱齿轮啮合图的画法基本相同,如图 8-32 所示。主视图画成剖视图,在啮合区一个齿轮的齿顶线和齿根线用粗实线绘制,另一个齿轮的齿顶线画成虚线或省略不画,齿根线画粗实线;节线重合且用细点画线画出。左视图画成外形图即可,被遮挡的齿顶线画成虚线或省略不画。

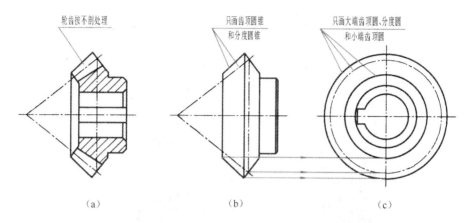

图 8-30 单个锥齿轮的规定画法
(a)剖视图；(b)视图；(c)端视图。

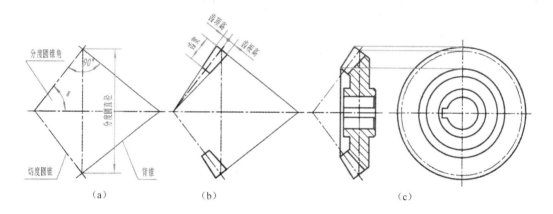

图 8-31 锥齿轮的画图方法及步骤
(a)画分度圆及背锥；(b)画轮齿各部分；(c)画其他部分并完成全图。

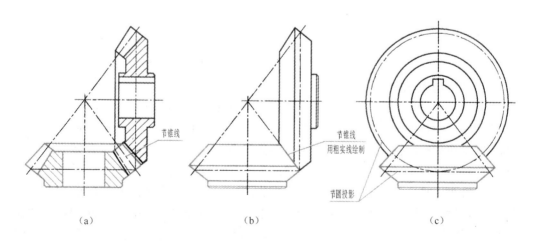

图 8-32 圆锥齿轮啮合图
(a)剖视画法；(b)视图画法；(c)端面视图画法。

8.2.3 蜗杆、蜗轮

1. 蜗杆、蜗轮的结构特点

蜗杆、蜗轮用于交叉两轴齿轮副传动,常见的是两轴成90°。一般情况下,是蜗杆为主动件,蜗轮为从动件。蜗杆的齿数称为头数,相当于螺杆上螺纹的线数,常用的有单头蜗杆和双头蜗杆。

蜗轮可以看成是一个斜齿轮,为了增加与蜗杆的接触面积,蜗轮的齿顶常加工成凹弧形。蜗杆蜗轮传动可以得到很大的传动比,传递也较平稳,但效率低。

2. 蜗杆与蜗轮的基本参数与尺寸计算

在蜗杆与蜗轮副中,基本参数有传动比(i)、模数(m)、蜗杆分度圆直径(d_1)、蜗杆导程角(γ)、中心距(a)、蜗杆头数(z_1)、蜗轮齿数(z_2)等。根据这些参数可决定蜗杆与蜗轮的公称尺寸,其中z_1和z_2由传动要求确定。

(1) 模数(m)。在包含蜗杆轴线并垂直于蜗轮轴线的中间平面内,蜗杆的轴向齿距(P_x)应与蜗轮的端面齿距(P_t)相等($P_x = P_t = P$),所以蜗杆的轴向模数(m_x)和蜗轮的端面模数(m_t)也相等($m_x = m_t = m$),并规定为标准模数。标准模数m可由表8-10查得。

(2) 蜗杆分度圆直径(d_1)。在制造蜗轮时,最理想的是用尺寸、形状与蜗杆完全相同的蜗轮滚刀来进行切削加工。但由于同一模数的蜗杆,其直径可以各不相同,这就要求每一种模数对应有相当数量直径不同的滚刀,才能满足蜗轮加工的需要。为了减少蜗轮滚刀的数目,在规定标准模数的同时,对蜗杆分度圆直径亦实行了标准化,且与标准模数m有一定的匹配,其匹配组合见表8-10。

表8-10 m与d_1的匹配及标准中心距(摘自GB 10085—1988) (单位:mm)

模数m	分度圆直径d_1	模数m	分度圆直径d_1	模数m	分度圆直径d_1	标准中心距a
1.25	20	3.15	35.5	8	80	
	22.4		56		140	
1.6	20	4	40	10	90	40,50,63,80,100,125,
	28		71		160	160,(180),200,(225),
2	22.4	5	50	12.5	112	250,(280),315,(355),
	35.5		90		200	400,(450),500
2.5	28	6.3	63	16	140	
	45		112		250	

(3) 蜗杆导程角(γ)。蜗杆导程角γ与标准模数m及蜗杆分度圆直径d_1的关系为
$$\tan\gamma = z_1 m/d_1$$

一对相互啮合的蜗杆和蜗轮,除了模数和齿形角必须相同外,其蜗杆导程角γ与蜗轮螺旋角β应大小相等、旋向相同,即$\gamma=\beta$。

(4) 中心距(a)。一般圆柱蜗杆传动的减速装置的中心距 a 应在表 8-10 中选取标准值。圆柱蜗杆的尺寸代号如图 8-33 所示,圆柱蜗杆的几何尺寸计算见表 8-11。

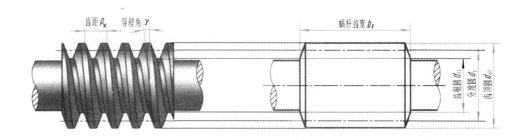

图 8-33　蜗杆的主要尺寸和规定画法

表 8-11　圆柱蜗杆的几何尺寸计算

名称	代号	计算公式	名称	代号	计算公式
轴向模数	m	在表 8-10 中选取标准值	中心距	a	$a=(d_1+d_2)/2$（查表 8-10）
齿顶高	h_{a1}	$h_{a1}=m$	轴向齿距	p_x	$p_x=\pi m$
齿根高	h_{f1}	$h_{f1}=1.2m$	蜗杆导程	p_z	$p_z=z_1 p_x$
齿高	h_1	$h_1=h_{a1}+h_{f1}=2.2m$	导程角	γ	$\tan\gamma=z_1 m/d_1$
分度圆直径	d_1	在表 8-10 中选取标准值	轴向齿形角	α	$\alpha=20°$
齿顶圆直径	d_{a1}	$d_{a1}=d_1+2h_{a1}=d_1+2m$	蜗杆齿宽	b_1	当 $z_1=1\sim2$ 时,$b_1\geq(12+0.1z_2)m$
齿根圆直径	d_{f1}	$d_{f1}=d_1-2h_{f1}=d_1-2.4m$			当 $z_1=3\sim4$ 时,$b_1\geq(13+0.1z_2)m$

蜗轮的尺寸代号如图 8-34(a)所示,蜗轮的几何尺寸计算见表 8-12。

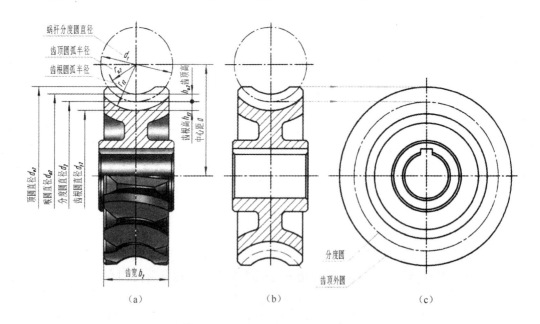

图 8-34　蜗轮的主要尺寸和规定画法

表 8-12 蜗轮的几何尺寸计算

名称	代号	计算公式	名称	代号	计算公式
端面模数	m	在表 8-9 中选取标准值	中心距	a	$a = (d_1 + d_2)/2$（查表 8-9）
齿顶高	h_{a2}	$h_{a1} = m$	齿顶圆弧半径	r_{a2}	$r_{a2} = 0.5d_1 - m$
齿根高	h_{f2}	$h_{f1} = 1.2m$	齿根圆弧半径	r_{f2}	$r_{f2} = 0.5d_1 + 0.2m$
齿高	h_2	$h_2 = h_{a1} + h_{f1} = 2.2m$	顶圆直径	d_{e2}	当 $z_1 = 1$ 时，$d_{e2} \leq d_{a2} + 2m$
分度圆直径	d_2	$d_2 = mz_2$			当 $z_1 = 2 \sim 3$ 时，$d_{e2} \leq d_{a2} + 1.5m$
喉圆直径	d_{a2}	$d_{a2} = d_2 + 2h_{a2} = d_2 + 2m$	蜗杆齿宽	b_2	当 $z_1 \leq 3$ 时，$b_2 \leq 0.75d_{a1}$
齿根圆直径	d_{f2}	$d_{f2} = d_2 - 2h_{f2} = d_2 - 2.4m$			当 $z_1 = 4$ 时，$b_2 \leq 0.67d_{a1}$

3. 蜗杆、蜗轮的画法

蜗杆、蜗轮的画法与圆柱齿轮基本相同。单个蜗杆的画法如图 8-33 所示；单个蜗轮的画法如图 8-34(b)(c) 所示；蜗杆、蜗轮啮合的视图画法如图 8-35(a) 所示；剖视图画法如图 8-35(b) 所示。

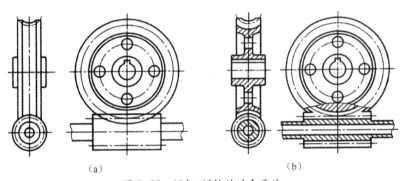

图 8-35 蜗杆、蜗轮的啮合画法

8.3 键、销联接

8.3.1 键联接

为了使轴、孔件一起转动，通常在轴和孔上分别切制出键槽，用键将轴和孔件联接起来，起到传递转速和转矩的作用，如图 8-36 所示。

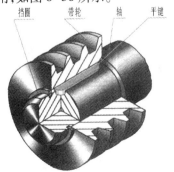

图 8-36 键联接

1. 常用键

(1) 键的种类。键的种类很多,常用的有导向型平键、普通型半圆键和钩头型楔键等,如图 8-37 所示。其中导向型平键应用最广,按轴槽结构可分圆头平键(A 型)、方头平键(B 型)和单圆头平键(C 型)三种形式。

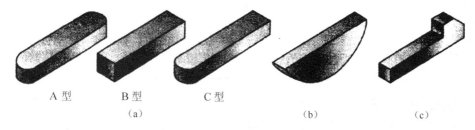

图 8-37 常用的几种键

(a)导向型平键;(b)普通型半圆键;(c)钩头型楔键。

(2) 键的规定标记。键已标准化,其结构型式、尺寸都有相应的规定,见表 8-13。

表 8-13 键及其标记示例

序号	名称(标准号)	图例	标记示例
1	导向型平键 (GB/T 1097—2003)		GB/T 1097 键 8×7×25;$b=8mm$、$h=7mm$、$L=25mm$ 的导向型平键(A 型)
2	普通型半圆键 (GB/T 1099.1—2003)		GB/T 1099.1 键 6×10×25;$b=6mm$、$h=10mm$、$d_1=25mm$、$L=25mm$ 的普通型半圆键
3	钩头型楔键 (GB/T 1565—2003)		GB/T 1565 键 18×11×100;$b=18mm$、$h=11mm$、$L=100mm$ 的钩头型楔键

(3) 键槽加工、画法及尺寸标注。键槽有轴上键槽和孔上键槽两种,常用的加工方法如图 8-38 所示。

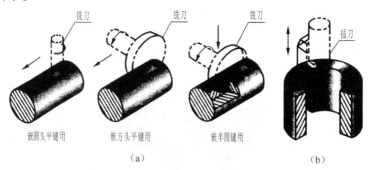

图 8-38 键槽常用加工方法

(a)轴上的键槽;(b)轮毂上的键槽。

关于键与键槽的型式、尺寸可查阅附表14获得,从而完成轴槽、毂槽的画法及尺寸的标注,如图8-39所示。采用普通平键联接时,键的侧面是工作面,应与键槽侧面紧密接触,因此,在图上只画一条线。键的顶面是非工作面,与毂槽底面不接触,故画两条线。其联接画法如图8-40所示。

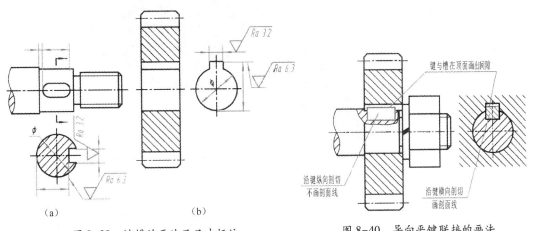

图8-39 键槽的画法及尺寸标注
(a)轴槽的画法;(b)毂槽的画法。

图8-40 导向平键联接的画法

普通型半圆键也是靠两个侧面工作,其联接形式与平键类似,如图8-41所示。

钩头型楔键的顶面和毂槽的底面都制有1∶100的斜度,联接时将键打入槽内,键的顶面与毂槽底面之间没有空隙,画图时只画一条线,如图8-42所示。

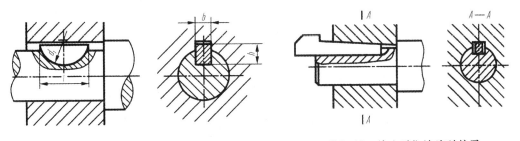

图8-41 普通型半圆键的联接图

图8-42 钩头型楔键的联接图

2. 花键

花键联接由花键轴和花键孔组成,键齿形有矩形、三角形、渐开线形等。常用的是矩形花键,如图8-43所示。花键联接具有传递扭矩大、强度高、对中性好的优点,但制造成本高。

矩形花键主要有三个基本参数,即大径 D、小径 d 和(键)槽宽 B。矩形花键公称尺寸系列可查阅 GB/T 1144—2001。

GB/T 4459.3—2000《机械制图 花键表示法》规定了花键与花键联接的画法。外花键与内花键的画法如图8-44和图8-45所示,联接的画法如图8-46所示。

矩形花键的标记代号应按次序包括键数(N)、小径(d)、大径(D)、键宽(B)、花键的公差代号(大写表示内花键、小写表示外花键),以及矩形花键的国家标准代号,即

图 8-43 矩形花键

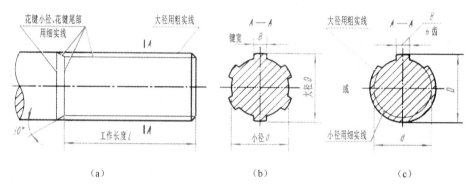

图 8-44 矩形外花键的画法

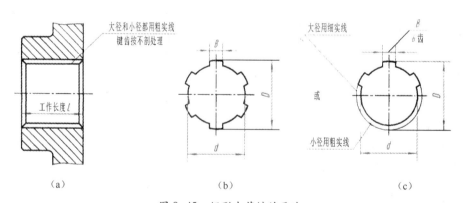

图 8-45 矩形内花键的画法

图形符号⌓　键数 N×小径 d×大径 D×键宽 B　标准代号

例如，花键　$N=6, d=23H7/f7, D=26H10/a11, B=6H11/d10$ 的标记为

内花键：⌓6×23H7×26H10×6H11　GB/T 1144—2001

外花键：⌓6×23f7×26a11×6d10　GB/T 1144—2001

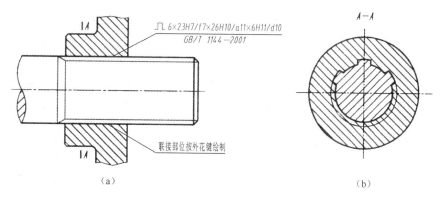

图 8-46 矩形花键联接的画法

花键副：⌮6×23H7/f7×26H10/a11×H11/d10　GB/T 1144—2001

花键的标注方法有两种：一种是在花键图中分别注出 d、D、b、N，如图 8-44 和图 8-45 所示；另一种是用指引线注出花键代号，如图 8-46(a)所示。无论采用哪种标注方法，花键工作长度 L 都要在图上注出，如图 8-44(a)和图 8-45(a)所示。

比较小径和大径的配合要求，小径的配合要求远高于大径的配合要求。可见，矩形花键是以小径定心的。

8.3.2　销联接

销联接主要用于定位、联接、防松，还可以作为安全装置中过载剪断的元件。

（1）销的类型及标记。常用的销有圆柱销、圆锥销、开口销等，如图 8-47 所示。有关销的形式、标记示例见附表 15~附表 17。

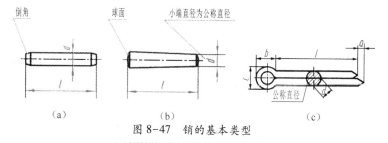

图 8-47　销的基本类型
(a)圆柱销；(b)圆锥销；(c)开口销。

（2）销孔的加工及尺寸标注，如图 8-48 所示。

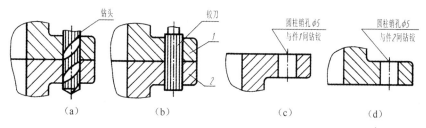

图 8-48　销孔的加工及尺寸标注
(a)钻孔；(b)铰孔；(c)件 2 的尺寸标注；(d)件 1 的尺寸标注。

(3) 销联接的画法,如图8-49所示。

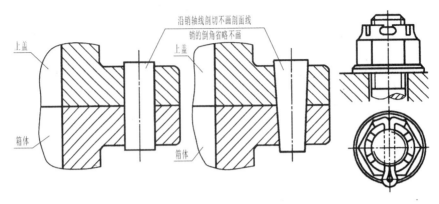

图8-49 销联接的画法

8.4 滚 动 轴 承

滚动轴承是支承旋转轴的一种标准组件,其主要优点是结构紧凑、摩擦力小,所以在生产中得到广泛的应用。滚动轴承的规格、形式很多,但都已标准化,由专门的工厂生产,使用时查阅有关标准选购。在装配中一般可采用规定画法或特征画法。

本节以深沟球轴承、推力球轴承和圆锥滚子轴承为例,简要介绍滚动轴承的结构、代号及规定画法。

8.4.1 滚动轴承的构造和种类

滚动轴承的种类虽多,但它们的结构大致相似,一般由内圈、外圈、滚动体、隔离圈(或保持架)组成。

滚动轴承的种类,按其受力方向可分为径向轴承、止推轴承和径向止推轴承三类。

(1) 径向轴承。径向轴承主要承受径向载荷,如深沟球轴承,如图8-50(a)所示。

(2) 止推轴承。止推轴承主要承受轴向载荷,如推力球轴承,如图8-50(b)所示。

(3) 径向止推轴承。径向止推轴承主要承受径向载荷和轴向载荷,如圆锥滚子轴承,如图8-50(c)所示。

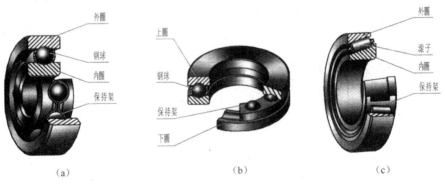

图8-50 常用的滚动轴承

8.4.2 滚动轴承的代号

滚动轴承代号是由字母加数字来表示滚动轴承的结构、尺寸、公差等级、技术性能等特征的产品符号,它由基本代号、前置代号和后置代号构成,其排列方式如下:

前置代号　基本代号　后置代号

1. 基本代号

基本代号表示轴承的基本类型、结构和尺寸,是轴承代号的基础。基本代号由轴承类型代号、尺寸系列代号、内径代号构成,其排列方式如下:

轴承类型代号　尺寸系列代号　内径代号

轴承基本代号用数字或字母来表示,见表 8-14~表 8-16。

表 8-14 轴承类型代号(右起第五位数字)

代号	轴承类型	代号	轴承类型
0	双列角接触球轴承	6	深沟球轴承
1	调心球轴承	7	角接触球轴承
2	调心滚子轴承和推力调心轴承	8	推力圆柱滚子轴承
3	圆锥滚子轴承	N	圆柱滚子轴承(双列或多列用字母 NN)
4	双列深沟球轴承	U	外球面轴承
5	推力球轴承	QJ	四点接触球轴承

表 8-15 直径系列代号(右起第三位数字)

直径系列代号(右起第三位数字)	向心轴承(宽度系列代号)(右起第四位数字)							推力轴承(高度系列代号)(右起第四位数字)			
	窄 0	正常 1	特宽 2	特宽 3	特宽 4	特宽 5	特宽 6	特低 7	低 9	正常 1	正常 2
超特轻 7	—	17	—	37							
超轻 8	08	18	28	38	48	58	68	—			
超轻 9	09	19	29	39	49	59	69	—			
特轻 0	00	10	20	03	40	50	60	70	90	10	
特轻 1	01	11	21	31	41	51	61	71	91	11	
轻 2	02	12	22	32	42	52	62	72	92	12	22
中 3	03	13	23	33	—		63	73	93	13	23
重 4	04	—	24	—			—	74	94	14	24

表 8-16 内径代号(右起第一、二位数字)

内径代号	00	01	02	03	04	05	…
轴承代号	10	12	15	17	4×5=20	5×5=25	…

2. 前置代号、后置代号

前置代号用字母表示，后置代号用字母或字母加数字表示。前置代号、后置代号是轴承在内部结构、密封与防尘套圈变型、保持架及其材料、轴承材料、公差等级、游隙、配置等有要求或改变时，在其基本代号左右添加的代号。

轴承标注应用举例：

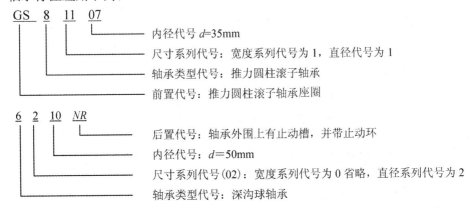

8.4.3 滚动轴承的画法

滚动轴承是标准组件，使用时必须按要求选用。GB/T 4459.7—1998《机械制图 滚动轴承表示法》规定了滚动轴承的通用画法、特征画法和规定画法。当需要画滚动轴承的图形时，可采用规定画法或特征画法，见表8-17，各部分尺寸见附表18。

表8-17 轴承的规定及简化画法（GB/T 4459.7—1998）

轴承类型	简化画法		规定画法	装配画法
	通用画法	特征画法		
深沟球轴承 GB/T 276—2013				
圆锥滚子轴承 GB/T 297—2015				

(续)

轴承类型	简化画法		规定画法	装配画法
	通用画法	特征画法		
推力球轴承 GB/T 28697—2012				

8.5 弹　簧

弹簧是一种用来减振、夹紧、测力和储存能量的零件。其主要特点是除去外力后,可立即恢复原状。

弹簧种类很多,按其结构型式分为圆柱螺旋弹簧、涡卷弹簧、板弹簧、碟形弹簧等,这里仅介绍圆柱螺旋弹簧。

圆柱螺旋弹簧根据用途不同可分为压缩弹簧、拉力弹簧、扭力弹簧和涡卷弹簧,如图8-51所示。以下介绍螺旋压缩弹簧的尺寸计算和画法。

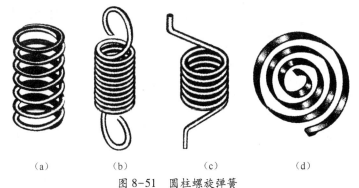

(a)　　　　　(b)　　　　　(c)　　　　　(d)

图 8-51　圆柱螺旋弹簧

(a)压缩弹簧;(b)拉力弹簧;(c)扭力弹簧;(d)涡卷弹簧。

8.5.1　圆柱螺旋压缩弹簧的各部分名称及尺寸计算

圆柱螺旋压缩弹簧的各部分尺寸代号如图8-52所示。

(1) 材料直径(d)。材料直径即弹簧钢丝的直径。

(2) 外径(D_2)。外径即弹簧最大的直径。

(3) 弹簧内径(D_1)。弹簧内径即弹簧最小的直径。

(4) 弹簧中径(D)。弹簧中径即弹簧的平均直径,也是规格直径,即弹簧内、外径的平均值 $D=(D_2+D_1)/2=D_2-d=D_1+d$。

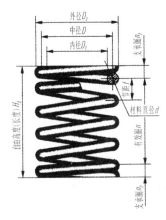

图 8-52 压缩弹簧的各部分尺寸代号

(5) 节距(t)。节距是除支承圈以外,相邻两有效圈上对应点之间的轴向距离。一般 $t = D_2/3 \sim D_2/2$。

(6) 有效圈数(n)、支承圈数(n_2)和总圈数(n_1)。为了使压缩弹簧工作时受力均匀,保证轴线垂直于支承端面,两端常并紧且磨平。这部分圈数仅起支承作用,所以称为支承圈。支承圈数有 1.5 圈、2 圈、2.5 圈三种,2.5 圈用得较多。压缩弹簧除支承圈外,具有相等节距的圈数称为有效圈数,有效圈数与支承圈数之和称为总圈数,即 $n_1 = n + n_2$。

(7) 自由高度(或长度)(H_0)。自由高度是弹簧在不受外力作用时的高度(或长度),即 $H_0 = nt + (n_2 - 0.5)d$。

(8) 弹簧展开长度(L)。弹簧展开长度是制造时弹簧簧丝的长度,即 $L \approx \pi D n_1$。

(9) 旋向。螺旋弹簧的旋向分为右旋和左旋(LH)两类。

8.5.2 圆柱螺旋压缩弹簧的标记

弹簧标记由名称、型式、尺寸、标准代号、材料牌号及表面处理等部分组成。

例如,YB30×150×320 GB/T 2089—2009

"Y"为圆柱螺旋压缩弹簧代号,"B"为型号代号,弹簧丝直径为 30mm,弹簧中径为 150mm,自由高度为 320mm,并为右旋弹簧。

8.5.3 圆柱螺旋压缩弹簧的规定画法

GB/T 4459.4—2003《机械制图 弹簧表示法》规定,圆柱螺旋弹簧可画成视图,如图 8-53(a)所示;或画成剖视图,如图 8-53(b)(c)所示;或画成示意图,如图 8-53(d)所示。画图时的规定如下:

(1) 在平行于螺旋弹簧轴线的投影面视图中,其各圈轮廓线应画成直线。

(2) 螺旋弹簧均可画成右旋,但左旋弹簧不论画成左旋或右旋,一律要注出旋向"LH"。

(3) 装配图采用剖视表达时,弹簧中间各圈采取省略画法后,弹簧后面被挡住的零件轮廓不必画出,如图 8-54(a)(b)所示。

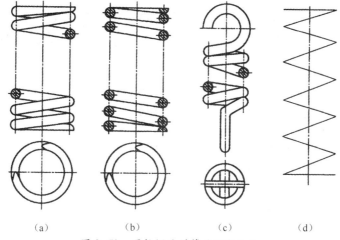

图 8-53 圆柱螺旋弹簧的规定画法

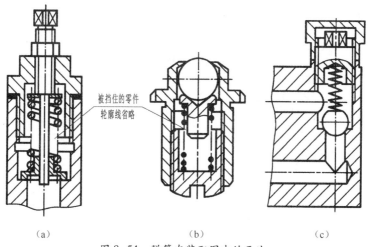

图 8-54 弹簧在装配图中的画法

（4）装配图采用剖视表达时，当簧丝直径在图上小于或等于 2mm 时可采用示意画法，如图 8-54(c)所示；也可以涂黑表示，如图 8-54(b)所示。

（5）螺旋压缩弹簧如果要求两端并紧磨平时，不论支承圈是多少和末端并紧情况如何，均按支承圈为 2.5 圈的形式画出。

（6）有效圈在四圈以上的螺旋弹簧，中间部分可以省略，只画通过簧丝剖面中心的两条点画线。中间部分省略后，允许适当缩短图形的长度。

圆柱螺旋压缩弹簧画法举例：

已知簧丝直径 $d=5$，中径 $D=40$，节距 $t=10$，有效圈数 $n=10$，支承圈数 $n_2=2.5$，自由高度 $H_0=100$mm，右旋圆柱螺旋压缩弹簧，其画图步骤如图 8-55 所示。

8.5.4 圆柱螺旋压缩弹簧的零件工作图

圆柱螺旋压缩弹簧零件工作图，如图 8-56 所示。图上方的图解图形是表达弹簧负荷与长度之间的变化关系。例如，当负荷 $F_2=768$N 时，弹簧相应的长度为 55.6mm。

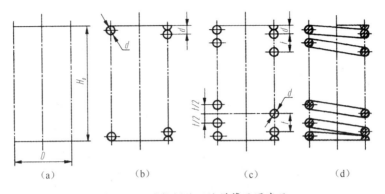

图 8-55 圆柱螺旋压缩弹簧画图步骤

(a)按 H_0 和 D 作矩形;(b)画支承圈簧丝直径圆的投影;
(c)画有效圈簧丝直径圆的投影;(d)按右旋方向作切线,画剖面线、检查、描深。

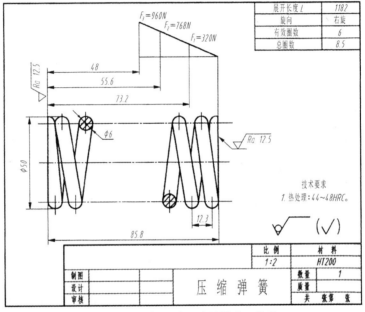

图 8-56 圆柱螺旋压缩弹簧的工作图

思 考 题

1. 内、外螺纹旋合的基本条件是什么?完成内、外螺纹及旋合的主视图和端视图。
2. 螺栓、螺柱、螺母、垫圈的规定标记包括哪些内容?试举例说明。
3. 已知轴径 $\phi22$,试确定 A 型普通型平键的尺寸,画出轴槽的剖面图和毂槽的局部视图,标注尺寸、公差和表面粗糙度,并写出键的标记(自选长度)。
4. 圆柱销和圆锥销各有什么特点?举例说明销的规定标记。加工销孔时有什么特殊要求?
5. 齿轮轮齿部分的规定画法是什么?啮合区五条线代表的意义是什么?
6. 已知直齿轮的模数 $m=4$、齿数 $z=27$,试计算齿轮的各部分尺寸。

第9章 零 件 图

任何机器及其部件,都是由若干个零件按一定的装配关系和技术要求组装而成的,因此零件是组成机器或部件的基本单元体。在生产零件前必须绘制零件工作图,通过零件图反映零件的结构、尺寸和技术要求等技术信息。

本章要点

学习目标	考核标准	教学建议
(1) 零件图视图的选择及尺寸标注; (2) 零件表面结构、极限与配合、几何公差含义及图样上的标注; (3) 典型零件的分析; (4) 读零件图的方法与步骤; (5) 零件测绘	应知:零件视图选择原则;零件表面结构、极限与配合、几何公差含义及标注方法;典型零件结构表达、尺寸标注特点;读零件图的基本方法;零件的测绘方法。 应会:零件视图的选择方法;表面结构、极限与配合、几何公差的具体标注;读懂一般零件图;完成草图的绘制	本章是机械制图的核心,更侧重视图表达、尺寸标注、技术要求注写、零件测绘方法

项目九 绘制零件工作图

项目指导	条件及样例
一、目的 (1) 了解零件测绘的过程和目的。 (2) 掌握零件工作图结构的表达方法。 (3) 掌握零件工作图中尺寸、公差、表面结构及技术要求的注写。 二、内容及要求 (1) 根据零件草图,重新拟定表达方法,绘制出零件工作图。 (2) 用 A3 图纸,横放,比例 1∶1。 (3) 根据作图提示和课程掌握的知识,完成其结构表达、尺寸标注、形位公差及技术要求的注写。 三、作图步骤 (1) 完善零件草图:根据草图重新拟定表达方案,如主视图应全剖,连接部位应绘制移出断面图;根据给出的尺寸和图形大小,按相应比例补全零件图上的尺寸;连杆大、小端轴向长度公差 H7,小端内孔粗糙度为 Ra1.6、大端 Ra6.3,两端面粗糙度均为 Ra12.5;键槽工作面粗糙度 Ra3.2,装配公差 js9;非工作面粗糙度 Ra12.5;两轴线平行度公差为 0.06mm。圆角均为 3mm;其余表面粗糙度为任意方法获得。 (2) 画底稿。 (3) 检查底稿,擦去多余线条,描深图形。 (4) 标注尺寸、尺寸公差、形位公差、表面结构及技术要求等。 (5) 填写标题栏。 (6) 校对,修饰图面。 四、注意事项 (1) 零件图在表达上做到清晰、简洁、合理。 (2) 零件图上所注尺寸除要正确、完整、清晰外,做到合理。 (3) 零件图上所包含的内容不能缺项,除提示外,可在教师指导下补充完善其表达及各项标注。	根据下列零件草图,按图形和给出的尺寸拟定表达方案,确定绘图比例,完善其尺寸和技术要求等,从而绘制出零件工作图 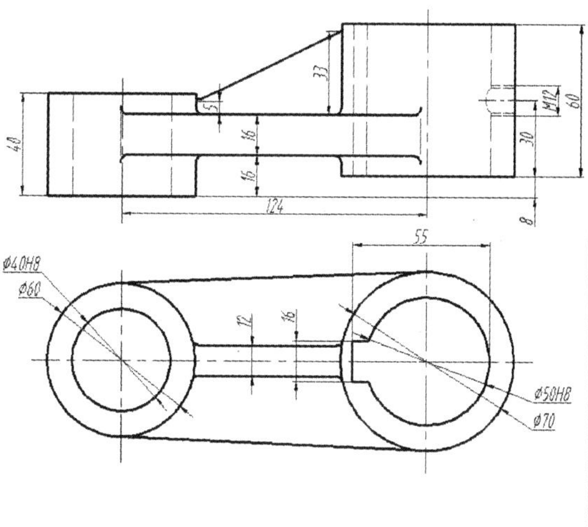

9.1 零件图的作用和内容

表示单个零件的图样,称为零件图。图9-1所示为某齿轮轴的零件图,下面介绍其作用和内容。

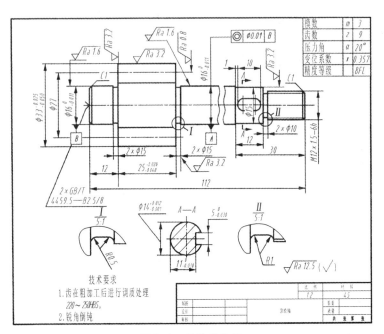

图9-1 轴的零件图

1. 零件图的作用

零件图是制造零件和检验零件的依据,是指导生产机器零件的重要技术文件之一。

2. 零件图的内容

(1) 图形。用一组恰当的视图、剖视图或断面图等,正确、完整、清晰、合理地将零件各部分的结构形状表达清楚。

(2) 尺寸。尺寸标注要做到正确、完整、清晰、合理地标注制造零件和检验零件所需的全部尺寸。

(3) 技术要求。有制造、检验零件所达到的技术要求,如表面结构、尺寸公差、形位公差、热处理及表面处理等。

(4) 标题栏。在图样的右下角绘制出标题栏,填写零件的名称、数量、材料、比例、图号以及设计、绘图人员的签名等。

9.2 零件图的视图选择

零件图的视图选择,是根据零件的结构形状、加工方法及它在机器(部件)中所处的位置等因素的综合分析来确定的。绘制技术图样时,首先考虑读图的方便,从而根据机件的结构特点,选用适当的表达方法。同时在完整、清晰地表示机件结构形状的前提下,力求作图简便(见 GB/T 16675.1—2012)。

9.2.1 主视图的选择

主视图是机件表达的核心,它的选择直接影响到其他图形位置与数量的确定,也影响到画图和读图是否方便。因此,在选择主视图时,一般应按以下几项原则,并进行综合考虑。

1. 形状特征原则

选择主视图时,应将最能显示零件各组成部分结构形状和相对位置的方向作为主视图投射方向,如图 9-2 所示。

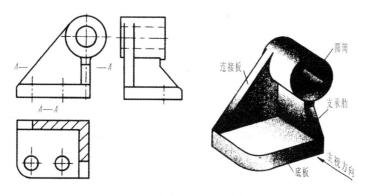

图 9-2 支架的主视图选择

2. 工作位置原则

主视图的选择应与零件在机器或部件中工作时的位置一致,如图 9-3 所示。一般情况下,如支架类、箱体类零件主视图的选择都是以工作位置为主。

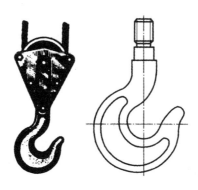

图 9-3 吊钩的工作位置

3. 加工位置原则

零件在主要工序中加工时的位置如图 9-4 所示。一般情况下,如轴、套、轮、圆盘等零件的主视图都以加工位置为主。

4. 自然安放位置原则

零件的工作及加工位置都不固定,如图 9-5 所示。一般情况下,如叉、杆等零件主视

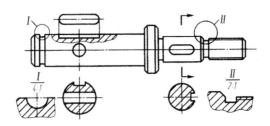

图 9-4 轴的加工位置

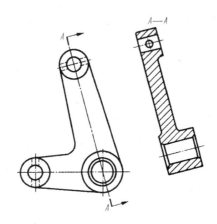

图 9-5 杠杆的主视图选择

图的选择都以自然安放稳定性的位置为主。

按以上原则选取主视图时,还应注意以下几点:

(1) 首先应考虑加工位置原则。如零件具有多种加工位置时,则应首先考虑其他原则。

(2) 如果零件在机器中的工作位置是变动的,可按习惯将零件放正作为主视图投射方向,如图 9-5 所示。

(3) 主视图投射方向的确定,应有利于其他视图的表达。如图 9-6 所示两组视图的主视图,都符合形状结构特征和工作位置原则,但图 9-6(b)所示的主视图,则更有利于左视图的表达。

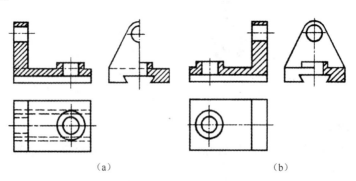

(a)　　　　　　　　　(b)

图 9-6 兼顾其他视图主视图的选择

9.2.2 其他视图的选择

零件的主视图确定以后,凡没有表达清楚的结构形状,必须选择其他视图做进一步的表达。其他视图的表达包括视图、剖视图、断面图、局部放大图及简化画法等各种表达方法。

选用原则:在完整、清晰地表达零件内、外结构形状的前提下,视图的数量越少越好,以方便画图和读图,如图9-7所示。

在确定其他表达方法时应注意以下几点:

(1) 所选视图应具有独立存在的意义,而且立足于读图方便。

(2) 视图上虚线的取舍,应视其有无存在的必要。如图9-6(b)中俯、左视图中的虚线可以舍去,图9-7中的细虚线应当保留。

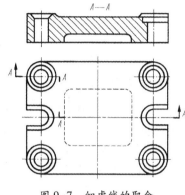

图9-7 细虚线的取舍

9.3 零件图上的尺寸标注

零件图中标注的尺寸是加工和检验零件的重要依据。在组合体的尺寸标注中,曾经提出标注尺寸要正确、完整、清晰。对于零件图,除了要满足上述要求外,还必须使标注的尺寸合理,既符合设计要求,又符合工艺要求。下面介绍一些合理标注尺寸的基本知识。

9.3.1 零件图的尺寸基准

如前所述,标注或度量尺寸的起点称为尺寸基准。零件的长、宽、高三个方向都有一个主要的尺寸基准,除此之外在同一方向还有辅助基准,如图9-8所示。标注尺寸时要合理地选择尺寸基准,从基准出发标注定位尺寸、定形尺寸。

线基准:轴、孔的轴心线,对称中心线,棱柱体中主要的棱线等。

面基准:零件的安装底面、主要的加工面、两零件的结合面、零件的对称中心面、端面、轴肩面等。

在确定基准时,要考虑设计要求和便于加工、测量等要求,为此有设计基准和工艺基准之分。

1. 设计基准

根据零件的结构和设计要求而选定的基准称为设计基准(也称为主要基准)。如图

9-8所示,该阶梯轴的轴线为径向尺寸的设计基准,$\phi40$圆柱段的左端面为轴向设计基准。这是考虑到轴在部件中要同孔件的配合,装配后应保证两者同轴,所以轴和孔件的轴线一般确定为设计基准;$\phi40$圆柱段左端面是安装轴承的定位面,本身的长度反映与其有装配关系的孔件宽度的限定,所以为长度的设计基准。

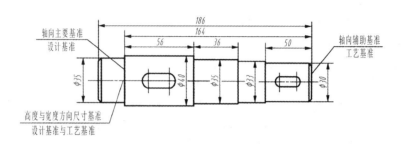

图 9-8　设计基准和工艺基准

2. 工艺基准

为便于加工和测量而选定的基准称为工艺基准(也称为辅助基准)。如图9-8所示,该阶梯轴在车床上加工时,车刀每一次车削的最终位置,都是以右端面为起点来测定的。因此,右端面为轴向尺寸的工艺基准。

在加工轴、套、轮、圆盘等零件的回转面时,其尺寸是以车床主轴轴线为基准来测定的,因此,这类零件的轴线又都是工艺基准(设计基准和工艺基准重合)。

零件的长、宽、高三个方向,每一个方向至少应有一个主要基准,即设计基准。但为了加工、测量方便,往往还要选择一些辅助基准,即工艺基准,工艺基准可以是一个或几个。

但应注意,在选择辅助基准时,主要基准和辅助基准之间及两辅助基准之间,都需要有尺寸联系。

尺寸基准的选择原则是:尽可能使设计基准和工艺基准一致。

9.3.2　尺寸标注的基本形式

尺寸常用的标注形式有链式标注法、坐标式标注法和综合式标注法。

1. 链式标注法

如图9-9(a)所示,链式标注法在同一方向的尺寸是逐段首尾相接地注出,后一个尺寸是以前一个尺寸的终端为基准。其主要优点是前段尺寸加工误差并不影响后段加工尺寸;主要缺点是总尺寸有加工累计误差。

2. 坐标式标注法

如图9-9(b)所示,坐标式标注法所有标注的尺寸都是从同一基准注起。其主要优点是任一尺寸的加工精度只决定于本身加工误差,不受其他尺寸误差的影响;主要缺点是某些加工工序的检验不太方便。

3. 综合式标注法

如图9-9(c)所示,综合式标注法是链式和坐标式注法的综合,它具备了上述两种方法的优点,在尺寸标注中应用最广。

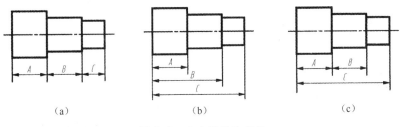

图 9-9 尺寸标注的形式

9.3.3 尺寸标注的一般原则

1. 零件的重要尺寸应直接注出

凡是与其他零件有配合关系的尺寸、确定结构形状的位置尺寸、影响零件工作精度和工作性能的尺寸等，都是重要尺寸。重要尺寸应从设计基准出发，直接注出，在制造加工时才容易得到保证，不致受积累误差的影响。如图 9-10(a)中 A、L 的尺寸注法是正确的，而 9-10(b)中 A、C 尺寸注法是不正确的。

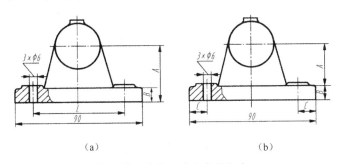

图 9-10 重要尺寸应直接注出

2. 不能标注成封闭的尺寸链

如图 9-11(a)所示，若尺寸 A 比较重要，则尺寸 A 将受到尺寸 L、B、C 的影响而难以保证，所以不能标注成封闭尺寸链。解决办法可将不重要的尺寸 B 去掉，这样注法，尺寸 A 也就不受尺寸 B 的影响，L、C 尺寸的误差都可积累到不注尺寸（称为开口环）的部位上，如图 9-11(b)所示。

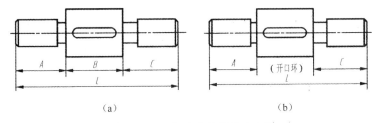

图 9-11 不标注成封闭的尺寸链

3. 按加工工艺标注尺寸

为了读图的方便，应将零件上的加工尺寸与非加工尺寸尽量分别注在图形的两侧，加工面与非加工面之间只能有一个尺寸联系，其他尺寸为加工面与加工面、非加工面与非加工面之间的尺寸,如图9-12所示。对同一工种的加工尺寸,便于加工时查找,要适当集中,如图9-13所示。

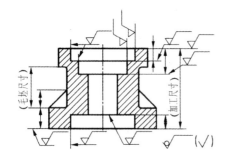
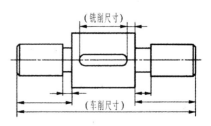

图9-12 加工面与非加工面的尺寸注法　　图9-13 同工种加工的尺寸注法

图9-14是滑动轴承的上轴衬,它的外圆与内孔是与下轴衬对合起来加工的。因此,轴衬外圆及内孔尺寸要以直径形式注出。

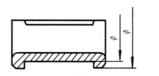
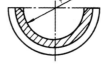

图9-14 下轴衬的尺寸标注

4. 按测量要求标注尺寸

在生产中,为便于测量,所注尺寸要便于用普通量具测量。图9-15(a)中键槽的尺寸 X,不便于测量,应按图9-15(b)的形式标注。

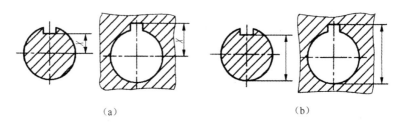

(a)　　　　　　　　　　(b)

图9-15 按测量要求标注尺寸

5. 按加工工序标注尺寸

按加工顺序标注尺寸符合零件加工过程,便于加工和测量,如图9-16和图9-17所示。

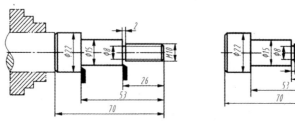

图9-16 按加工顺序标注尺寸

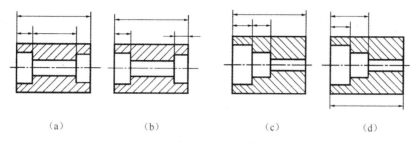

图 9-17 按加工与测量要求标注尺寸
(a)(c)不便加工与测量;(b)(d)方便加工与测量。

6. 零件上常见结构尺寸的规定注法

对零件上常见的光孔、沉孔、螺孔等标准结构的尺寸标注均有具体规定,见表9-1。

表 9-1 常见结构的尺寸注法

类型		标注方法		说明
		普通注法	旁注法	
光孔	一般孔	$4\times\phi5$,深10	$4\times\phi5\downarrow10$	$4\times\phi5\downarrow10$	"↓"为深度符号
	精加工孔	$4\times\phi5^{+0.012}_{0}$,孔深10,钻深12	$4\times\phi5^{+0.012}_{0}\downarrow10$ 孔$\downarrow12$	$4\times\phi5^{+0.012}_{0}\downarrow10$ 孔$\downarrow12$	钻孔深度为12、精加工孔(铰孔)深度为10
	锥销孔	锥销孔$\phi5$ 配作	锥销孔$\phi5$ 配作	锥销孔$\phi5$ 配作	"配作"是指该孔与相邻零件的同位锥销孔一起加工
沉孔	锪平孔	$\phi13$ 锪平,$4\times\phi7$	$4\times\phi7$ ⊔$\phi13$	$4\times\phi7$ ⊔$\phi13$	"⊔"为锪平符号,锪孔通常只需锪出圆平面即可,故沉孔深度一般不注
	锥形沉孔	90°,$\phi13$,$4\times\phi7$	$4\times\phi7$ ⌵$\phi13\times90°$	$4\times\phi7$ ⌵$\phi13\times90°$	"⌵"为埋头孔符号,该孔为安装开槽沉头螺钉所用

(续)

类型		标注方法		说明
		普通注法	旁注法	
沉孔	柱形沉孔	$\phi13$；$4\times\phi7$	$4\times\phi7$，$\sqcup\phi13\downarrow3$	$4\times\phi7$，$\sqcup\phi13\downarrow3$	该孔为安装内六角圆柱头螺钉所用，承装头部的孔深应注出
螺纹孔	通孔	$2\times M8\ EQS$	$2\times M8\ EQS$	$2\times M8\ EQS$	"EQS"为均布孔的缩写词
	不通孔	$2\times M8$；10，12	$2\times M8\downarrow10$ 孔$\downarrow12$	$2\times M8\downarrow10$ 孔$\downarrow12$	
退刀槽		2×1	$2\times\phi7$	2:1；$45°$；a，b	退刀槽一般可以按"槽宽槽深"或"槽宽直径"的形式标注；砂轮越程槽一般用局部放大图表示，尺寸从零件设计手册中查取
倒角		$C2$	$C2$；$30°$	C，$60°$；C，$120°$	当倒角为$45°$时，可以在倒角距离前加"C"，当倒角为非$45°$时，则分别标注

(续)

类型	标注方法		说明
	普通注法	旁注法	
中心孔	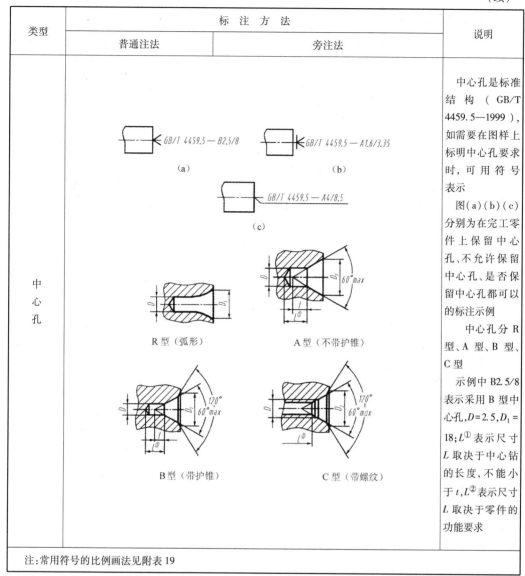		中心孔是标准结构（GB/T 4459.5—1999），如需要在图样上标明中心孔要求时，可用符号表示 图(a)(b)(c)分别为在完工零件上保留中心孔、不允许保留中心孔、是否保留中心孔都可以的标注示例 中心孔分R型、A型、B型、C型 示例中B2.5/8表示采用B型中心孔，$D=2.5$，$D_1=18$；$L^①$表示尺寸L取决于中心钻的长度，不能小于t，$L^②$表示尺寸L取决于零件的功能要求

注：常用符号的比例画法见附表19

9.4 零件图上的技术要求

零件的技术要求，包括零件的表面结构要求、极限与配合要求和几何形状要求，下面就以上内容加以介绍。

9.4.1 零件表面结构的图样表示法

零件表面结构是指零件表面粗糙度、表面波纹度、表面缺陷、表面纹理和表面几何形状的总称。表面结构的各项要求在图样上的表示法在GB/T 131—2006中均有具体规定。本节只介绍我国目前应用最广的表面粗糙度在图样上的表示法及其符号、代号的标注与识读方法。

1. 基本概念及术语

（1）表面粗糙度。零件的加工表面看起来很光滑，但在放大镜或显微镜下，却可以看到凸凹不平的加工痕迹，如图 9-18（a）所示。这种加工表面上所具有较小间距的峰谷所组成的微观几何形状特征称为表面粗糙度。

表面粗糙度是评定零件表面质量的一项重要指标。它对零件的配合性能、耐磨性、耐蚀性、接触刚度、耐疲劳强度、密封性和外观等都有影响。凡是零件上有配合要求或有相对运动的表面，表面粗糙度参数值就小。表面粗糙度参数值越小，加工成本就越高。因此，应根据零件的工作状况，合理的确定零件各表面的粗糙度要求。

（2）表面波纹度。在机械加工过程中，由于机床、工件、刀具及系统的振动，在工件表面形成的比表面粗糙度大得多的宏观不平度称为波度，如图 9-18（b）所示。零件表面的波度是影响零件使用寿命和引起振动的重要原因。

表面粗糙度、表面波纹度以及表面几何形状（图 9-18（c）），三者总是同时生成，而且并存在同一表面。

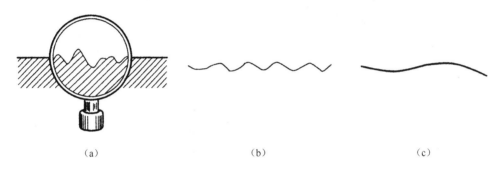

图 9-18　表面粗糙度、波纹度和几何形状

2. 表面结构评定的主要参数

零件表面结构状况有三大类评定参数：轮廓参数（GB/T 3505—2009 定义）、图形参数（GB/T 18618—2009 定义）、支承率曲线参数（由 GB/T 18778.2—2003 定义）。其中轮廓参数是目前我国机械图样中最常用的评定参数。本节只介绍粗糙度轮廓（R 轮廓）中的两个高度参数 Ra 和 Rz。

（1）轮廓算术平均偏差（Ra）。轮廓算术平均偏差是在取样长度内，轮廓偏距绝对值的算术平均值，如图 9-19 所示。用公式表示为

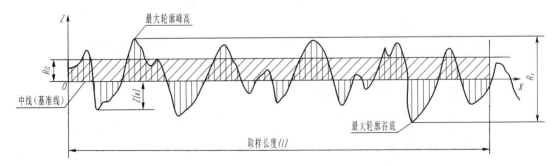

图 9-19　轮廓算术平均偏差 Ra 及轮廓最大高度 Rz

$$Ra = \frac{1}{l}\int_0^l |y|d_x, \text{ 或近似为 } Ra \approx \frac{1}{n}\sum_{i=1}^{n}|y_i|$$

式中　y——轮廓偏距；

　　　y_i——第 i 点的轮廓偏距（$i=1,2,3,\cdots,n$）；

　　　n——轮廓上的采样点数。

上式的计算是用电动轮廓仪测量的，运算过程由仪器自动完成。

（2）轮廓最大高度（Rz）。轮廓最大高度是在一个取样长度内，轮廓峰顶线与轮廓谷底线之间的距离，如图 9-19 所示。用公式表示为

$$Rz = y_{p\,max} + y_{v\,max}$$

式中　$y_{p\,max}$——轮廓峰最大高度；

　　　$y_{v\,max}$——轮廓谷最大深度。

Ra、Rz 评定参数见表 9-2。

表 9-2　Ra、Rz 的数值　　　　　　　　　　（单位：μm）

Ra	Rz	Ra	Rz
0.012		6.3	6.3
0.025	0.025	12.5	12.5
0.050	0.050	25	25
0.1	0.1	50	50
0.2	0.2	100	100
0.4	0.4		200
0.8	0.8		400
1.6	1.6		800
3.2	3.2		1600

注：原国家标准（GB/T 131—1993）中的参数代号现在为大小写斜体（Ra、Rz），下标（如 R_a、R_z 不再使用。原来的表面粗糙度参数 R_z（十点高度）已经不再被认为标准代号，新的 R_z 为原 R_y 的定义，原 R_y 的符号不再使用。

一般情况使用的 Ra 值和加工方法，见表 9-3。

表 9-3　Ra 值与表面特征、加工方法比较及应用举例

表面微观特征		Ra/μm	Rz/μm	加工方法	应用举例
粗表面	明显可见刀痕	50	200	粗车、粗铣、粗刨、钻、粗纹锉刀和粗砂轮加工	表面质量低，一般很少用
	可见刀痕	25	100	同上	不重要的加工部位，如油孔、穿螺栓用的光孔、重要的底面、倒角等
	微见刀痕	12.5	50	粗车、刨、立铣、平铣、钻、锯断	常用于尺寸精度不高，没有相对运动的表面，如不重要的端面、侧面、底面等

(续)

表面微观特征		$Ra/\mu m$	$Rz/\mu m$	加工方法	应用举例
半光表面	微见加工刀痕	6.3	25	粗车、精铣、精刨、镗、粗磨	常用于十分重要、但有相对运动的部位或较重要的侧面,如低速轴的表面、相对速度较高的侧面、重要的安装基面和齿轮、链轮的齿廓表面等
	微见加工刀痕	3.2	12.5	半精车、精铣、精刨、镗、磨、拉、粗刮、滚压	常用于传动零件的轴孔配合部分以及中低速轴承孔、齿轮的齿廓、箱体、支架、盖面、套筒和其他零件结合而无配合要求的表面等
	看不清加工痕迹	1.6	6.3	精车、精铣、精镗、磨、拉、刮、压、铣齿	接近于精加工表面,箱体上安装轴承的镗孔表面,齿轮的工作面等
光表面	可辨加工痕迹方向	0.8	3.2	精车、精镗、精磨、拉、刮、精铰、磨齿、滚压	常用于较重要的配合面,如安装滚动轴承的轴和孔、有导向要求的滑槽等
	微可辨加工痕迹方向	0.4	1.6	精铰、精镗、精磨、刮、滚压	要求配合性质稳定的配合表面,工作时受交变应力的重要零件,较高精度车床导轨面等
	不可辨加工痕迹方向	0.2	0.8	精磨、研磨、超精加工	精密机床主轴锥孔,顶尖圆锥面,发动机曲轴、凸轮轴工作表面,高精度齿轮齿面等
极光表面	暗光泽面	0.1	0.4	精磨、研磨、普通抛光	精密机床主轴轴径表面,一般量规工作表面,气缸套内表面,活塞销表面等
	亮光泽面	0.05	0.2	超精磨、精抛光、镜面磨削	精密机床主轴轴径表面,滚动轴承的滚珠,高压油泵中柱塞和柱塞配合的表面等
	镜状光泽面	0.025	0.1		
	镜面	0.012	0.05	镜面磨削、超精研	高精度量仪、量块的工作表面,光学仪器中的金属镜面等

3. 有关检验规范的基本术语

检验评定表面结构的参数值必须在特定条件下进行,国家标准规定:图样中注写参数代号及其数值要求的同时,还应该明确其检验规范。

(1)轮廓滤波器。表面结构的三类轮廓各有不同的波长范围,它们又同时叠加在同一表面中,因此,在测量评定三类轮廓的参数时,必须先将表面轮廓在特定仪器上进行滤波,以便分离获得所需波长范围的轮廓。这种可将轮廓分成长波和短波的仪器称为轮廓滤波器。截止短波的滤波器称为短波滤波器,其截止波长用 λ_s 表示。截止长波的滤波器称为长波滤波器,其截止波长值用 λ_c 表示。

(2) 传输带。传输带是评定表面结构时,由两个不同截止波长的滤波器分离获得的轮廓波长范围,也是评定时的波长范围。注写传输带时,单位是 mm,短波滤波器截止波长值 λ_s 在前,长波滤波器截止波长值 λ_c 在后,并用连字符"-"隔开。如果只标注一个滤波器应保留连字符"-",以区分是短波滤波器还是长波滤波器。传输带一般取默认值,否则,应在表面结构代号中指定传输带。当只标注一个滤波器的截止波长时,另一个滤波器的截止波长则取默认值。如"0.025-"表示短波滤波器的截止波长 λ_s=0.025mm,长波滤波器的截止波长取默认值。"0.025-0.8"表示 λ_s=0.025mm,λ_c=0.8mm。

(3) 取样长度(l)。以 Ra 为例,由于表面轮廓的不规则性,测量结果与测量段的长度密切相关。如果测量段长度过短,各处测量结果会产生很大差异。如果测量段过长,则测量值中将不可避免地包含了波纹度的值。因此,在基准线 X 轴上选取一段适当长度进行测量,如图 9-19 中的 l,这段适当长度称为取样长度。长波滤波器的截止波长值等于取样长度。

(4) 评定长度。在每一取样长度内的测量值通常是不等的,为取得表面粗糙度最可靠的值,一般取几个连续的取样长度进行测量,并以各种取样长度内测量值的平均值作为测量的参数值。这段在基准线 X 轴上包含一个或几个取样长度的测量段称为评定长度。当参数代号后未注明时,评定长度默认为五个取样长度,否则应注明个数。如 Ra1.6、Ra40.8、Ra1 6.3 分别表示评定长度为五个、四个、一个取样长度。

(5) 极限值及其判断原则。极限值是指图样上给定的粗糙度参数(单向上限值、下限值、最大值或双向上限值和下限值)。极限值的判断原则是指在完工零件表面上测出实测值后,如何与给定值比较,以判断其是否合格的规则。极限值的判断原则有两种:16%规则和最大规则。

① 16%规则。16%规则是指当所注参数为下限值,用同一评定长度测得的全部实测值中,大于图样上规定的个数不超过测得值总个数的 16%,则该表面是合格的。当所注参数为下限值时,如果用同一评定长度测得的全部实测值中,小于图样上规定值的个数不超过测得值总个数的 16%,则该表面是合格的。

② 最大规则。最大规则是指在被检的整个表面上测得的参数值中,一个也不应超过图样上的规定值。

16%规则是指所有表面结构要求标注的默认规则,即当参数代号后未注写"max"字样时,均默认为应用 16%规则,如 Ra 3.2;反之,则应用最大规则,如 Ra max3.2。

当标注单向极限要求时,一般是指参数的上限值,此时不必加注说明,如果是指参数的下限值,则应在参数代号前加"L",如 LRa 1.6(16%规则)、LRa max3.2(最大规则)。

表示双向极限值时应标注极限代号,上限值在上方用 U 表示,下限值在下方用 L 表示。在不会引起误解时,可以不加 U、L。

4. 表面结构的图形符号、代号

表面结构符号的画法如图 9-20 所示。符号线宽,字母高度,图中 H_1、H_2 及其与字高的关系见表 9-4。标注表面结构要求时的图形符号种类、名称及其含义见表 9-5。

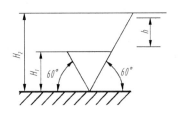

图 9-20　表面结构符号的画法

表 9-4　表面结构符号的尺寸

数字和字母高度 h	2.5	3.5	5	7	10	14	20
符号和字母线宽	0.25	0.35	0.5	0.7	1	1.4	2
高度 H_1	3.5	5	7	10	14	20	28
高度 H_2 最小值	7.5	10.5	15	21	30	42	60

注：H_2 取决于标注内容

表 9-5　表面结构的符号及其含义

符号名称	符号	含义说明
基本图形符号	√	基本符号，表示表面可以用任何方法获得。当不加注粗糙度参数值或有关说明（如表面处理、局部热处理）时，仅适用于简化代号标注
拓展图形符号	∇	基本符号加一短画，表示表面粗糙度是用去除材料的方法获得，如车、铣、钻、磨、剪切、抛光、腐蚀、电火花加工、气割等
	⌀	基本符号加一小圆，表示表面是用不去除材料的方法获得的，如铸、锻、冲压变形、热轧、粉末冶金等，或者是保持上道工序的状况及原供应状况的表面
完整图形符号	√ ∇ ⌀	在上述三个符号的长边上均可加一横线，用于标注有关参数和说明
封闭轮廓各表面结构要求相同时的符号	√ ∇ ⌀	当在图样某个视图上构成封闭轮廓和各表面有相同的表面结构要求时，应在完整符号上加一圆圈，标注在图样中工件的封闭轮廓上。图中符号是指对图形中封闭轮廓的各侧面的要求，不包括前后面

表面结构符号中注写了具体参数代号和数值等要求后，即称为表面结构代号。表面结构代号的形式，是在结构图形符号的基础上标注补充要求，包括传输带、取样长度、加工工艺、表面纹理及方向、加工余量等，这些要求在图形符号中的注写位置，如图 9-21 所示。表面结构代号及其含义见表 9-6。

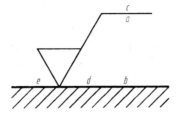

图 9-21 表面结构代号的注写位置

位置 a—注写结构参数代号、极限值、取样长度(或传输带)等,在参数代号和极限值间应插入空格,如 Ra0.8;

位置 a 和 b—注写两个或多个表面结构要求,如位置不够时,图形符号应在垂直方向扩大,以空出足够的空间;

位置 c—注写加工方法、表面处理、涂层或其他加工工艺要求等;

位置 d—注写所要求的表面纹理和纹理方向,如"＝""⊥"等;

位置 e—注写所要求的加工余量。

表 9-6 表面结构代号及其含义

代号	含义/解释
$Rz\ 0.4$	表示不去除材料,单向上极限,默认传输带,R 轮廓,粗糙度的最大 $0.4\mu m$,评定长度为五个取样长度(默认),16% 规则(默认)
$Rz\ max0.2$	表示去除材料,单向上极限,默认传输带,R 轮廓,粗糙度最大高度的最大值 $0.4\mu m$,评定长度为五个取样长度(默认),最大规则
$0.008-0.8/Ra\ 3.2$	表示去除材料,单向上极限,传输带为 $0.008\sim 0.8mm$,R 轮廓,算术平均偏差 $3.2\mu m$,评定长度为五个取样长度(默认),16% 规则(默认)
$-0.8/Ra3\ 3.2$	表示去除材料,单向上极限,传输带:根据 GB/T 6062,取样长度 $0.8\mu m$,R 轮廓,算术平均偏差 $3.2\mu m$,评定长度为三个取样长度,16% 规则(默认)
$U\ Ra\ max3.2$ $L\ Ra\ 0.8$	表示不去除材料,双向极限值,两极限值均使用默认传输带,R 轮廓,上限值:算术平均偏差 $3.2\mu m$,评定长度为五个取样长度(默认),最大规则;下限值:算术平均偏差 $0.8\mu m$,评定长度为五个取样长度(默认),16% 规则(默认)
磨 $-0.8/Ra\ 1.6$ $U\ -2.5/Rz\ 12.5$ $L\ -2.5/Rz\ 3.2$ ⊥ 3	表示去除材料,一个单向上极限值和一个双向极限值。一个单向上极限,传输带:根据 GB/T 6062,取样长度 $0.8\mu m$,R 轮廓,算术平均偏差 $1.6\mu m$,评定长度为五个取样长度,16% 规则(默认);一个双向极限值,R 轮廓,上极限最大高度 $12.5\mu m$,下极限最大高度 $3.2\mu m$,上下极限传输带均为取样长度 $2.5\mu m$,上下极限评定长度为五个取样长度(默认);加工方法为磨削;表面纹理方向垂直于视图所在投影面;加工余量 3mm

5. 表面结构要求在图样上的标注

在零件图中,每个表面一般只标注一次表面结构代号,其符号的尖端必须从材料外指向材料里,要求接触零件表面。标注时应注在可见轮廓线、尺寸线、尺寸界线上,也可采用引出线,水平注写即可。代号中的数字及符号方向应与标注尺寸数字方向相同。表 9-7

列举了表面结构的标注示例。

表 9-7 表面结构的标注与识读

类型	图 例	说明
表面结构符号、代号标注位置与方向		表面结构的注写和读取与尺寸的注写和读取方向一致，表面结构要求可标注在轮廓线上，其符号应从材料外指向材料里，必要时，表面结构也可以用带箭头的指引线引出标注
		在不引起误解时，表面结构要求可以标注在给定的尺寸线上
		表面结构要求可标注在形位公差框格上方
		表面结构可以直接标注在延长线上，或用带箭头的指引线引出标注
		圆柱或棱柱表面的表面结构要求只注一次，如果每个棱柱表面有不同的表面结构要求，则应分别单独标注

(续)

类型	图例	说明
表面结构的简化标注	√Ra 1.6　√Rz 6.3　√Ra 3.2 （√）	如果在零件的多数表面有相同的表面结构要求，则其表面结构要求可统一注写在图样的标题栏附近，而且表面结构要求的符号后面应有：在圆括号内给出无任何其他标注的基本符号或者在圆括号内给出不同的表面结构要求；不同的表面结构要求应直接标注在图形中
	√Ra 1.6　√Rz 6.3　√Ra 3.2 （√Ra 1.6　√Rz 6.3）	
	√Ra 1.6	如果在零件的所有表面有相同的表面结构要求，则其表面结构要求可统一标注在图形的标题栏附近
	√z = √URz 1.6 LRa 0.8　√y = √Ra 3.2	用带字母的完整符号，以等式的形式，在图形或标题栏附近，对有相同表面结构要求的表面进行简化标注
	√ = √Ra 3.2　√ = √Ra 3.2　√ = √Ra 3.2	只用表面结构符号的简化标注：以等式的形式给出对多个表面共同的表面结构要求

(续)

类型	图例	说明
多种工艺获得同一表面注法		由两种或多种不同工艺方法获得的同一表面,当需要明确每一种工艺方法的表面结构要求时的注法
常用零件表面结构要求的注法		零件上连续表面的表面结构要求只标注一次
		零件上重复要素(孔、槽、齿等)的表面,其表面结构要求只标注一次
		螺纹工作面没有画出牙型时表面结构要求的注法
		不连续同一表面的表面结构要求的注法
		倒角、圆角、键槽、中心孔的表面结构要求的注法

6. 表面结构要求中表面粗糙度值的选用

确定零件表面粗糙度值时,除有特殊要求的表面以外,一般采用类比法选取。即根据已有的相类似零件的工作性能和技术要求,经分析比较,然后确定表面粗糙度值。通常表面粗糙度值的选用要考虑以下几项原则:

(1) 在满足表面功能要求的前提下,表面粗糙度值应尽可能选大。

(2) 同一零件上,工作表面的粗糙度值应比非工作表面的粗糙度值小。

(3) 对承受单位面积压力大以及承受载荷的零件最容易产生应力集中的部位,如圆角、沟槽处等,粗糙度值应选小些。

(4) 摩擦表面的粗糙度值应比非摩擦表面的小。对有运动要求的工作表面,运动速度越高,表面粗糙度值越小。

(5) 要求配合性质稳定时,粗糙度值应选得小些。在间隙配合中,间隙越小,粗糙度值应选得越小。在过盈配合中,为了保证连接可靠,应选较小的粗糙度值。

(6) 配合零件的表面粗糙度值应与尺寸及形位公差相适应。一般情况下,尺寸及几何公差值小的表面,表面粗糙度值应小。在生产实际中也有个别情况,尺寸公差值较大,而表面粗糙度值应小,如手柄、手轮等外观产品。

(7) 耐蚀性和密封性要求较高的表面,表面粗糙度值应小。

(8) 小尺寸的结合面,表面粗糙度值应小。

9.4.2 极限与配合

在大批量生产中,为了提高效率,相同的零件必须具有互换性。互换性是指在相同规格的零件中,任取一件,无须挑选和修配便可装到机器上,并能满足机器的使用性能要求,零件的这种性质称为互换性。

为使零件具有互换性,必须保证零件的尺寸、表面粗糙度、几何形状及零件上有关要素的相互位置等技术要求的一致性。就尺寸而言,并不要求零件的尺寸做得绝对准确,只是限定在一个合理的范围内变动。对于相互配合的零件,这个范围,一是要求在使用和制造上是合理、经济的;再就是要求保证相互配合的尺寸之间形成一定的配合关系,以满足不同的使用要求。前者要以"公差"的标准化来解决,后者要以"配合"的标准化来解决,由此产生了"公差与配合"制度。

为此,GB/T 1800.1—2009《产品几何技术规范(GPS) 极限与配合 第1部分:公差、偏差和配合的基础》、GB/T 1800.2—2009《产品几何技术规范(GPS) 极限与配合 第2部分:标准公差等级和孔、轴极限偏差表》和 GB/T 1801—2009《产品几何技术规范(GPS) 极限与配合 公差带和配合的选择》做出了专门的规定。

1. 公差与配合的基本概念

1) 尺寸术语(图 9-22(a))

(1) 尺寸。用特定单位表示长度值的数字称为尺寸。尺寸表示长度的大小,如直径、半径、长、宽、高、厚度、中心距等,它不包括用角度单位表示的角度。

(2) 公称尺寸。设计给定的尺寸称为公称尺寸(孔用 D 表示,轴用 d 表示)。

(3) 实际尺寸。零件制造完成后,通过测量所得到的尺寸称为实际尺寸(孔用 D_a 表示,轴用 d_a 表示)。

(4) 极限尺寸。允许尺寸变动的两个界限值称为极限尺寸,它是以公称尺寸为基数来确定的。两个界限值中较大的一个称为上极限尺寸(D_{max}、d_{max});较小的一个称为下极限尺寸(D_{min}、d_{min})。

(5) 尺寸偏差(偏差)。某一尺寸(实际尺寸、极限尺寸)与其公称尺寸的代数差,称为极限偏差。极限偏差包括上极限偏差和下极限偏差,如图9-22(b)所示。

上极限偏差是上极限尺寸与其公称尺寸的代数差,其代号孔为ES,轴为es。

下极限偏差是下极限尺寸与其公称尺寸的代数差,其代号孔为EI,轴为ei。

用公式表示为

$$孔:ES = D_{max} - D; EI = D_{min} - D$$
$$轴:es = d_{max} - d; ei = d_{min} - d$$

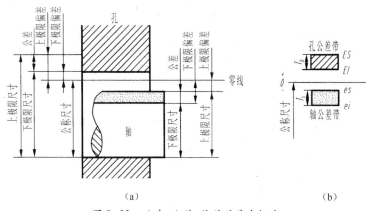

图9-22 尺寸、公差、偏差的基本概念

(6) 尺寸公差(公差)。允许尺寸的变动量称为尺寸公差。公差等于上极限尺寸与下极限尺寸代数差的绝对值;也等于上极限偏差与下极限偏差代数差的绝对值。孔、轴公差分别用 T_b、T_s 表示。

用公式表示为

$$T_b = |D_{max} - D_{min}| = |ES - EI|$$
$$T_s = |d_{max} - d_{min}| = |es - ei|$$

2) 尺寸公差带

(1) 公差带图。公差的大小、配合的性质及各公差之间的相互位置关系,可以不画孔与轴的图形,而将上、下极限偏差按比例画出简图,这种图示方法称为公差与配合的图解,简称公差带图,如图9-22(b)所示。

(2) 零线。零线是在公差带图中,确定偏差的一条基准直线,即零偏差线,零线通常表示公称尺寸。

(3) 尺寸公差带(公差带)。尺寸公差带是在公差带图中,由代表上、下极限偏差或下、下极限尺寸的两条线所限定的一个区域。孔的公差带用右倾剖面线表示,轴的公差带用小黑点或涂黑来表示。

3) 配合

公称尺寸相同的相互配合的孔和轴,其公差带之间的关系称为配合。含义:一是公称尺寸必须相同的孔和轴装在一起;二是指孔和轴的公差带大小、相对位置决定配合的精确程度和松紧程度。前者说的是配合条件,后者反映了配合的性质。

为了满足不同的使用要求,根据孔、轴公差带之间的关系,国标规定了三种配合。

(1) 间隙配合。孔与轴配合时,孔的公差带在轴的公差带之上,即具有间隙(包括最小间隙等于零)的配合,如图 9-23 所示。

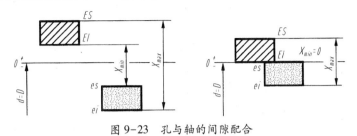

图 9-23　孔与轴的间隙配合

(2) 过盈配合。孔与轴配合时,孔的公差带在轴的公差带之下,即具有过盈(包括最小盈等于零)的配合,如图 9-24 所示。

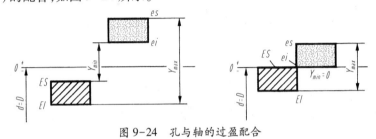

图 9-24　孔与轴的过盈配合

(3) 过渡配合。孔与轴配合时,孔的公差带与轴的公差带相互交叠,即可能具有间隙或过盈的配合,如图 9-25 所示。

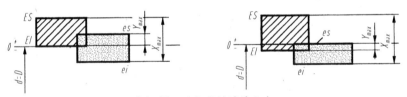

图 9-25　孔与轴的过渡配合

4) 标准公差与基本偏差

公差带是由标准公差和基本偏差组成的。标准公差确定带的大小;基本偏差确定公差带的位置。

(1) 标准公差。标准公差是国标表列的,是用以确定公差带大小的任一公差。标准公差分为 20 个等级,即 IT01、IT0、IT1、IT2、…、IT18。IT01 公差值最小,IT18 最大,因此标准公差反映了尺寸的精确程度。标准公差数值可从附表 20 中查得。

(2) 基本偏差。基本偏差是国标表列的,是用以确定公差带相对零线位置的上极限偏差或下极限偏差,一般为靠近零线的那个极限偏差。

国标对孔和轴分别规定了 28 个基本偏差,也称基本偏差系列,如图 9-26 所示。孔和轴的基本偏差系列共 28 种,它的代号用拉丁字母表示,大写为孔,小写为轴;当公差带在零线上方时,基本偏差为下极限偏差,反之为上极限偏差。在基本偏差系列中,A～H(a～h)的基本偏差用于间隙配合;J～ZC(j～zc)的基本偏差用于过渡配合和过盈配合。基本偏差数值见附表 21 和附表 22。

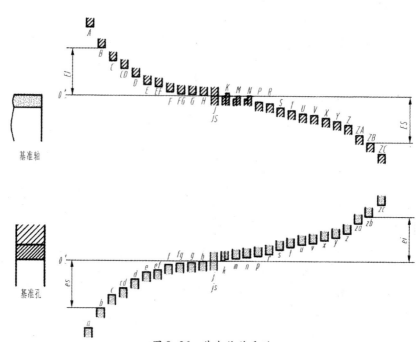

图 9-26 基本偏差系列

（3）公差带代号。孔与轴的公差带代号由基本偏差代号和公差等级代号两部分组成。两种代号并列，字号相同，如图 9-27 所示。

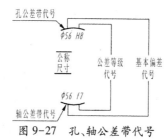

图 9-27 孔、轴公差带代号

5）基准制

为了便于选择配合，减少零件加工的专用刀具和量具，国标对配合规定了两种基准制。

（1）基孔制。基本偏差为一定的孔的公差带，与不同基本偏差轴的公差带形成各种配合的一种制度称为基孔制，如图 9-28 所示。基孔制的基准孔的下极限偏差为零，并用代号 H 表示。

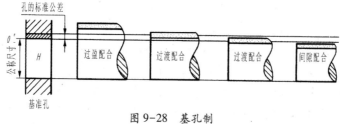

图 9-28 基孔制

表 9-8 为基孔制优先、常用配合系列。表中用分式表示的公差带代号称为配合代号，其分子为孔的公差带代号，分母为轴的公差带代号。

表 9-8 基孔制优先、常用配合（公称尺寸 ≤500mm）

轴基本偏差代号	a	b	c	d	e	f	g	h	js	k	m	n	p	r	s	t	u	v	x	y	z
配合	间隙配合								过渡配合				过盈配合								
H6						$\frac{H6}{f5}$	$\frac{H6}{g5}$	$\frac{H6}{h5}$	$\frac{H6}{js5}$	$\frac{H6}{k5}$	$\frac{H6}{m5}$	$\frac{H6}{n5}$	$\frac{H6}{p5}$	$\frac{H6}{r5}$	$\frac{H6}{s5}$	$\frac{H6}{t5}$					
H7						$\frac{H7}{f6}$	$\left(\frac{H7}{g6}\right)$	$\left(\frac{H7}{h6}\right)$	$\frac{H7}{js6}$	$\left(\frac{H7}{k6}\right)$	$\frac{H7}{m6}$	$\left(\frac{H7}{n6}\right)$	$\left(\frac{H7}{p6}\right)$	$\frac{H7}{r6}$	$\left(\frac{H7}{s6}\right)$	$\frac{H7}{t6}$	$\left(\frac{H7}{u6}\right)$	$\frac{H7}{v6}$	$\frac{H7}{x6}$	$\frac{H7}{y6}$	$\frac{H7}{z6}$
H8					$\frac{H8}{e7}$	$\left(\frac{H8}{f7}\right)$	$\frac{H8}{g7}$	$\frac{H8}{h7}$	$\frac{H8}{js7}$	$\frac{H8}{k7}$	$\frac{H8}{m7}$	$\frac{H8}{n7}$	$\frac{H8}{p7}$	$\frac{H8}{r7}$	$\frac{H8}{s7}$	$\frac{H8}{t7}$	$\frac{H8}{u7}$				
				$\frac{H8}{d8}$	$\frac{H8}{e8}$	$\frac{H8}{f8}$		$\frac{H8}{h8}$													
H9			$\frac{H9}{c9}$	$\left(\frac{H9}{d9}\right)$	$\frac{H9}{e9}$	$\frac{H9}{f9}$		$\left(\frac{H9}{h9}\right)$													
H10			$\frac{H10}{c10}$	$\frac{H10}{d10}$				$\frac{H10}{h10}$													
H11	$\frac{H11}{a11}$	$\frac{H11}{b11}$	$\left(\frac{H11}{c11}\right)$	$\frac{H11}{d11}$				$\left(\frac{H11}{h11}\right)$													
H12		$\frac{H12}{b12}$						$\frac{H12}{h12}$													

注：1. $\frac{H6}{n5}$、$\frac{H7}{p6}$ 在公称尺寸 ≤3mm 和 $\frac{H8}{r7}$ 在 ≤100mm 时，为过渡配合。表中总计有 59 种配合，其中优先配合 13 种；

2. 用"（ ）"表示的配合为优先配合。

（2）基轴制。基本偏差为一定的轴公差带，与不同基本偏差孔的公差带形成各种配合的一种制度称为基轴制，如图9-29所示。基轴制的基准轴上极限偏差为零，其基本偏差代号为"h"。

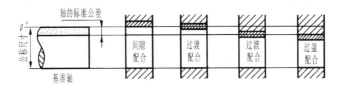

图9-29 基轴制

表9-9为基轴制优先、常用配合系列。孔和轴的极限偏差，可根据孔、轴的基本尺寸和公差带代号，由附表21和附表22中查得。

2. 极限与配合的标注和识读

GB/T 4458.5—2003《机械制图 尺寸公差与配合注法》规定了尺寸公差与配合公差的标注方法。

1）极限与配合在零件图上的标注

极限与配合在零件图中标注有三种形式，如图9-30所示。

（1）标注公差带代号。公差带代号由基本偏差代号及标准公差等级代号组成，标注在公称尺寸的右边，代号字体与尺寸数字字体的高度相同。这种注法一般用于大批量生产，由专用量具检验零件的尺寸，如图9-30(a)所示。

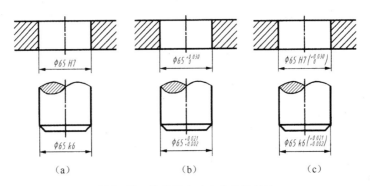

图9-30 零件图中尺寸公差的标注

（2）标注极限偏差。上极限偏差在公称尺寸的右上方，下极限偏差与公称尺寸标注在同一底线上，偏差数字的字体比尺寸数字字体小一号，小数点必须对齐，小数点后的位数也必须相同。当某一偏差为零时，用数字"0"标出，并与上极限偏差或下极限偏差的小数点前的个位数对齐。这种注法用于少量或单件生产，如图9-30(b)所示。

当上、下极限偏差的绝对值相同时，偏差值只需标注一次，并在偏差值与公称尺寸之间注出"±"号，偏差值的字体高度与公称尺寸的字体高度相同。

注意：所标注的上、下极限偏差的单位为mm。

（3）公差带代号与极限偏差一起标注。偏差数值标注在尺寸公差代号之后，并加圆括号。这种注法在设计过程中因便于审图，故使用较多，如图9-30(c)所示。

表 9-9 基轴制优先、常用配合系列（公称尺寸 ≤500mm）

基准轴 \ 孔基本偏差代号	A	B	C	D	E	F	G	H	JS	K	M	N	P	R	S	T	U	V	X	Y	Z
配合	间隙配合								过渡配合				过盈配合								
h5						$\frac{F6}{h5}$	$\frac{G6}{h5}$	$\frac{H6}{h5}$	$\frac{JS6}{h5}$	$\frac{K6}{h5}$	$\frac{M6}{h5}$	$\frac{N6}{h5}$	$\frac{P6}{h5}$	$\frac{R6}{h5}$	$\frac{S6}{h5}$	$\frac{T6}{h5}$					
h6						$\left(\frac{F7}{h6}\right)$	$\left(\frac{G7}{h6}\right)$	$\left(\frac{H7}{h6}\right)$	$\frac{JS7}{h6}$	$\left(\frac{K7}{h6}\right)$	$\frac{M7}{h6}$	$\left(\frac{N7}{h6}\right)$	$\left(\frac{P7}{h6}\right)$	$\frac{R7}{h6}$	$\left(\frac{S7}{h6}\right)$	$\frac{T7}{h6}$	$\left(\frac{U7}{h6}\right)$				
h7					$\frac{E8}{h7}$	$\left(\frac{F8}{h7}\right)$		$\left(\frac{H8}{h7}\right)$	$\frac{JS8}{h7}$	$\frac{K8}{h7}$	$\frac{M8}{h7}$	$\frac{N8}{h7}$									
h8				$\frac{D8}{h8}$	$\frac{E8}{h8}$	$\frac{F8}{h8}$		$\frac{H8}{h8}$													
h9				$\left(\frac{D9}{h9}\right)$	$\frac{E9}{h9}$	$\frac{F9}{h9}$		$\left(\frac{H9}{h9}\right)$													
h10				$\frac{D10}{h10}$				$\frac{H10}{h10}$													
h11	$\frac{A11}{h11}$	$\frac{B11}{h11}$	$\left(\frac{C11}{h11}\right)$	$\frac{D11}{h11}$				$\left(\frac{H11}{h11}\right)$													
h12		$\frac{B12}{h12}$						$\frac{H12}{h12}$													

注：用"（ ）"表示的配合为优先配合，表中总计有 47 种配合，其中优先配合有 13 种

2）极限与配合在装配图上标注

在装配图上标注线性尺寸配合代号时，必须在公称尺寸的右边，用分数形式注出，其分子为孔的公差带代号，分母为轴的公差带代号，如图9-31所示。

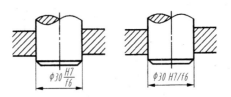

图9-31 装配图中配合代号的标注

3）公差带代号的识读

$\phi 30H8/f7$：公称尺寸为30，8级基准孔与7级基本偏差为f的轴的间隙配合。

$\phi 30K8$：公称尺寸为30，公差等级为8级，基本偏差为K与基准轴过渡配合的孔。

$\phi 50f7$：公称尺寸为50，公差等级为7级，基本偏差为f与基准孔间隙配合的轴。

9.4.3 几何公差

机械零件在加工过程中，由于机床工艺设备本身有一定的误差，以及零件在加工过程中受到夹紧力、切削力、温度等因素的影响，从而使得完工后的零件几何形状不能和所设计的理想形状完全相同。同时，完工后零件上的某一几何要素对同一零件上另一几何要素的相对位置、方向等也不可能和设计的理想状况完全相同。

零件的形状误差、位置误差、方向误差、跳动误差合称为几何误差。几何误差的存在影响着工件的可装配性、结构强度、接触刚度、配合性能等，因此，必须合理地控制其允许的变动量。

形状公差是指单一实际要素（点、线或面，如球心、轴线或端面等）的形状所允许的变动全量；位置公差是指实际要素的位置相对于基准要素所允许的变动全量；方向公差是指实际要素相对于基准要素在某方向上所允许的变动全量；跳动公差是指实际要素相对于基准要素在某方向上跳动所允许的变动全量。形状公差、位置公差、方向公差、跳动公差合称为几何公差。形状公差与方向公差如图9-32所示。

1. 几何公差基本术语

GB/T 18780.1—2002和GB/T 18780.2—2003给出了几何公差的基本术语，如图9-33所示。

（1）要素。要素是指零件上的特征部分——点、线或面。这些要素是实际存在的，也可以包括实际要素取得的轴线、中心线或中心平面。

（2）点、线、面。"点"是指圆心、球心、中心点、交点等；"线"是指素线、轴线、中心线等；"面"是指平面、曲面、圆柱面、圆锥面、球面、中心面等。

（3）理想要素（几何要素）。理想要素是指具有几何意义、没有任何误差的要素，分为理想轮廓要素和理想中心要素。

（4）实际要素。实际要素是指零件上实际存在的要素，由无限个点组成，分为实际轮廓要素和实际中心要素。

（5）组成要素。组成要素是指由测得的轮廓要素或中心要素通过数据处理获得的要

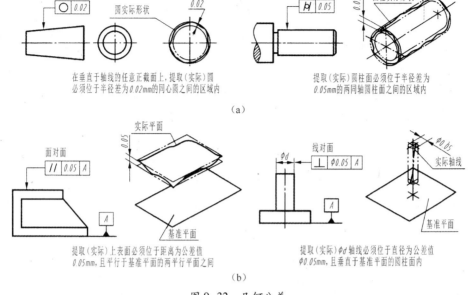

图 9-32 几何公差
(a)形状公差;(b)方向公差。

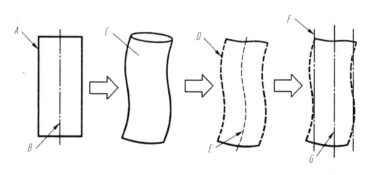

图 9-33 基本术语
A—公称组成要素;B—公称导出要素;C—实际要素;D—提取组成要素;
E—提取导出要素;F—拟合组成要素;G—拟合导出要素。

素,具有理想的形状。

(6)提取组成要素。提取组成要素是按规定方法,从实际要素提取的有限数目的点所形成的实际要素的近似替代。

(7)公称组成要素。公称组成要素是指由技术制图或其他方法确定的理论正确组成要素。

(8)拟合组成要素。拟合组成要素是指按规定的方法由提取组成要素形成并且有理想形状的组成要素。

(9)导出要素。导出要素是指由一个或几个拟合组成要素获得的中心点、中心线或中心面,如球心是由球面导出的要素(该球面则为组成要素)。

2. 几何公差分类、项目及符号

国家标准 GB/T 1182—2008 规定几何公差分为四大类,即形状公差六项,方向公差五项,位置公差六项,跳动公差两项。几何公差各项目的名称及符号见表9-10。

表9-10 几何特征符号

公差类型	几何特征	符号	有无基准	公差类型	几何特征	符号	有无基准
形状公差	直线度	—	无	位置公差	位置度	⌖	有或无
形状公差	平面度	▱	无	位置公差	同心度（用于中心点）	◎	有
形状公差	圆度	○	无	位置公差	同轴度（用于轴线）	◎	有
形状公差	圆柱度	⌭	无	位置公差	对称度	⩵	有
形状公差	线轮廓度	⌒	无	位置公差	线轮廓度	⌒	有
形状公差	面轮廓度	⌓	无	位置公差	面轮廓度	⌓	有
方向公差	平行度	∥	有	跳动公差	圆跳动	↗	有
方向公差	垂直度	⊥	有	跳动公差	全跳动	⌰	有
方向公差	倾斜度	∠	有				
方向公差	线轮廓度	⌒	有				
方向公差	面轮廓度	⌓	有				

3. 几何公差带

公差带是指由一个或几个理想的几何线或所限定的、由线性公差值表示其大小的区域,见图9-32的双点画线区域形状。

根据公差的几何特征及其标注方式,公差带主要有:

（1）一个圆内的区域。
（2）两同心圆之间的区域。
（3）两平行直线或两等距线之间的区域。
（4）一个圆柱面内的区域。
（5）两同轴圆柱面之间的区域。
（6）两平行平面或两等距面之间的区域。
（7）一个球面内的区域。

4. 公差框格及基准符号

用公差框格标注几何公差时,公差要求注写在划分成两格或多格的矩形框格内,如图9-34所示。

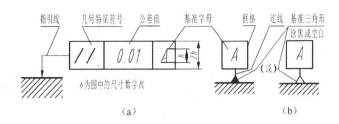

图 9-34　几何公差代号和基准代号
(a)形位公差代号；(b)基准代号。

形位公差代号包括形位公差框格及指引线、形位公差符号、形位公差数值、基准符号，如图 9-34(a)所示。

基准代号包括基准符号、基准连线、基准框格、基准字母，如图 9-34(b)所示。

5. 几何公差的标注示例

GB/T 1182—2008《产品几何技术规范(GPS)几何公差形状、方向、位置和跳动公差标注》规定了几何公差在图样中的标注方法。

(1) 当被测(或基准)要素是轮廓要素时，指引线的箭头(或基准连线)要指向被测要素的轮廓线或其延长线上，并与尺寸线明显错开，如图 9-35 所示。

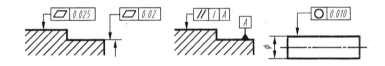

图 9-35　被测、基准部位为平面(或线)的标注

(2) 当被测(或基准)要素是轴线、球心、中心平面时，指引线的箭头(或基准连线)应当与该要素的尺寸线对齐，如果没有足够的位置标注基准要素尺寸的两个箭头时，则其中一个箭头可用基准三角形代替，如图 9-36 所示。

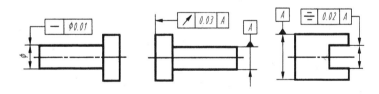

图 9-36　被测、基准部位为轴线(中心面)的标注

(3) 同一被测要素有多项几何公差要求，标注方法又不一致，可以将这些框格绘制在一起，并引用一根指引线。当基准为组合基准时，第三格内的基准符号用横线相连。当基准为两个或三个要素组成的基准体系时，第三格内从左到右顺序填写基准符号，如图 9-37 所示。

(4) 多个被测要素有相同几何公差(单项或多项)要求时，可在指引线上绘制多个箭头指向各被测要素。如有数量说明应写在框格上方，有解释说明应写在公差框格下方，如图 9-38 所示。

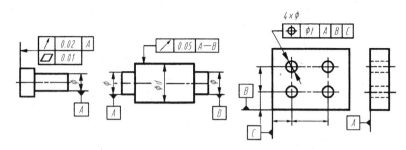

图 9-37 同一被测要素有多项要求及当基准为基准体系时的标注

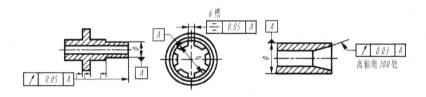

图 9-38 不同部位有同项形位公差要求及有数量和解释说明的标注

（5）当公差值有相关符号的标注时，如（NC）表示若被测要素有误差，则表示不凸起，应在公差框格的下方注明；（▷）表示若被测要素有误差，则只许按符号的（小端）方向逐渐减小。如对同一要素的公差值在全部被测要素内的任一部分有进一步的限制时，该限制部分（长度或面积）的公差要求应放在公差值的后面，用斜线相隔。这种限制要求可以直接放在表示全部被测要素公差框格下面。如仅要求要素某一部分的公差值，则用粗点画线表示其范围，并加注尺寸，具体标注如图 9-39 所示。

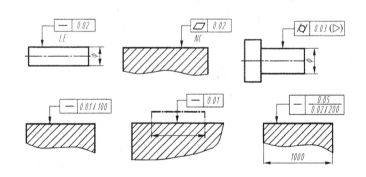

图 9-39 相关符号及任意长度等在几何公差中的标注

相关说明及符号：小径（LD）、大径（MD）、中径及节径（PD）、素线（LE）、不凸起（NC）、任意横截面（ACS）、公共公差带（CZ）。

6. 几何公差标注的识读

形状公差识读时，必须指出提取（实际）要素、公差特征项目名称和公差值三项内容。

方向公差、位置公差和跳动公差识读时，必须指出提取（实际）要素、基准要素、公差特征项目名称和公差值四项内容。

识读图 9-40 所示零件中几何公差的含义。

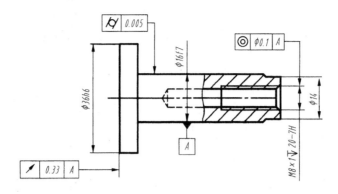

图 9-40　几何公差标注识读示例

⌭ 0.005 ：φ16f7 圆柱面的圆柱度公差值为 0.005mm。

◎ φ0.1 A ：M8 螺纹孔的轴线相对于 φ16f7 圆柱段轴线的同轴度公差值为 φ0.1mm。

↗ 0.33 A ：φ36h6 圆柱的左端面相对于 φ16f7 圆柱段轴线的圆跳动公差值为 0.33mm。

9.5　零件常见的工艺结构

零件的结构形状，不仅要满足零件在机器中使用上的要求，而且在制造时还要符合制造工艺要求。下面介绍一些零件常见的工艺结构。

9.5.1　铸造零件的工艺结构

1. 起模斜度

在铸件造型时为了便于起出模型，在模型的内外壁沿起模方向做成斜度（一般取值范围在 1∶10~1∶20，或者给出角度 3°~6°），称为起模斜度，如图 9-41(a)所示。起模斜度在图上可以不画出、不加注。

2. 铸造圆角

为了便于铸造时起模，防止熔化的液体冲坏转角处，或冷却时产生缩孔和裂缝，通常将铸件（或锻件）的转角处制成圆角，这种圆角称为铸造（或锻造）圆角。画图时应注意毛坯的转角都应有圆角，如图 9-41(b)所示。

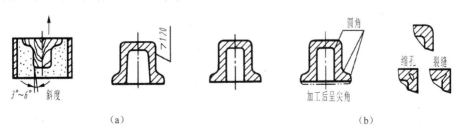

图 9-41　起模斜度及铸造圆角

3. 过渡线

在铸造(或锻造)零件上,两表面相交处一般有小圆角光滑过渡,因而两表面之间的交线不像加工面之间的交线那么明显。为了看图时能分清不同表面的界线,在投影图中仍画出这种交线,即过渡线。

过渡线的画法和相贯线的画法相同,但为了区别于相贯线,过渡线用细实线绘制,在过渡线的两端与圆角的轮廓线之间应留有间隙,如图 9-42～图 9-44 所示。

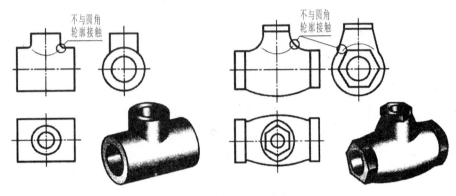

图 9-42　两曲面相交处过渡线的画法

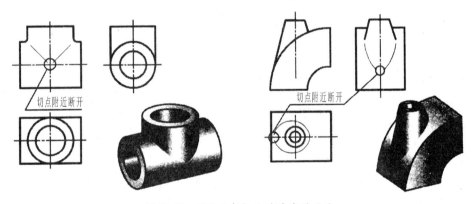

图 9-43　两曲面相切处过渡线的画法

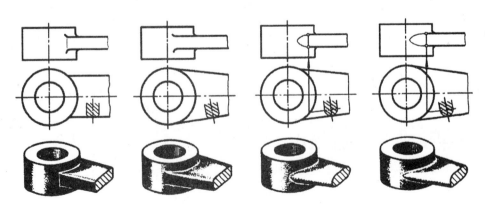

图 9-44　两平面相交处过渡线的画法

4. 铸件壁厚

铸件在浇铸时,由于壁厚处冷却速度慢,容易产生缩孔,或在壁厚突变处产生裂纹,如图9-41(b)所示。因此,要求铸件壁厚保持均匀一致,或采取逐渐过渡的结构,如图9-45所示。

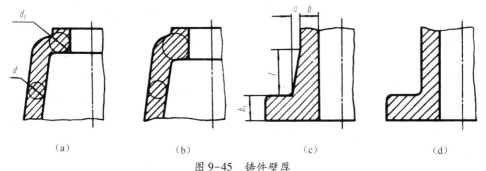

图 9-45 铸件壁厚

(a) $d/d_1 = 3/4$;(b) 壁厚不匀;(c) 壁厚过渡变化 $a/l \leq 1/4$ $a=b_1-b$;(d) 壁厚突变。

9.5.2 机械加工工艺结构

1. 倒角和倒圆

为了去除零件加工表面转角处的毛刺、锐边和便于零件装配,在轴和孔的端部一般加工成45°倒角;为了避免阶梯轴轴肩的根部因应力集中而容易断裂,故在轴肩的根部加工成圆角过渡,称为倒圆。有关尺寸见附表23,其标注如图9-46所示。

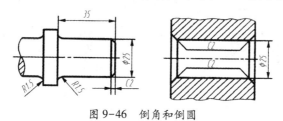

图 9-46 倒角和倒圆

2. 退刀槽和砂轮越程槽

零件在车削或磨削加工时,为了使被加工表面能全部加工,或是为了便于进、退刀具,常在轴肩处、孔的台肩处先车制出退刀槽或砂轮越程槽。有关尺寸见附表24和附表25,其标注如图9-47所示。

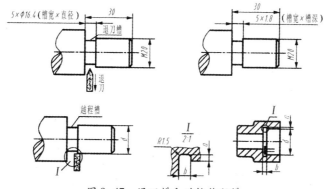

图 9-47 退刀槽和砂轮越程槽

3. 凸台和凹坑

两零件的接触表面,为了减少加工面积,并使两零件接触良好,一般都在零件的接触部位设置凸台或凹坑,如图9-48所示。

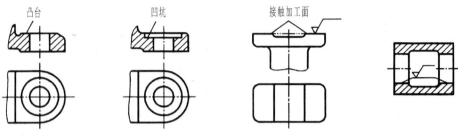

图9-48 凸台和凹坑

4. 钻孔结构

钻孔时,钻头的轴线应与被加工表面垂直,否则,会使钻头弯曲,甚至折断,如图9-49(a)所示。当零件表面倾斜时,可设置凸台或凹坑,如图9-49(b)(c)所示。对钻头钻透处的结构,也要考虑到不使钻头单边受力,如图9-49(d)所示,可以改为图9-49(e)的结构形式。

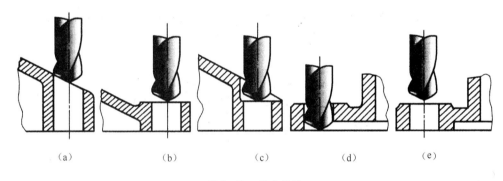

图9-49 钻孔结构

9.6 典型零件的分析

零件的形状虽然千差万别,但根据它们在机器(部件)中的作用和形体特征,通过比较、归纳,仍可大致将它们划分为几种类型。现以几张常见的零件图为例,来讨论各类零件的结构、图形选择、尺寸标注等特点,以便从中找出规律,作为读、绘同类零件图时的指导和参考。

9.6.1 轴套类零件

轴套类零件包括各种轴、丝杠、套筒等。轴常为锻件或用圆钢加工而成;套常为铸件或用圆钢加工而成,主要加工过程是在车床上进行的。轴类零件的作用,主要是承装传动件(齿轮、带轮等)及传递动力。

1. 结构特点

轴类零件一般是由同一轴线,不同直径的圆柱体(或圆锥体)所构成的。如图9-50为某铣刀头上轴的结构图,该轴基本上是由不同直径、不同长度的圆柱体(轴段)组成。在这一类轴段上,一般设有键槽、定位面、越程槽(退刀槽)、挡圈槽、销孔、螺纹及倒角、中心孔等工艺结构。

图9-50 轴结构图

2. 图形特点

轴类零件一般都在车床上加工。根据其结构特点及主要工序的加工位置为水平放置,故一般将轴横放,用一个基本视图——主视图,来表达轴的整体结构。图9-51所示为轴的零件图。

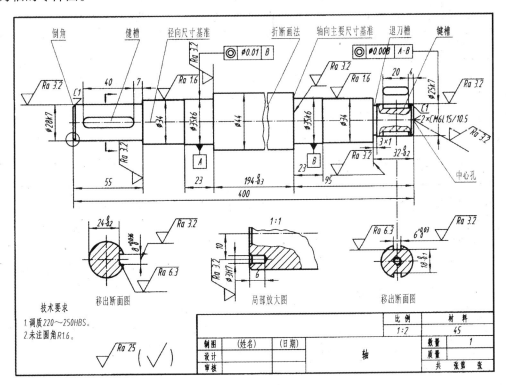

图9-51 轴零件图

对轴上的键槽、销孔等结构,一般采用局部剖视图;对键槽的形状,采用局部视图简化画法(如轴左端的键槽);为标注键槽深度、宽度的尺寸,往往采用移出断面图。对细小结构,如退刀槽等,则要采用局部放大图。

3. 尺寸标注特点

轴类零件有径向尺寸和轴向尺寸。径向尺寸的基准为轴线;轴向尺寸的基准一般都选取重要的定位面(轴肩)作为主要基准,如图 9-51 中 $\phi35k6$ 处的轴承定位面。为方便加工,又选取了轴右段的轴承定位面和轴的两个端面作为辅助基准,如图 9-52 所示。

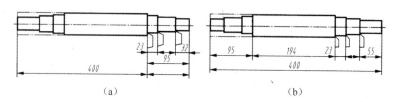

图 9-52 尺寸标注符合加工顺序
(a)车削右段;(b)调头车左段。

4. 技术要求特点

(1) 公差配合与表面粗糙度。轴与齿轮、滚动轴承的配合关系一般为过渡配合,如 H7/k6,H7/js6。配合部分需要精加工,表面粗糙度的上限值为 $Ra3.2\mu m$ 或者 $Ra1.6\mu m$。

轴向尺寸的精度,主要应考虑与其他零件有装配关系的轴段,其长度尺寸要给出公差,如 $194_{-0.3}^{0}$ mm,$32_{-0.2}^{0}$ mm。作为轴向定位的轴肩,表面粗糙度 Ra 的上限值取 $6.3\mu m$。键槽的主要配合面为两侧面;其表面粗糙度 Ra 的上限值为 $6.3\mu m$。

(2) 几何公差。轴类零件往往需要提出直线度、圆度、圆柱度、同轴度、圆跳动等几何公差的要求。如阶梯轴上两处 $\phi35k6$ 的轴线为基准,$\phi25h6(_{-0.013}^{0})$ 提出了同轴度的公差不得大于 $\phi0.06$ 的要求。

(3) 其他技术要求。轴的常用材料为 35~45 钢。或为了提高轴的强度和韧性,往往要对轴进行调质处理;对轴上与其他零件有相对运动的部分,为增加其耐磨性,往往需进行表面淬火、渗碳、渗氮等热处理。相关各类金属材料、非金属材料及热处理名词解释见附表 26 和附表 27。

通过以上分析,可以看出轴类零件在表达方面的特点:一个基本视图,按加工位置画出主视图;为标注键槽等结构的尺寸,要画出断面图。尺寸标注特点:按径向与轴向选择基准,径向基准为轴线,轴向基准一般选重要的定位面为主要基准,再按加工、测量要求选取辅助基准。

套筒类零件的视图选择与轴类零件的视图选择基本相同,一般只有一个主视图,按加工位置原则,将其轴线水平放置,再根据各部分结构特点,选用断面图或局部放大图等。

9.6.2 盘盖类零件

盘盖类零件包括带轮、齿轮、端盖、法兰盘等。这类零件一般为铸造件或锻造件,其结构形状一般为回转体或其他几何形状的扁平盘状体,其作用主要是轴向定位、防尘和密封等。

1. 结构特点

盘盖类零件的主要结构是由同一轴线不同直径的若干回转体组成。这一特点与轴类零件类似,但它与轴类零件相比,其轴向尺寸要短得多,圆柱体直径较大,其中直径较大的部分为盘件的主体,上面有若干个均布的安装孔(光孔或阶梯孔)。另一段较小的圆柱体有圆柱坑,形成一凸缘,可起轴向定位作用。图 9-53 所示为端盖轴测剖视图。

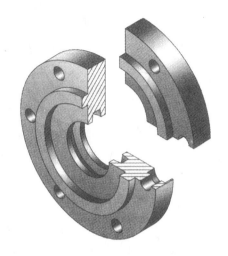

图 9-53　端盖轴测剖视图

2. 图形特点

盘盖类零件一般在车床上加工,在选择主视图时常将轴线水平放置。为使内部结构表达清楚,一般都采用剖视。为表达盘上各孔的分布情况,往往还需选取一端视图。对细小结构则应采用局部放大图表达,图 9-54 所示为端盖零件图。

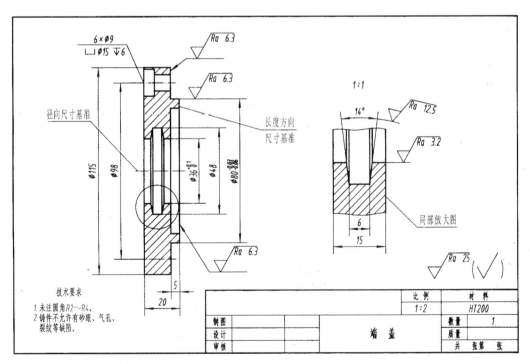

图 9-54　端盖零件图

3. 尺寸标注特点

盘类零件的径向尺寸基准为轴线,在标注各圆柱体直径时,一般都注在投影为非圆视图上。轴向尺寸以结合面为主要基准,如图 9-54 中端盖圆盘的右端面,从该面为起点注出尺寸 20 和尺寸 5,这样有利于保证接触表面尺寸精度及接触定位要求。

4. 技术要求特点

为保证与其他件的安装及使用精度要求,一般轮盘件还要提出垂直度公差、平行度公差及跳动公差等公差要求。如果孔与轴件有运动关系时,要求精度较高,Ra 为 $1.6\mu m$ 以上。其他如盖类件只起安装与定位作用时,精度无需很高,Ra 为 $3.2\mu m$ 以下。

通过以上分析可以看出,盘盖类零件一般选用 1~2 个基本视图,主视图按加工位置画出,并作剖视,尺寸标注比较简单,径向基准为轴线,轴向基准为定位面。

9.6.3 叉架类零件

叉架类零件是机器操纵机构中起操纵作用的一种零件,如拨叉、连杆、支架等,它们多为铸件或锻件。

1. 结构特点

根据叉架类零件的作用,可将其结构看成由支持部分、工作部分、连接部分三部分组成。如图 9-55 所示为拨叉的轴测图,圆筒为支持部分,叉架为工作部分,肋板为连接部分。

(1)支持部分。支持部分基本形式为一圆柱体,中间带孔(花键孔或光孔)。它安装在轴上,或沿轴向滑动(孔为花键孔时),或固定在轴(操纵杆)上(当孔为光孔时),由操纵杆支配其运动。

图 9-55 拨叉轴测图

(2)工作部分。工作部分是对其他零件施加作用的部分,其结构形状根据被作用部位的结构而定。如拨叉对轴施加作用,轴要承受轴向力和转矩的作用,这时,工作部分既要有夹紧结构又要有键槽结构。

(3)连接部分。连接部分的结构主要是连接板,有时还设置有加强肋。连接板的形状视支持部分和工作部分的相对位置而异,有对称、倾斜、弯曲等。

2. 图形特点

由于叉架零件一般没有统一的加工位置,工作位置也不尽相同,结构形状变化较大,因此,在选择主视图时,应选择能明显和较多地反映该零件各组成部分的相对位置、形状特征的方向作为主视图的投射方向,并将零件放正。这类零件一般需要两个基本视图。为表达内部结构,常采用全剖视图或局剖视图。对倾斜结构往往采用斜视图、斜剖视、断面图、局部视图等来表达,如图9-56所示的拨叉零件图。

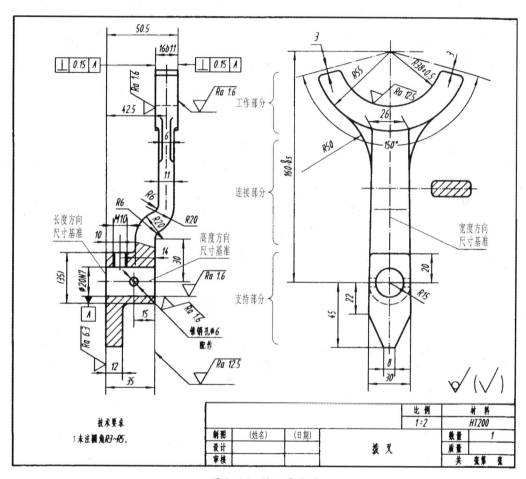

图9-56 拨叉零件图

3. 尺寸标注特点

叉架类零件的支承部分,是决定工作部分位置的主要结构,因此,支承孔的轴线是长、高两个方向的主要基准。如拨叉工作轴线的位置是以支承部位 $\phi 20N7$ 的轴线为基准,注出的 $160_{-0.5}^{0}$;长度方向是以支承部位的前端面为主要基准,注出的42.5等。

4. 技术要求特点

叉架类零件的支承孔应按配合要求标注尺寸,如拨叉的 $\phi 20N7$。工作部分也应按配合要求标注尺寸 $R38 \pm 0.5$。为保证工作部分动作的正常运行,应对该部位提出形位公差要求。如对拨叉工作部分前后两端面相对支承孔轴线的垂直度要求不大于0.15mm等。

通过以上的分析可知叉架类零件一般采用两个基本视图。主视图侧重反映零件的结构形状特征,并将位置放正;对孔的表达采用全剖视图或局部剖视图;对连接部分的截面形状常采用断面图;尺寸标注以支承孔的轴线为主要基准,以对工作部分进行定位。

9.6.4 箱体类零件

箱体类零件是机器(或部件)中的主要零件。如各种机床的床头箱的箱体,减速器箱体、箱盖,油泵泵体,车床、铣床尾架体等,种类繁多,结构形式千变万化,在各类零件中是最为复杂的一类。它在转动机构中的作用与叉架类零件有类似之处,一般是由两个或两个以上的支架组合而成。

1. 结构特点

箱体类零件的结构,可以看成是由两个以上支架组成的一种联合体:以几个支架为主干,将安装底板延伸相接,将连接部分扩大,沿着它所要包容的机构,形成一个紧凑的、有足够强度和刚性的壳体。图9-57所示的蜗轮箱,可将它看成是由两个支架共有一个安装底板,连接部分从支架出发向外扩展并相接而成箱壁。这样,可将这类零件看成由支承部分、安装部分和连接包容部分三个基本部分组成。

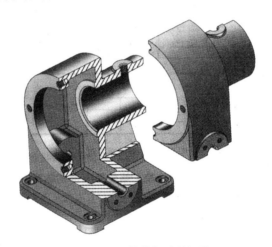

图9-57 蜗轮箱轴测剖视图

(1) 支承部分。支承部分基本上是圆筒结构,但以箱壁上的凸台形式出现。在伸出箱壁外的凸台上,制有安装盖类零件的螺孔。

(2) 安装部分。安装部分即箱底的底板,它的作用和结构与叉架类零件基本相同。

(3) 连接包容部分。连接包容部分的主要形式为一能包容整体、四面又留有余地的壳体机构。但作为支承和安装部分的连接板,其结构形状则因被包容的机构情况而定,如蜗轮箱的箱壁为圆筒形,减速机箱体的箱壁为方形。但一般都应在紧凑的前提下设计得尽量规则、合理、美观。

根据需要,有时在箱壁上设有油标安装孔、放油螺塞孔等。有的还要设置能安装操纵机构、润滑系统的凸台、孔等有关结构。

2. 图形特点

因箱体类零件结构较复杂,加工工序较多,加工位置不尽相同,但箱体在机器中的工作位置是固定的。因此,箱体类零件的主视图常常按工作位置及形状特征来选择,并且为了清晰地表达内部结构,常采用剖视的方法。

图 9-58 所示是蜗轮箱零件图,采用了三个基本视图。主视图采用了全剖视,重点表达其内部结构;左视图内外兼顾,采用了半剖视图,并采用局部剖视图表达了底板上安装孔的结构;而 A—A 半剖视图既表达了底板的形状,又反映了蜗轮箱下部的断面形状和外形,显然比画出俯视图的表达效果更好。

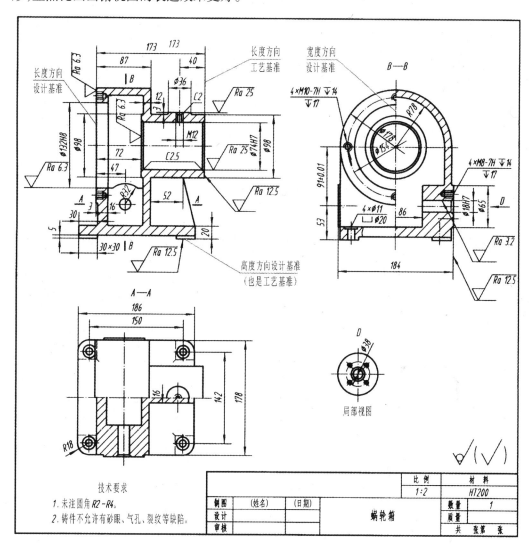

图 9-58 蜗轮箱零件图

3. 尺寸标注特点

箱体类零件由于结构较复杂,因此尺寸较多,要充分运用形体分析法进行尺寸标注。在标注尺寸时除了要贯彻前面讲过的尺寸标注的各项原则和要求外,还应注意以下几种尺寸的标注。

（1）重要轴孔对基准的定位尺寸。如图 9-58 中 φ18H7 孔,高度方向的定位尺寸 53 等。

(2) 各轴孔之间定位尺寸及孔间距。如图 9-58 中的 53 和 91±0.01 等。

(3) 与其他零件有装配关系的尺寸。如图 9-58 中安装孔之间的间距 150、142 等。

4. 技术要求特点

(1) 极限配合与表面结构要求。对一般轴与孔的配合，取 H7、H8(基轴制配合的孔)，其表面粗糙度一般取 Ra 的上限值为 $3.2\mu m$；轴承与轴承孔配合，对于一般孔取 J7、K7，其表面粗糙度一般取 Ra 的上限值为 $1.6\mu m$；对机床主轴孔要求精度更高，则其配合应取更高一级的 J6、JS6，粗糙度取 Ra 的上限值为 $0.8\mu m$，$0.4\mu m$。

有齿轮啮合关系的两根轴，为保证装配后其传动的正常进行，两孔的中心距一般都要给出公差。如图 9-58 中两轴孔间距为 91±0.01，其公差为 0.02。

(2) 几何公差。对安装同一轴的两孔，应提出同轴度要求。主要轴孔对安装基面，以及两相关孔都应提出平行度要求。对圆锥齿轮和蜗轮、蜗杆啮合两轴线之垂直度等都应提出要求。

总的来看，由于箱体类零件结构比较复杂，初学者在表达方案的选择、尺寸标注、技术要求的注写等方面都会感到困难。特别是正确的注写技术要求，初学者一时难以做到，需通过后续课程的学习和实践经验的不断积累才能逐步掌握。

9.7 读 零 件 图

零件的设计、生产加工以及技术改造过程中都需要读零件图。因此，准确、熟练地读懂零件图，是工程技术人员必须掌握的基本技能之一。

读零件图的目的：

(1) 了解零件的名称、用途、材料等。

(2) 了解零件各部分的结构、形状，以及它们之间的相对位置。

(3) 了解零件的大小、制造方法和所提出的技术要求。

9.7.1 读零件图的方法与步骤

1. 概括了解

首先看标题栏，了解零件名称、材料、数量和比例等内容。由零件名称可判断该零件属于哪一类零件；由材料可大致了解其加工方法；根据比例可估计零件的实际大小。对不熟悉的比较复杂的零件图，可对照装配图了解该零件在机器或部件中与其他零件的装配关系等，从而对零件有初步的了解。

2. 分析视图

分析视图，首先应找出主视图，再分析零件各视图的配置以及视图之间的关系，进而识别其他视图的名称及投射方向。若采用剖视图或断面图的表达方法，还需确定出剖切位置。要运用形体分析法读懂零件各部分结构，想象出零件的结构形状。

零件的结构形状是读零件图的重点，组合体的读图方法——形体及线面分析法，应用于读零件图。读零件图的一般顺序是先整体、后局部；先主体结构、后局部结构；先读懂简单部分、再分析复杂部分。最后综合起来搞清零件的完整结构。

3. 分析尺寸

零件图上的尺寸是制造、检验零件的重要依据。分析尺寸的主要目的是根据零件的结构特点、设计和制造的工艺要求，找出尺寸基准，分清设计基准和工艺基准，明确尺寸种类和标注形式；分析影响性能的主要尺寸是否合理，标准结构要素的尺寸是否符合要求，其他尺寸是否满足工艺要求；校核尺寸标注是否完整等。

4. 读技术要求

零件图上的技术要求是零件制造质量的重要指标。读图时应根据零件在机器中的作用，分析配合面或主要加工面的加工精度要求，了解其表面结构要求、尺寸公差、几何公差及其代号含义；再分析其余加工面和非加工面的相应要求，了解零件的热处理、表面处理及检验等其他技术要求，以便根据现有加工条件，确定合理的加工工艺，确保零件加工后满足相关的技术要求。

5. 综合分析

通过以上各项的分析，对零件的结构形状、尺寸和技术要求等，有全面的了解和掌握。

9.7.2 读零件图示例

现以减速器箱盖零件图（图 9-59）为例，叙述读零件图的方法和步骤。

1. 概括了解

箱盖是减速器上的主要零件，它与箱体合在一起，起到支承齿轮轴及密封减速器的作用。零件的材料为铸铁，牌号 HT200，说明零件毛坯的制造方法为铸造，因此应具备铸造的一些工艺结构。零件的绘图比例为 1∶1，由图形大小，可估计出该零件的真实大小。

2. 分析视图、想象结构形状

主视图的选择符合箱盖的工作位置，采用三个基本视图和一个局部视图。

主视图中采用了三个局部剖视，分别表达联接螺孔和视孔的结构。左视图是采用两个平行的剖切平面获得的全剖视图，主要表达两个轴孔的内部结构和两块肋板的形状。俯视图只画箱盖的外形，主要表达螺栓孔、锥销孔、视孔和肋板的分布情况，同时表达了箱盖的外形。

综合几个视图，由形体分析方法可知，箱盖主体结构的下方是一长方形板，中间凸起左低右高两圆柱，其内部是空腔，如图 9-60 所示。为与箱体准确地合在一起（便于加工和装配），加工出两个定位销孔和六个螺钉沉孔；为支承齿轮轴，加工出 $\phi47H7$ 和 $\phi62H7$ 两个轴孔；为安装嵌入闷盖，加工出槽宽为 3mm、直径为 $\phi56mm$ 和 $\phi70mm$ 的两道槽；起模斜度、铸造圆角等均为铸造工艺结构。

3. 分析尺寸

长度方向的主要基准为左侧的竖向中心线，以此来确定两轴孔中心距（70±0.015）mm、箱盖左端面到中心线的距离 65mm 等。左端面是长度方向的辅助基准，以此确定箱盖的总长 235mm。

宽度方向的尺寸基准为箱盖前后方向的对称面，箱盖的宽度 108mm、内腔的宽度 41mm、槽的定位尺寸 96mm 等由此注出。

高度方向的尺寸基准为箱盖的底面，底板的高度 7mm、凸台的高度 27mm、箱盖的总高 70mm 等由此注出。两轴孔 $\phi47H7$ 和 $\phi62H7$ 及中心距（70±0.015）mm，是加工和装配

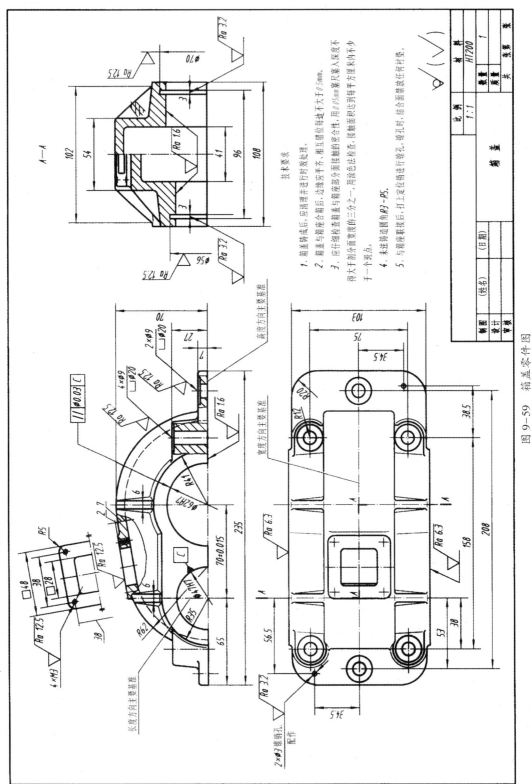

图 9-59 箱盖零件图

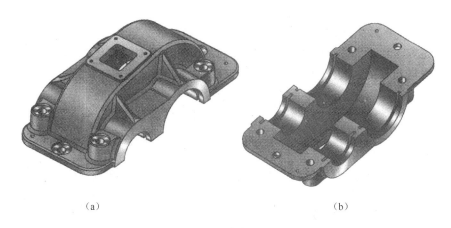

(a)   (b)

图 9-60 箱盖轴测图

所需的重要尺寸,分别标有尺寸公差和几何公差。

4. 读技术要求

箱盖有配合要求的加工面为两(半圆)轴孔,分别为 $\phi47H7$ 和 $\phi62H7$(基孔制间隙配合),其表面结构代号为 $Ra1.6$(表面粗糙度 Ra 的上限值为 $1.6\mu m$)。两轴孔中心距(70 ± 0.015)mm 是重要尺寸,其尺寸公差为 0.03mm。两个定位销孔与箱体同钻铰,其表面结构代号为 $Ra3.2$(表面粗糙度 Ra 的上限值为 $3.2\mu m$)。箱盖底面与箱体上面为接触面,其表面结构代号为 $Ra1.6$(表面粗糙度 Ra 的上限值为 $1.6\mu m$)。非加工面为毛坯面,由铸造直接获得。

箱盖两(半圆)轴孔有几何公差的要求。$\phi47H7$ 轴孔的轴线为基准线,$\phi62H7$ 轴孔的轴线对 $\phi47H7$ 轴线的平行度公差为 $\phi0.03$mm。

标题栏上方的技术要求则用文字说明了零件的热处理要求、铸造圆角的尺寸,以及镗孔加工时的要求。

5. 综合分析

总结上述内容并进行综合分析,对减速器箱体的结构形状、尺寸标注和技术要求等,有较全面的了解。但对某些比较复杂的零件,还需参考有关技术资料和相关的装配图,才能彻底读懂。读图的各个步骤也可视零件的具体情况灵活运用,交叉进行。

9.8　零件测绘

工程技术人员,在进行机器维修或技术改造过程中,常常要进行零件测绘。零件测绘是对实际零件凭目测徒手画出它的图形,测量并记入尺寸、制定出技术要求、填写标题栏,以完成草图,再根据草图画出零件图的过程。

由于零件草图是绘制零件图的依据,必要时还可以直接用它指导零件加工,因此,一张完整的零件草图必须具备零件图应有的全部内容。要求做到:图形正确、尺寸完整、线型分明、字体工整,并注写出技术要求和标题栏中相关内容。

一般类零件都必须测绘,画出草图,再整理工件图。而对标准件(如螺纹制件、键、销、轴承等)只要测得几个重要尺寸,根据相应的标准确定其规格和标记,将这些标准件的名称、数量和标记列表即可。下面说明一般零件草图的绘制、尺寸标注等内容。

9.8.1 零件的测绘方法和步骤

1. 了解和分析零件

为了搞好零件测绘工作,首先要分析了解零件在机器或部件中的位置,与其他零件的关系、作用,然后分析其结构形状和特点以及零件的名称、用途、材料等。

2. 确定零件的表达方案

首先要根据零件的结构形状特征、工作位置及加工位置等情况选择主视图,然后选择其他视图、剖视图、断面图等,要以完整、清晰地表达零件结构形状为原则。以图9-61压盖为例,选择其加工位置方向作为主视图投射方向,并作全剖,它表达了压盖轴向板厚、圆筒长度、三个通孔等的外部结构形状。选择左视图,是为了表达压盖的菱形结构和三个孔的相对位置。

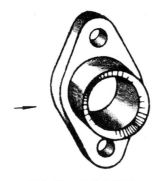

图9-61 压盖立体图

3. 绘制零件草图

(1)布置视图。画主视图,左视图的定位线。布置视图时要考虑标注尺寸的位置,如图9-62(a)所示。

(2)目测比例、徒手画图。从主视图入手按投影关系完成各视图、剖视图,如图9-62(b)所示。

(3)画尺寸线。选择尺寸基准,画出尺寸界线、尺寸线和尺寸终端,如图9-62(c)所示。

(4)测量计入尺寸。按事先画好的每一条尺寸线进行测量,逐一记入尺寸数字。这样可避免遗漏尺寸,使测量工作有条不紊。使用常用工具(钢直尺、内外卡钳、游标卡尺等)的测量方法见表9-12。

(5)编注技术要求。对零件的表面粗糙度,可使用粗糙度样板进行比较确定;对于配合尺寸、形位公差、热处理等要求,则要查阅有关书籍和资料来确定;还可参考同类零件的有关技术要求进行类比确定。

(6)填写标题栏,完成草图,如图9-62(d)所示。

9.8.2 根据零件草图绘制零件工作图

由于测绘往往是在现场进行,所画的草图不一定是很完善的。因此,在画零件图之

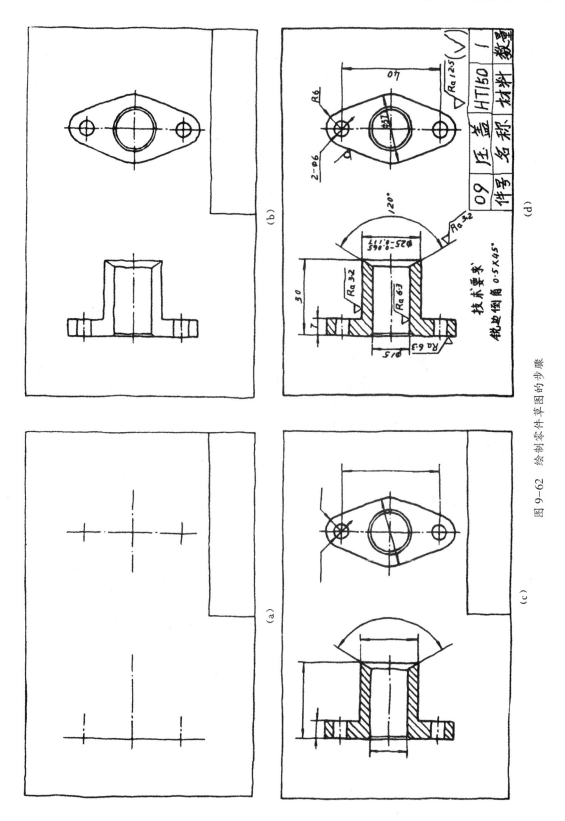

图 9-62 绘制零件草图的步骤

表 9-12　常用工具的测量方法

测量类型		测量示例	说明
直接测量	直线尺寸	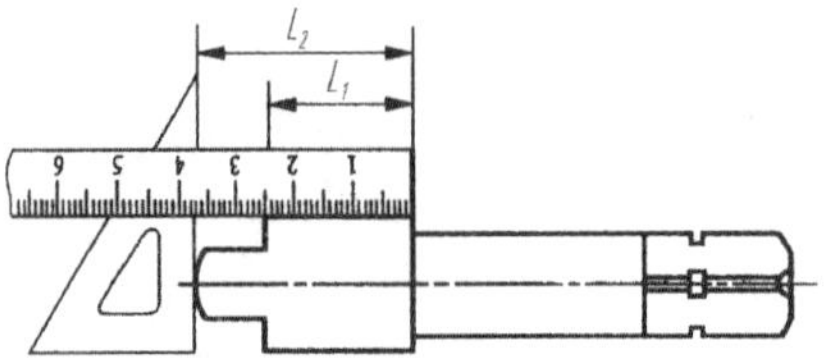	线性尺寸一般可以直接用钢直尺测量，如图中 L_1，必要时也可以用三角板配合测量，如图中 L_2
	直径尺寸	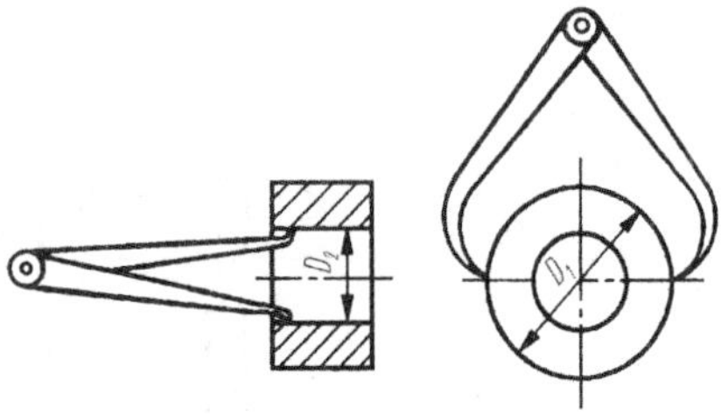	外径用外卡钳测量，内径用内卡钳测量，再在钢直尺上读出数值，如图 D_1、D_2 测量时应注意，内(外)卡钳与回转面的接触点应是直径的两个端点
间接测量	壁厚尺寸	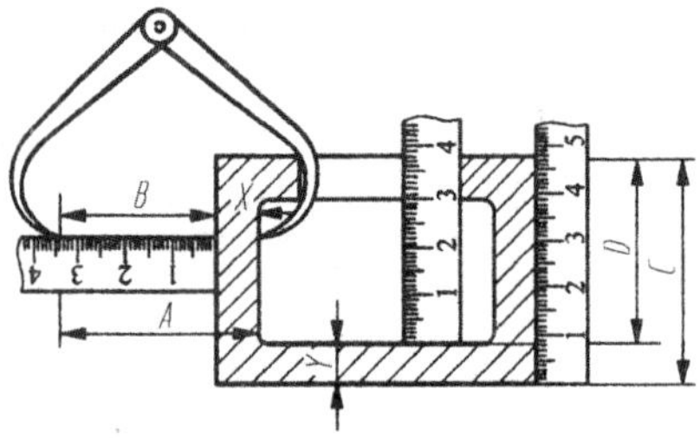	在无法直接测量壁厚时，可用外卡钳和钢直板尺合并使用，将测量分两次完成，如图 $X=A-B$，或用钢直尺测量两次，如图中 $Y=C-D$
	中心高度尺寸	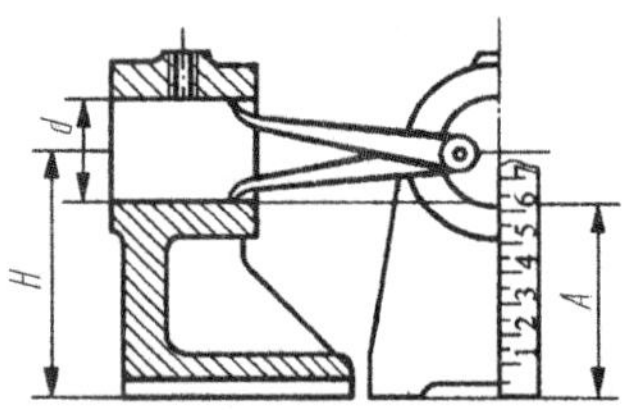	用内卡钳配合钢直尺测量，图中孔的中心高度为 $H=A+d/2$
	孔间距尺寸	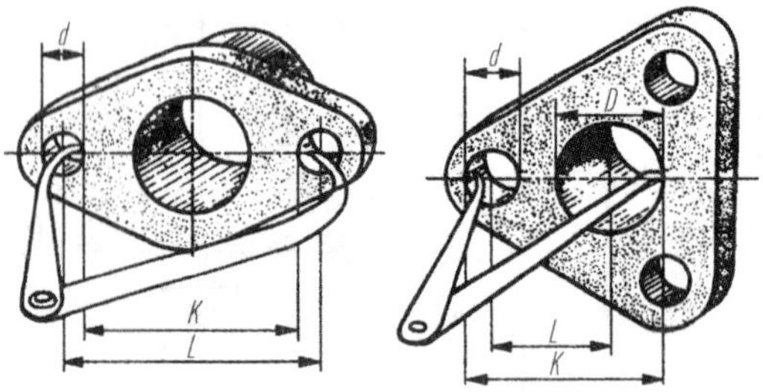	可用内(外)卡钳配合钢直尺测量。在两孔的直径相等时，其中心距为 $L=K+d$ 在两孔的孔直径不等时，其中心距为 $L=K-(D+d)/2$

(续)

测量类型	测量示例	说明
精密测量	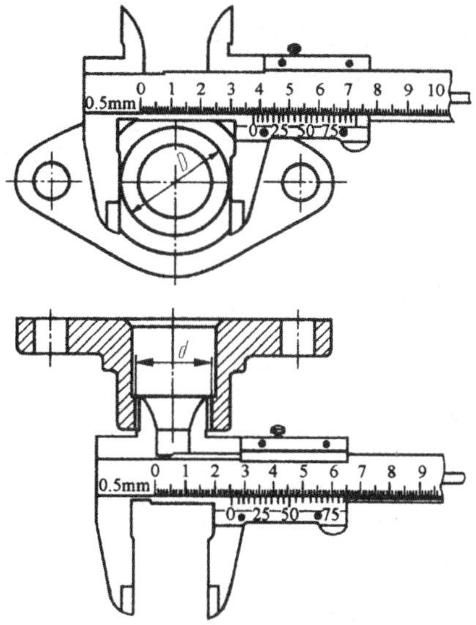	精度较高的尺寸可用游标卡尺(或千分尺)测量。如图(a)中外径 D 和图(b)中内径 d 的尺寸,可在游标卡尺上直接读出
圆角半径尺寸	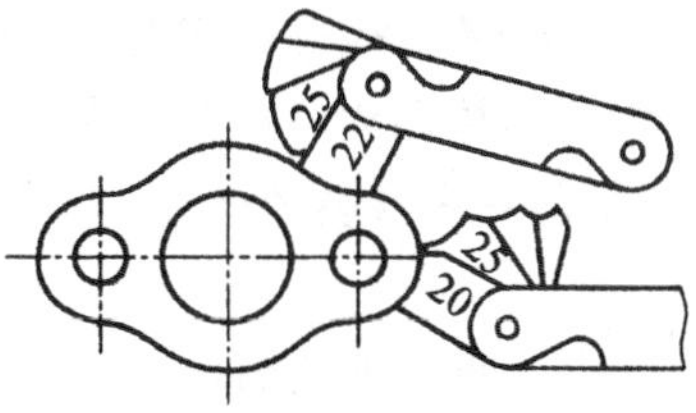	一般用半径规测量圆角半径,在半径规中找到与被测部分完全吻合的一片,从该片上的数值可知圆角半径的大小
曲面及曲线轮廓	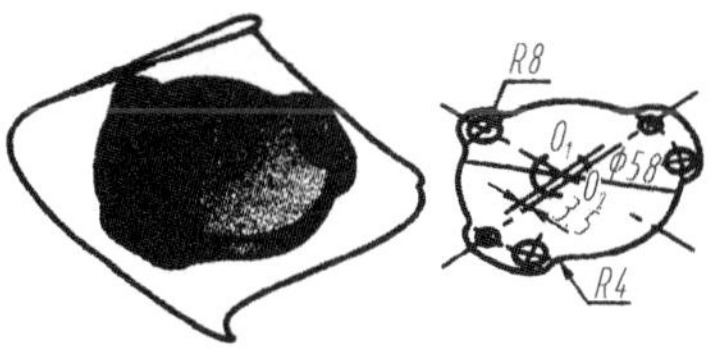	对精度要求不高的曲面轮廓,可用拓印法在纸上拓印出它的轮廓形状,然后用几何作图法求出各连接圆弧的尺寸和圆心位置,如图中 $\phi68mm$、$R8mm$、$R4mm$ 和 $3.5mm$

前,要对草图进行全面审查校核。审查零件草图对结构的表达是否合理,看是否需要重新确定表达方案;对测量所得的尺寸,在标注时,看是否符合设计和工艺要求,同时要参照标准直径、标准长度系列进行贴近、圆整;对于标准结构要素的尺寸,应从有关标准中查对校正。经过复查、补充、修改后,即可进行零件图的绘制工作。

9.8.3 测绘注意事项

在测绘时,还应注意以下事项:
(1)铸件、锻件上有可能出现的形状缺陷和位置不正确,应在绘制零件草图时予以修正。

（2）对于零件上磨损的尺寸应该按功能要求重新确定。

（3）零件上的制造缺陷，如砂眼、缩孔、裂纹以及破旧磨损等，画草图时不应画出。零件上的工艺结构，如倒角、圆角、退刀槽、砂轮越程槽等，应查有关标准确定。

（4）测量尺寸，应根据零件的精度要求选用相应的量具。

（5）有配合要求的尺寸、基本尺寸及选定的公差带应与相配合的零件的相应部分协调一致。

思 考 题

1. 什么是零件图？画零件图时主视图选择应考虑哪些原则？
2. 各种类型零件的视图选择都有哪些特点？
3. 零件图的尺寸标注应满足哪几个方面的要求？
4. 什么是尺寸基准？应选择零件上的哪些要素作为尺寸基准？
5. 零件图上合理标注尺寸应注意什么？
6. 什么是表面粗糙度？常用表面粗糙度参数有哪些？其含义是什么？
7. 什么是公称尺寸、上极限尺寸、下极限尺寸、上极限偏差、下极限偏差和尺寸公差？
8. 公差带由哪两个要素组成？孔和轴的公差带代号由哪两种代号组成？
9. 什么是配合？配合分哪几类？它们是怎样定义的？各用在什么场合？
10. 说明基孔制中基准孔的代号和基轴制中基准轴的代号。
11. 零件上常见的工艺结构有哪些？
12. 试述轴类、轮盖类、支架类、箱体类零件视图表达的特点。
13. 几何公差的含义是什么？几何公差有哪些？符号是什么？
14. 标注形位公差时，怎样区别被测要素是零件的表面或者是零件的轴心线。
15. 试述绘制和识读零件图的基本方法。

第10章 装 配 图

装配图是用于表示产品及其组成部分的联接、装配关系及技术要求的图样。它主要反映机器(或部件)的工作原理、各零件之间的装配关系、传动路线和主要零件的结构形状,是设计和绘制零件图的主要依据,也是装配生产过程中调试、安装、维修的主要技术文件。

本章要点

学习目标	考核标准	教学建议
(1) 装配图内容及装配结构的画法; (2) 装配图的尺寸标注、技术要求、序号及明细表; (3) 装配结构的合理性; (4) 草图及装配图的绘制; (5) 读装配图及拆画零件图	应知:装配结构的画法;装配结构的合理性;装配图的画图过程;拆画零件图的基本方法; 应会:根据给出装配体中的零件草图和装配示意图,能绘制出其装配图;并能从较简单的装配图中拆画出一般零件的零件图	本章以分解装配体,同时绘制装配示意图,完成其中零件草图的测绘,画出装配,再由装配图拆画零件图为主线

项目十 绘制千斤顶的装配图

项目指导	条件及样例
一、目的 (1) 熟悉和掌握装配图的内容、装配图表达的一般规定。 (2) 掌握绘制装配图的全过程。 二、内容及要求 (1) 参考装配示意图,绘制装配图。 (2) 自选图纸大小和绘图比例。 (3) 按装配图要求,除绘制装配图外,要编写序号、明细栏及标题栏。 三、作图步骤 (1) 画底稿:①主视图的画法:先画顶座主视图,再画顶杆、顶碗,并按全剖绘制;②俯视图采用拆卸及局剖画法。 (2) 检查底稿。 (3) 描深图形。 (4) 标注五类尺寸、编写序号、明细栏、标题栏、技术要求,加深图框、标题栏及明细栏外框。 (5) 校对,修饰图面。 四、注意事项 (1) 画图前必须看懂全部零件图,了解其工作原理、各零件之间的装配关系、连接关系和相对位置。 (2) 根据确定的表达方案,先在草图稿纸上试画,经检查无误后,再正式着手绘制。 (3) 应特别注意相邻零件剖面线的方向、间隔,以及接触面的画法。	已知千斤顶各零件图及常用件代号,试按装配示意图,绘制装配图 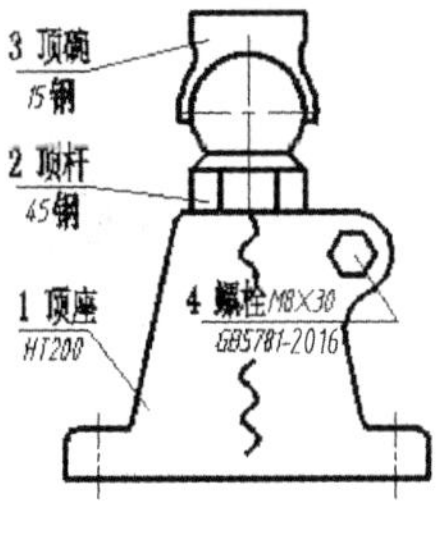 (a) 装配示意图 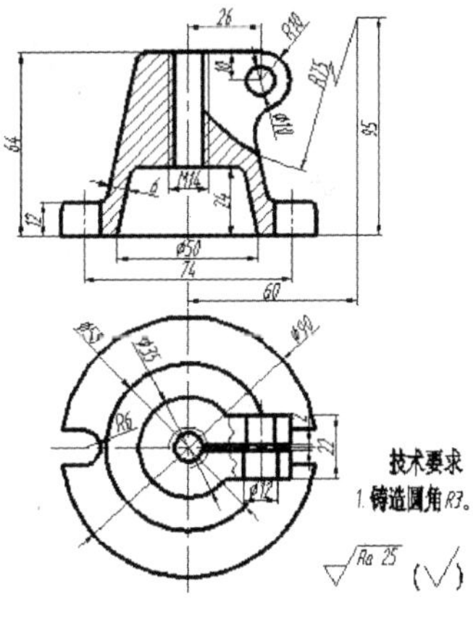　　(b) 顶座 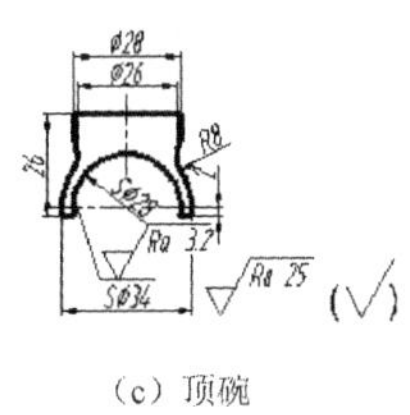 (c) 顶碗 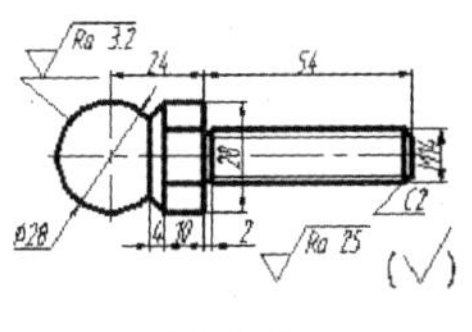　　(d) 顶杆

10.1 装配图的作用和内容

10.1.1 装配图的作用

装配图具体作用：

(1) 进行机器或部件设计时，首先要根据设计要求画出装配图，用以表达机器或部件的结构和工作原理。

(2) 在生产过程中，要根据装配图将零件组装成完整的部件或机器。

(3) 使用者通过装配图了解机器或部件的性能、工作原理、使用和维修的方法。

(4) 装配图反映设计者的技术思想，因此是进行技术交流的重要文件。

10.1.2 装配图的内容

图 10-1、图 10-2 是传动器轴测剖视图和装配图，由图可以看出一张完整的装配图应包括下列内容。

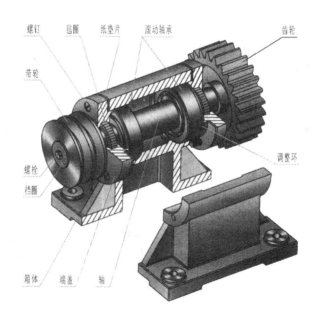

图 10-1 传动器轴测剖视图

(1) 一组视图。用以表达机器(或部件)的工作原理、装配关系、传动路线，以及各零件的相对位置、联接方式和主要零件结构形状等。

(2) 必要的尺寸。标注出表达机器(或部件)规格、性能、外形尺寸，以及装配和安装时所必需的尺寸。

(3) 技术要求。用文字或符号说明对机器(或部件)在装配、调试、安装和使用过程中的技术要求。

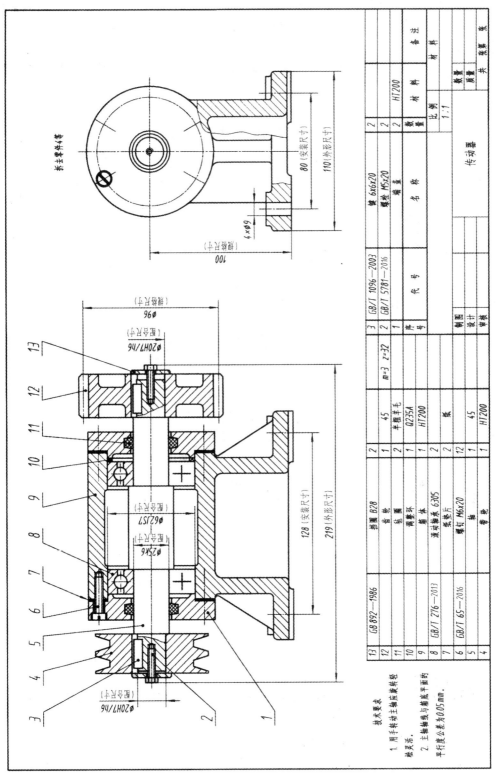

图 10-2 传动器装配图

(4) 零件序号和明细栏。为了便于生产管理和读图,装配图中必须对每种零件进行编号,并在标题栏上方绘制明细栏,明细栏中要按编号填写零件的名称、材料、数量,以及常用件的规格尺寸等。

(5) 标题栏。装配图标题栏包括机器(或部件)名称、图号、比例,以及图样责任者的签名等内容。

10.2 装配图的表达方法

零件图的各种表达方法,在表达机器(或部件)时也完全适用。但机器(或部件)是由若干个零件所组成的,而装配图不仅要表达整体的工作原理、装配和联接关系,还要表达主要零件的结构形状,因此机械制图国家标准,对装配图提出了一些规定画法和特殊表达方法。

10.2.1 装配图的规定画法

(1) 相邻两个零件的接触面和配合面,规定只画一条线。当相邻两零件有关部分的公称尺寸不同时,即使间隙很小,也要画出两条线,如图10-3所示。

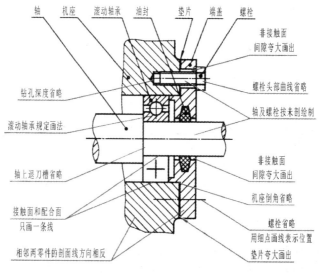

图 10-3 装配图的规定画法

(2) 两个相互邻接的金属零件的剖面线,其倾斜方向相反或方向一致而间隔不等。在一张装配图中,同一个零件在各剖视图中,剖面线的方向一致、间隔相等。

(3) 对于紧固件以及轴、连杆、拉杆、手柄、球、键、销和钩子等实心零件,若剖切平面通过其轴线或对称平面时,则这些零件均按不剖来绘制。如果需要表明其中的键槽、销孔、凹坑等,可用局剖视图表示。

10.2.2 装配图的特殊表达方法

1. 拆卸画法

装配体上某零件在一个视图中已经表达清楚,在其他视图中可将其拆去不画。假想将这些零件拆卸后绘制,需要说明时可以加注"拆去××等"。如图 10-2 中的左视图,将螺栓、挡圈、带轮、齿轮等零件拆去,则避免了表达的重复。

2. 以拆卸代替剖视

为了清楚地表达部件的内部结构或被遮挡部分的结构形状,可假想沿着两个零件的结合面剖切,这时,零件的结合面不画剖面线,其他被剖切到的螺栓、轴、销等零件则要画剖面线,如图 10-4 所示,A—A 剖视图表达。

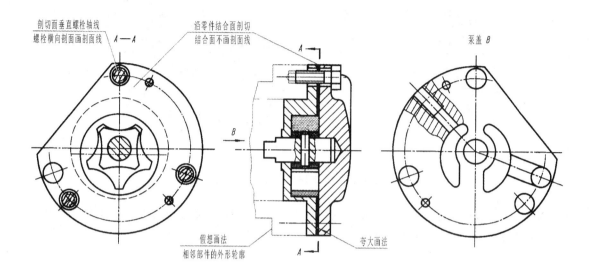

图 10-4　相邻两零件剖面线的画法

3. 假想画法

对部件中某些零件的运动范围和极限位置,可用双点画线画出其轮廓。如图 10-5 所示,为车床尾座手柄的极限位置及其运动范围。

对于与该部件相关联,但不属于该部件的零件,为了表明它与该部件的关系,可用双点画线画出其轮廓图形。

4. 简化画法

(1) 有若干个相同的零部件组,可仅详细地画出一组,其余只需用细点画线表示出其位置,如图 10-6 所示。

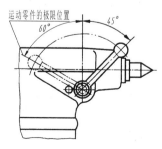 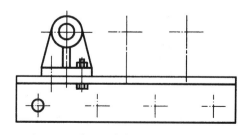

图 10-5　运动零件的极限位置　　　图 10-6　装配图中相同组件的简化画法

（2）零件上的工艺结构,如倒角、倒圆、退刀槽等可省略不画。对于方螺母、六角螺母等因倒角而产生的曲线也允许省略,按简化画法画出即可,如图10-7所示。

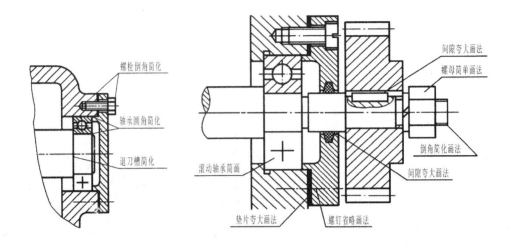

图10-7　装配图的夸大、简化画法

（3）在装配图中,对于带传动中的传动带可用粗实线表示,对于链传动中的链条可用细点画线表示,如图10-8所示。

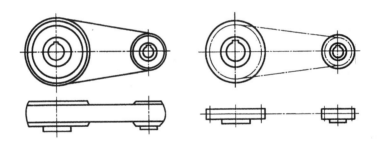

图10-8　简化画法

5. 夸大画法

对装配图上的薄垫片、细金属丝、小间隙,以及斜度、锥度小的表面,如按实际尺寸绘制,很难表示清楚,这时允许夸大画出。对于厚度、直径不超过2mm的被剖切的薄、细零件,其剖面线可以用涂黑来代替,如图10-7所示。

6. 展开画法

在传动机构中,各轴系的轴线往往不在同一平面内,为将其运动路线完全表达出来,可采用如下表达方法:假想用剖切平面沿传动路线上各轴线顺序剖切,然后使其展开、摊平在一个平面上(平行于某一基本投影面),再画出其剖视图,这种画法即为展开画法,如图10-9所示。

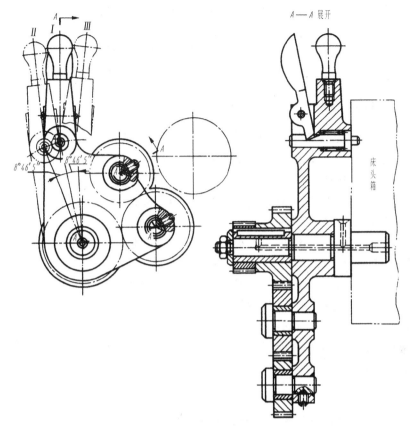

图 10-9 展开画法

10.3 装配图的尺寸、技术要求、零件序号及明细栏

10.3.1 尺寸标注

装配图不是制造零件的依据,因此在装配图中不需要注出每个零件的全部尺寸,而只需注出一些必要的尺寸,这些尺寸按其作用不同,可分为性能尺寸、装配尺寸、安装尺寸、外形尺寸、其他重要尺寸。

(1) 性能尺寸。这类尺寸表明装配体的工作性能或规格大小。它是设计该部件的原始资料,如油缸的活塞直径、活塞的行程,各种阀门连接管路的直径等,如图 10-2 中尺寸 $\phi 96$、100。

(2) 装配尺寸。装配尺寸包括零件间有配合关系的尺寸,表示主要零件间相对位置的尺寸和装配时需要加工的尺寸,如图 10-2 中的尺寸 $\phi 20H7/h6$、$\phi 25k6$、$\phi 62js7$。

(3) 安装尺寸。安装尺寸是部件安装在机器上,或机器安装在地基上进行连接固定所需的尺寸,如图 10-2 中尺寸 128、80。

(4) 外形尺寸。表示机器(或部件)外形轮廓的尺寸,即总长、总宽、总高三个方向的尺寸。这类尺寸表明机器(部件)所占空间的大小,作为包装、运输、安装、车间平面布置的依据。

（5）其他重要尺寸。根据装配体的特点和需要,必须标注的尺寸,如经过计算的重要尺寸、重要零件间的定位尺寸、主要零件的尺寸等。

以上五类尺寸之间并不是孤立的,同一尺寸可能有几种含义。有时一张装配图并不完全具备上述五类尺寸,因此,对装配图中的尺寸需要具体分析,然后进行标注。

10.3.2 技术要求

装配图的技术要求是指机器(或部件)装配时调整及加工说明,试验和检验的有关资料,技术性能指标及维护、保养、使用注意事项等的说明,如图10-2技术要求中的各项。

JB/T 5054.2—2000《产品图样设计文件 图样的基本要求》,对机械图样(含零件图和装配图)中的技术要求,较为具体地提出了如下几个方面的一般内容。

（1）对材料、毛坯、热处理的要求。
（2）对视图中难以表达的尺寸公差、形状公差和表面结构的要求。
（3）对有关结构要素的统一要求(如圆角、倒角、尺寸等)。
（4）对零部件表面质量的要求(如涂层、镀层、喷丸等)。
（5）对间隙、过盈及个别结构要素的特殊要求。
（6）对校准、调整及密封的要求。
（7）对产品及零部件的性能和质量的要求(如噪声、耐振性、制动性及安全性等)。
（8）试验条件和方法。
（9）其他说明。

10.3.3 装配图上的零件序号及明细栏

为了便于读图,做好生产前的准备工作,管理图样和零件或编制其他技术文件,对图中每种零件和组件应编注序号。同时,应在标题栏上方编制相应的明细栏。

1. 序号编法

（1）装配图中的序号由点(或箭头)、指引线、横线(或圆圈)和序号数字这四部分组成。指引线、横线都用细实线画出;指引线之间不允许相交,但允许弯折一次;当指引线通过剖面线区域时应与剖面线斜交,避免与剖面线平行;序号的数字要比装配图的尺寸数字大一号或大两号,如图10-10所示。

图10-10 零件序号的编写形式

（2）每个不同的零件编写一个序号,规格完全相同的零件只编写一个序号。

（3）零件的序号应沿水平或垂直方向,按顺时针或逆时针方向排列,并尽量使序号间隔相等,如图10-2所示。

（4）一组紧固件或装配关系清楚的零件组,允许采用公共指引线,如图10-11所示。若指引线所指部分是很薄的零件或涂黑的剖面内不便画圆点时,可在指引线末端画出箭头,并指向该部分的轮廓,如图10-10所示。

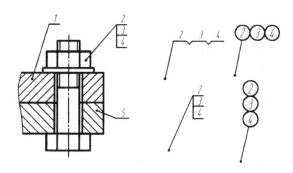

图 10-11 公共指引线的画法

（5）装配图中的常用组件,如油杯、油标、滚动轴承、电动机等,可看成一个整体,只编注一个序号。

2. 明细栏

GB/T 10609.2—2009《技术制图 明细栏》规定明细栏是由序号、名称、数量、材料、质量、备注等内容组成的栏目,明细栏一般编注在标题栏的上方。在图中填写明细栏时,应自下而上顺序进行,当位置不够时,可移至标题栏左边继续编制。明细栏的格式和尺寸如图 1-4 所示。

练习用装配图的标题栏(零件图标题栏)、明细栏,也可采用图 1-4 所示的简化格式。

10.4 装配结构的合理性

在绘制装配图过程中,应考虑装配结构的合理性,以保证机器和部件的性能,便于零件的加工和装配。确定合理的装配结构,必须具有丰富的实际经验,并能对各种类型结构,做深入地分析后进行选择。

（1）当轴和孔配合时,要保证轴肩与孔的端面接触良好,则零件转角处应有倒角、倒圆或轴肩根部作出越程槽,如图 10-12 所示。

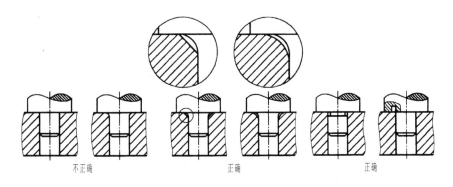

图 10-12 轴、孔装配的正确结构

（2）当两个零件接触时,在同一方向上的接触表面,应只有一对表面接触,如图 10-13 所示。

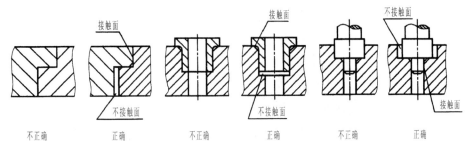

图 10-13　两接触面的正确结构

(3) 为了使螺栓、螺母、螺钉、垫圈等紧固件与被联接表面接触良好,在被联接件的表面应加工成锪平孔、凸台、退刀槽、凹槽、倒角等结构,如图 10-14 和图 10-15 所示。螺纹紧固件在安装时,必须保证安装的可能性及方便性,如图 10-16 所示。

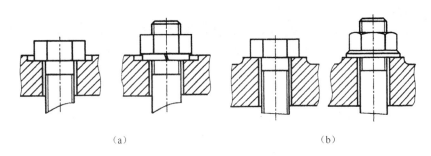

图 10-14　螺纹联接处的装配结构(一)
(a)锪平孔;(b)凸台。

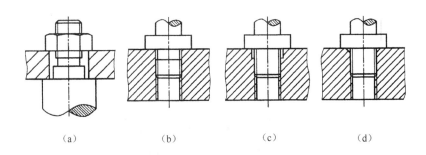

图 10-15　螺纹联接处的装配结构(二)
(a)尾部加长;(b)退刀槽;(c)凹槽;(d)倒角。

(4) 滚动轴承的装配、固定和密封。滚动轴承的装卸要求能顺利进行,不致于毁坏轴承,装配结构必须要合理,如图 10-17 所示。为防止轴承的轴向移动,必须使轴承内、外圈固定,常见方法有轴肩、弹性挡圈、轴端挡圈、圆螺母与止退垫圈等,如图 10-18 所示。为防止灰尘进入轴承和防止润滑油的泄漏,延长轴承的使用寿命,常采用密封装置,如图 10-19 所示。

(5) 防松结构。对于受振动或冲击的机器或部件,其螺纹联接要采用防松装置,以免发生松动,常见结构如图 10-20 所示。

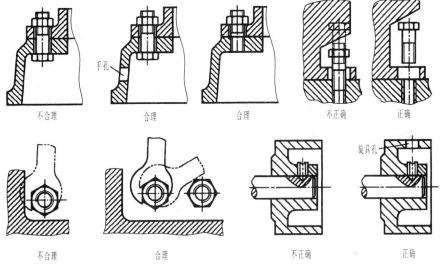

图 10-16 螺纹紧固件装配合理结构

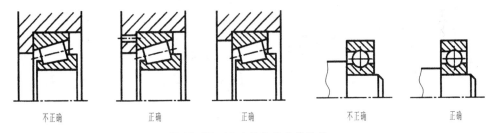

图 10-17 滚动轴承的安装结构

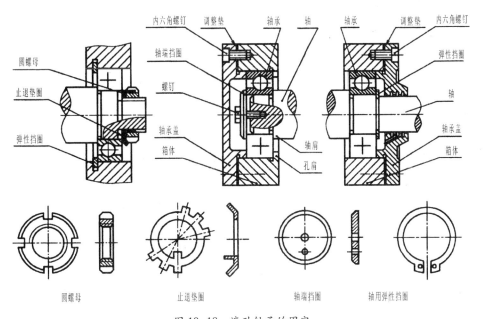

图 10-18 滚动轴承的固定

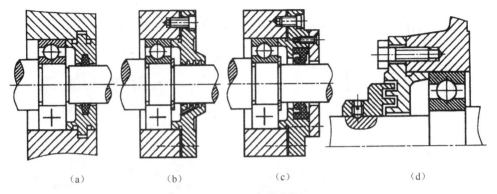

图 10-19　密封结构
(a)毡圈式密封；(b)油沟式密封；(c)皮碗式密封；(d)迷宫式密封。

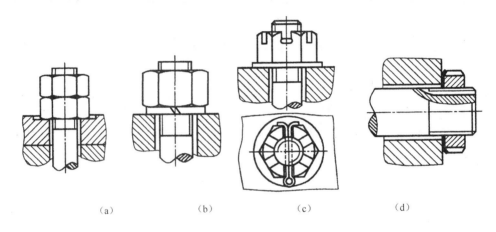

图 10-20　防松结构
(a)用双螺母锁紧；(b)用弹簧垫圈锁紧；(c)用开口销锁紧；(d)用制动垫圈锁紧。

（6）防漏结构。在机器或部件中，为防止旋转轴或滑动杆处的润滑液流出和灰尘侵入，应采用防漏装置，如图 10-21 所示。

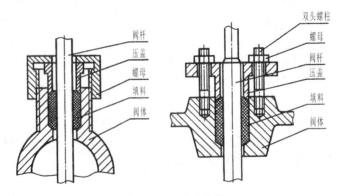

图 10-21　防漏结构

10.5　测绘装配体和画装配图

在对原有机器进行维修、技术改造或仿造时,若没有现成技术资料,就需要对有关机器的一部分或整体进行测绘,画出零件图和装配图,用这种方法绘制的装配图称为测绘装配图。

10.5.1　测绘装配体

根据现有的装配体(机器或部件),绘制出全部一般零件的草图,然后将这些草图进行整理,绘制出装配图和零件图,这个过程称为装配体(机器或部件)测绘。

现以图10-22所示的减速器为例,说明装配体的测绘方法与步骤。

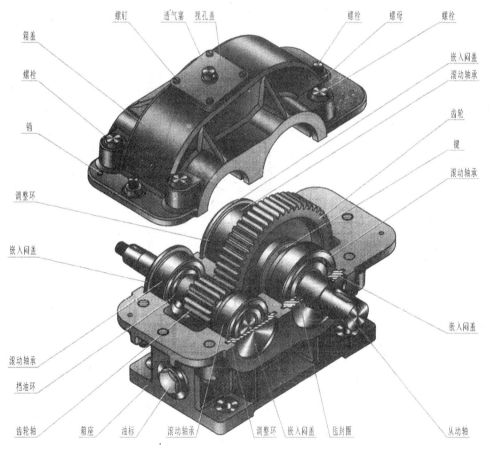

图 10-22　减速器轴测分解图

1. 全面了解和分析部件

首先,应该了解测绘部件的任务和目的,决定测绘工作的内容和要求。如为了设计新产品提供参考图样,测绘时可进行修改;如为了补充图样或制作备件,测绘时必须正确、准确,不得修改。

其次,通过阅读有关技术文件、资料和同类产品图样,以及直接向有关人员广泛了解使用情况,分析部件的构造、功用、工作原理、传动系统、大体的技术性能和使用运转情况,并检测有关的技术性能指标和一些重要的装配尺寸,如零件间的相对位置尺寸,极限尺寸以及装配间隙等,为下一步拆装工作和测绘工作打好基础。

2. 拆卸零件并画装配示意图

在初步了解装配体功能的基础上,按一定的顺序拆卸零件。拆卸时应注意以下几点。

(1) 根据装配体的特点,制定拆卸顺序。划分装配体的各组成部分,合理地选用工具和正确的拆卸方法,按一定顺序拆卸,严防乱敲乱打。对复杂的装配体应给零件编号做标签。

(2) 拆卸前先测量一些重要的装配尺寸,如零件间的相对位置尺寸、极限尺寸、装配间隙等。

(3) 对精度较高的配合部位或过盈配合,应尽量少拆或不拆,以免降低配合精度或损坏零件。

(4) 拆卸时要认真研究每个零件的作用、结构特点、零件间的装配关系及传动情况,正确判别配合性质和加工要求。

装配示意图是在拆卸过程中所画的记录图样,即必须是边拆边画。其图示特点是用简单的线条、大致的轮廓及国标规定的简图符号,将各零件之间的相对位置、装配、联接关系及传动情况表达清楚,且尽可能集中在一个视图上表达,图 10-23 所示为减速器装配示意图。由于装配示意图记录了各零件间的装配关系,所以它可作为绘制装配图和重新装配的依据。

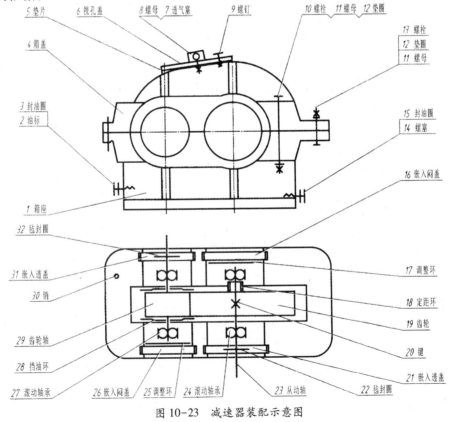

图 10-23 减速器装配示意图

3. 测绘零件并画零件草图

画零件草图是装配体测绘的重要步骤和基础工作。装配体中的零件分为两类：一般零件和常用件。测绘过程需要注意以下几点：

（1）凡常用件可以不画草图，但要测量其规格尺寸，然后查阅有关标准，按规定标记登记在明细栏内。

（2）一般零件在画草图时，可以先从主要的或大的零件着手，按装配关系依次画出各零件草图，以方便校核和协调零件的相关尺寸。

（3）两零件的配合尺寸或结合面的尺寸量出后，要及时填写在各自的零件草图上，以免发生矛盾。

（4）零件草图是用目测的方法徒手画出的图，而不是潦草的图，草图的内容与零件图相同，区别在于零件草图是徒手完成的，零件图是用绘图仪器画出的。零件草图是绘制零件图和装配图的依据。

提示：常用件测绘及代号标记见第 8 章；画零件草图的方法、步骤参见 9.8 节。

10.5.2 画装配图和零件图

根据装配示意图和零件草图、常用件的标记画装配图，再由装配图拆画零件图的过程不是简单的拼凑和重复，而是从装配体的整体功用、工作原理出发，对零件草图和装配示意图进行一次校对。发现它们有不协调、甚至错误之处，应立即改正。

绘制装配图的方法和步骤与画零件图基本相同，关键在于要从整体出发，选择好表达方案。把装配体所有零件都显示出来是装配图最基本的要求。在此基础上，再将装配体的工作原理、装配关系、联接方式和基本结构等表达清楚。绘制装配图的步骤如下：

1. 选择视图

（1）选择主视图。主视图的选择应符合装配体的工作位置或习惯放置位置，并尽可能反映该装配体的结构特点及零件之间的装配联接关系，能明显地表示出装配体的工作原理。主视图通常取剖视，以表达零件主要装配干线（如工作系统、传动路线）。

图 10-28 所示为减速器的装配图。减速器装配图选用主、俯、左三个基本视图表达其内部结构形状。按工作位置确定的主视图表达了减速器的整机外形，并采用五处局部剖视，分别表示箱座上的油标、放油孔的结构，箱盖和箱座的螺栓联接结构，箱盖上视孔盖和透气塞的结构。

（2）选择其他视图。其他视图的选择应能补充主视图尚未表达或表达不够充分的部分。一般情况下，每一种零件至少应在视图中出现一次。

图 10-28 中，俯视图是沿箱盖与箱座结合面剖切的剖视图，集中表达减速器的工作原理以及各零件间的装配关系。左视图补充表达减速器整体的外形轮廓。此外，左视图中采用两处局部剖视，分别表示箱盖和箱座的圆锥销定位结构，以及箱座的安装螺栓孔结构。

2. 绘制装配图

（1）确定比例、合理布局。根据装配体大小和复杂程度，确定比例和图幅，画出图框和标题栏、明细栏,同时要考虑零件序号、尺寸标注和技术要求等内容的布置,如图 10-24 所示。

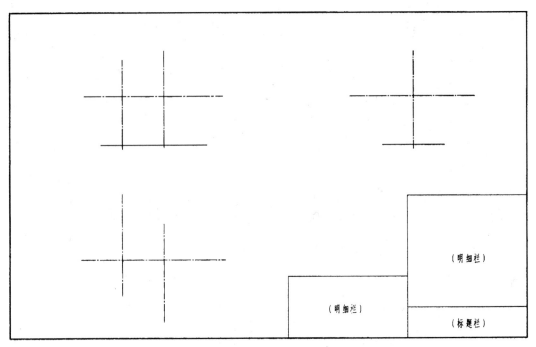

图 10-24　减速器装配图画图步骤(一)

(2) 画装配体的主要结构。一般可先从主视图画起,从主要结构入手,由主到次;从装配干线出发,由内向外,逐层画出,如图 10-25 所示。

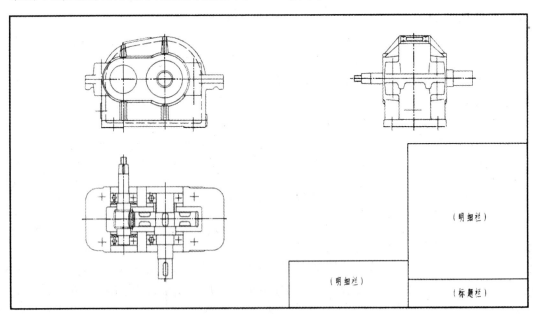

图 10-25　减速器装配图画图步骤(二)

(3) 画出次要结构和细节。在主视图中画出油标、放油孔、螺栓联接、视孔盖和透气塞的详细结构。在左视图中画出圆锥销定位结构、油标的外形、安装孔的详细结构。在俯视图中画出嵌入透盖、嵌入闷盖、螺栓孔和锥销孔位置等详细结构,如图 10-26 所示;逐一画出各剖切部分的剖面线,如图 10-27 所示。

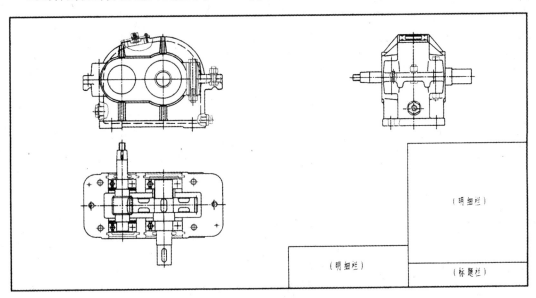

图 10-26 减速器装配图画图步骤(三)

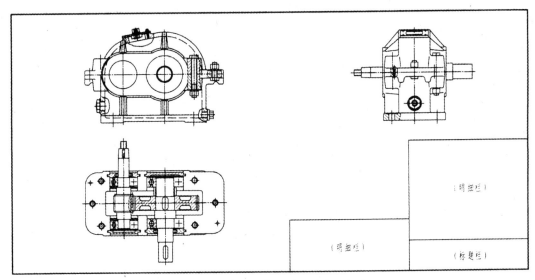

图 10-27 减速器装配图画图步骤(四)

（4）描深加粗、标注尺寸、编排序号、填写标题栏和明细栏。装配图底稿绘制完成后,应仔细检查校对,确认无误后描深加粗全图。最后,标注必要的尺寸,编排零件序号,填写标题栏、明细栏和技术要求,完成减速器装配图的绘制,如图 10-28 所示。

10.5.3 画零件图

装配图绘制完成之后,根据装配图绘制出除常用件外全部零件的零件图。图 10-29~

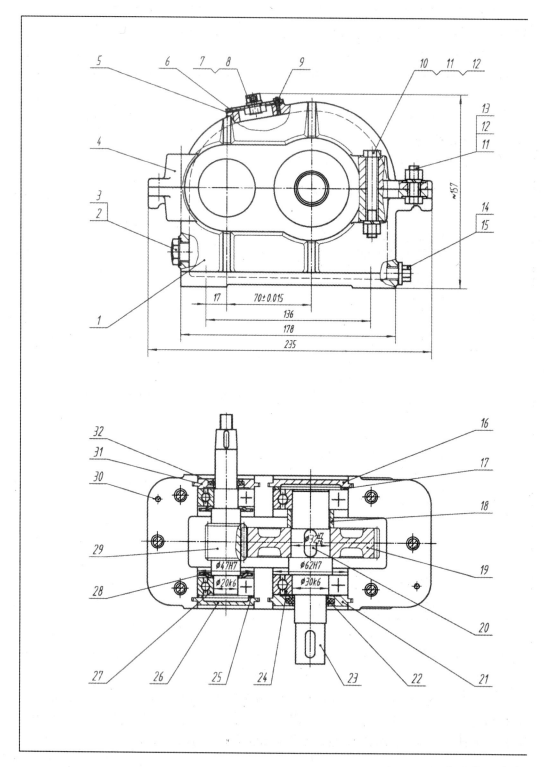

图 10-28 减速

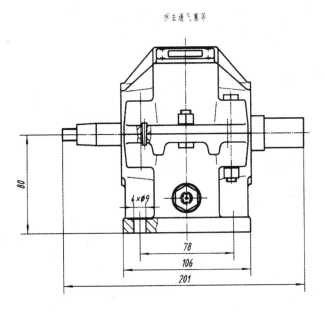

技术要求

1. 在装配之前，所有零件用煤油清洗，滚动轴承用汽油清洗，箱体内不许有杂物。
2. 滚动轴承内圈必须紧贴轴肩，定位环用 0.005 mm 塞尺检查不得通过。
3. 滚动轴承的轴向间隙：输入轴 0.04~0.07 mm，输出轴 0.05~0.10 mm。
4. 齿面接触斑点沿齿高不小于45%，沿齿长不小于60%。
5. 减速器空运转试验时输入转速 750~1500 r/min，正反向各不少于 2h，试验运转应平稳，无冲击振动，各连接件、紧固件不松动，各连接处、密封处不渗油。
6. 紧固螺栓涂厌氧胶（Zr-803厌氧胶），结合面涂密封胶（尼龙密封或84-1密封胶），外表面喷银灰色油漆。

22		毡封圈	1	半粗羊毛毡	
21		嵌入透盖	1	HT150	
20	GB/T 1096—2003	键 10×8×22	1		
19		齿轮	1	40	m=2 z=55
18		定距环	1	Q215A	
17		调整环	1	Q215A	
16		嵌入闷盖	1	HT150	
15		封油圈	1	耐油橡胶	
14	JB/ZQ 4450—2000	螺塞 M10×1	1		
13	GB/T 5781—2016	螺栓 M8×25	2		
12	GB 93—1987	垫圈 8	6		
11	GB/T 41—2016	螺母 M8	6		
10	GB/T 5780—2016	螺栓 M8×65	4		
9	GB/T 67—2016	螺钉 M3×8	4		
8	GB/T 6173—2015	螺母 M10×1	1		
7		透气塞 M10×1	1	Q215A	
6		视孔盖	1	Q215A	
5		垫片	1	石棉橡胶	
4		箱盖	1	HT200	
3		封油圈	1	耐油橡胶	
2	JB/T 7941.2—1995	油标 A10	1		
1		箱座	1	HT200	
32		毡封圈	1	半粗羊毛毡	
31		嵌入透盖	1	HT150	
30	GB/T 117—2000	销 3×18	2		
29		齿轮轴	1	45	m=2 z=15
28		挡油环	1	Q215A	
27	GB/T 276—2013	滚动轴承 6204	2		
26		嵌入闷盖	1	HT150	
25		调整环	1	Q215A	
24	GB/T 276—2013	滚动轴承 6206	2		
23		从动轴	1	45	
序号	代号	名称	数量	材料	备注

比例 1:1 — 单级圆柱齿轮减速器

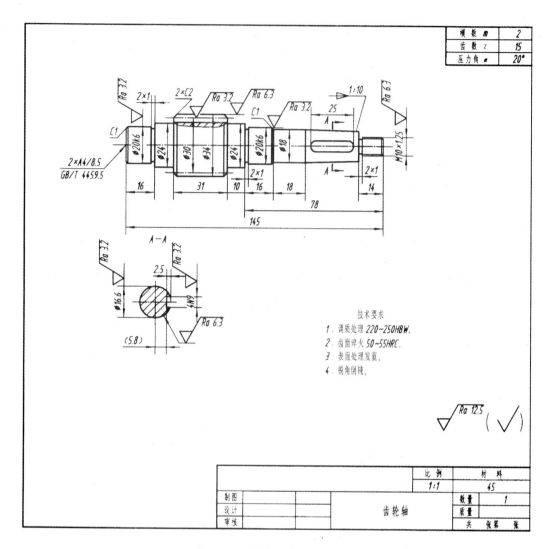

图 10-29 减速器齿轮轴零件图

图 10-34 所示为减速器主要零件的零件图(箱盖零件图如图 9-59 所示)。

画零件图不是对零件草图的简单抄画,而是根据减速器的装配图,以及零件草图为基础,对零件草图中的视图表达、尺寸标注等不合理或不够完善之处,在绘制零件图时予以必要的修正。画零件图时要注意以下两个问题:

(1) 零件上的制造缺陷,如砂眼、缩孔、裂纹以及破旧磨损等不应画出;零件上的机械加工工艺结构,如倒角、退刀槽、砂轮越程槽等,应通过查有关标准来确定。

(2) 零件的技术要求,如表面粗糙度、尺寸公差、几何公差、表面处理以及材料牌号等,可根据零件的作用、工作要求等,参照同类产品的图样和相关资料类比确定。

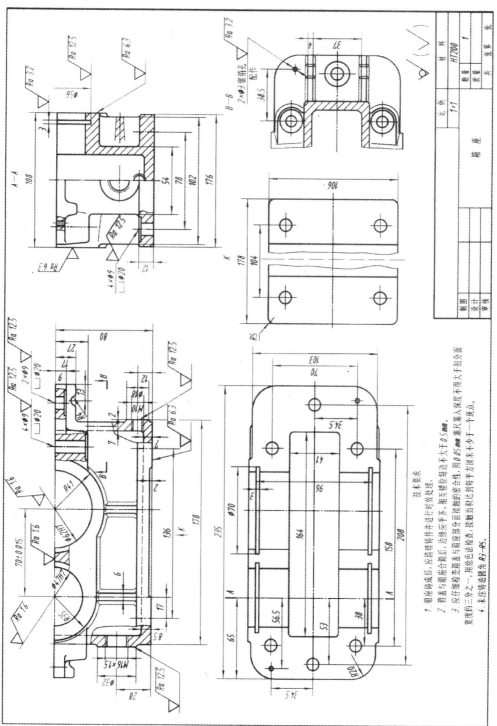

图 10-30 减速器箱座零件图

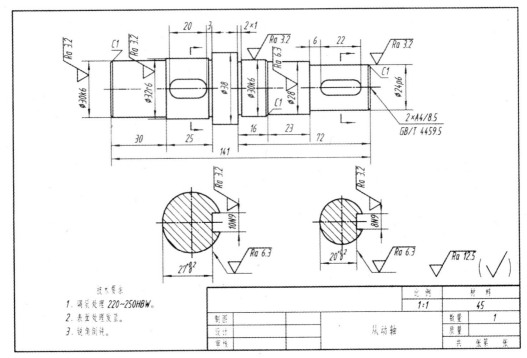

图 10-31 从动轴零件图

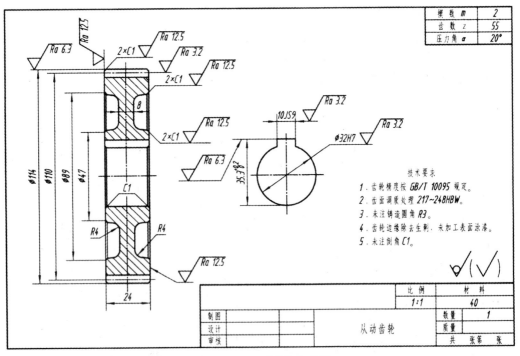

图 10-32 从动齿轮零件图

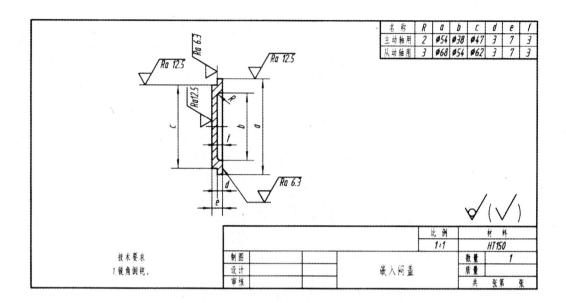

图 10-33 嵌入闷盖零件图

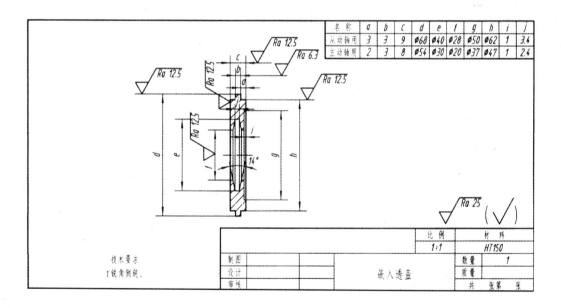

图 10-34 嵌入透盖零件图

图 10-35 为铣刀头轴测剖视图；图 10-36 为铣刀头装配示意图；图 10-37（a）(b)(c)(d) 为铣刀头装配图画图步骤，其分析与画图过程请读者自行分析；图 10-38 为铣刀头装配图。

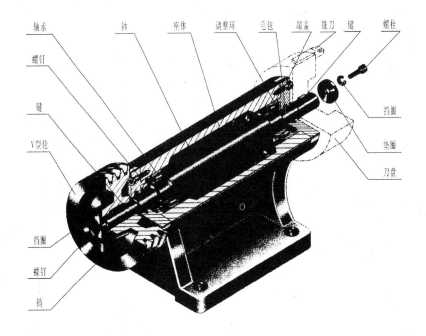

图 10-35 铣刀头轴测剖视图

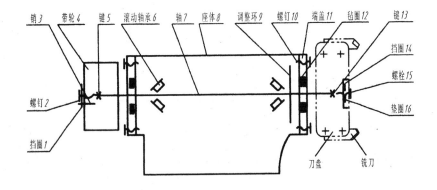

图 10-36 铣刀头装配示意图

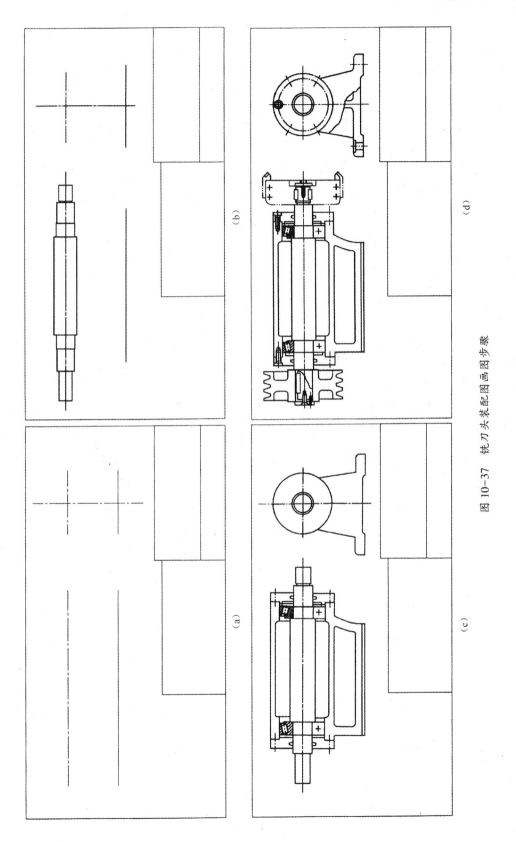

图 10-37 铣刀头装配图画图步骤

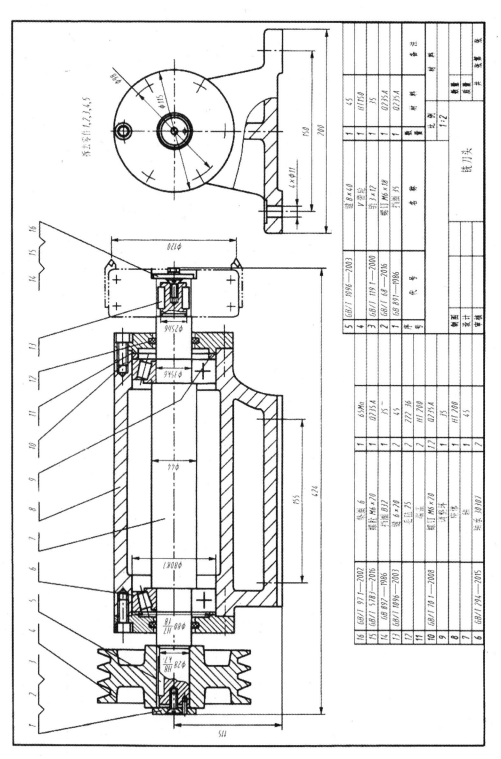

图 10-38 铣刀头装配图

10.6　读装配图和拆画零件图

在机器或部件的设计、制造、装配、使用、维修以及进行技术交流时,都需要读懂装配图。因此,能正确阅读装配图,并由装配图拆画零件图,是每位工程技术人员必须具备的基本能力之一。

读装配图的目的：
(1) 了解机器(或部件)的性能、工作原理。
(2) 了解各零件间的装配关系及拆卸顺序。
(3) 了解各零件的主要结构形状和作用。
(4) 了解尺寸和技术要求等。

10.6.1　读装配图的方法与步骤

1. 概括了解

(1) 首先看标题栏,由此可以了解该机器(或部件)的名称,由名称可以略知其用途和使用性能。

(2) 再看明细栏,由此了解组成机器(或部件)中各种零件的名称、数量、材料以及常用件的规格,找到它们在图中的位置,估计机器(或部件)的复杂程度。由绘图比例及外形尺寸,了解机器或部件的大小。

(3) 从技术要求看机器(或部件)在装配、试验、使用时有哪些具体要求。

(4) 若有条件,最好能看一下产品说明书和相关资料,联系生产实践知识,了解机器(或部件)的性能、功用等,从而对装配图的内容有一个概括了解。

图 10-39 所示是机用虎钳装配图。由标题栏可知该部件名称为机用虎钳,对照图上的序号和明细栏,可知它是由 11 种零件组成,其中垫圈 5、圆锥销 7、螺钉 10 是常用件(明细栏中有标准代号),其他为一般零件。根据实践知识或查阅说明书及相关资料大致可知,机用虎钳是安装在机床工作台上,用于夹紧工件,以便进行切削加工的一种通用工具。

2. 分析视图

首先要找到主视图,再根据投影关系识别出其他视图;找出剖视图、断面图所对应的剖切位置,识别出表达方法的名称,从而明确各视图表达的意图和重点,为下一步深入的读图做准备。

机用虎钳装配图采用了主、俯、左三个基本视图,并采用了单件画法、局部放大图、移出断面图等表达方法。各视图及表达方法的分析如下：

(1) 主视图。主视图采用了全剖视,主要反映机用虎钳的工作原理和零件的装配关系。

(2) 俯视图。俯视图主要表达机用虎钳的外形,并通过局部剖视图表达钳口板 2 和固定钳身 1 联接的局部结构。

(3) 左视图。左视图采用 $B—B$ 半剖视图,表达固定钳身 1、活动钳身 4 和螺母 8 三个零件之间的装配关系。

(4) 单件画法。件 2 的 A 向视图为单件画法,用来表达钳口板 2 的形状。

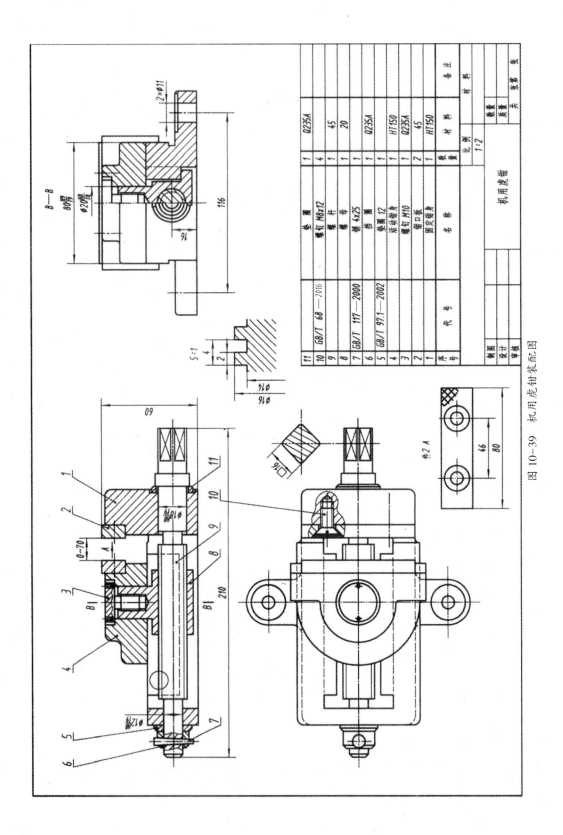

图 10-39 机用虎钳装配图

(5) 局部放大图。局部放大图用以表达螺杆 9 上螺纹(矩形螺纹)的结构和尺寸。

(6) 移出断面图。移出断面图用以表达螺杆右端的断面形状。

3. 分析工作原理和零件的装配关系

对于比较简单的装配体,可以直接对装配图进行分析。对于比较复杂的装配体,需要借助说明书等技术资料来阅读图样。读图时,可先从反映工作原理、装配关系较明显的视图入手,抓主要装配干线或传动路线,分析研究各相关零件间的连接方式和装配关系,判别固定件与运动件,搞清传动路线和工作原理。

(1) 工作原理。机用虎钳的主视图基本反映了其工作原理,旋转螺杆 9,使螺母 8 带动活动钳身 4 在水平方向右、向左移动,进而夹紧或松开工件。机用虎钳的最大夹持厚度为 70mm。

(2) 装配关系。主视图反映了机用虎钳主要零件间的装配关系,螺母 8 从固定钳身 1 下方的空腔装入工形槽内,再装入螺杆 9,用垫圈 11、垫圈 5 及挡圈 6 和圆锥销 7 将螺杆轴向固定;螺钉 3 用于联接活动钳身 4 与螺母 8,最后用螺钉 10 将两块钳口板 2 分别与固定钳身 1、活动钳身 4 联接。

4. 分析视图,读懂零件的结构形状

在弄清上述内容的基础上,还要读懂每一个零件的结构形状。读图时,借助序号指引的零件上的剖面线,利用同一零件在不同视图上的剖面线方向与间隔一致的规定,对照投影关系以及与相邻零件的装配情况,逐步想象出各零件的主要结构形状。

分析时,一般先从主要零件着手,然后是次要零件。有些零件的具体形状可能表达得不够清楚,这时需要根据该零件的作用及其与相邻零件的装配关系进行推想,完整构思出零件的结构形状,为拆画零件图做准备。

固定钳身、活动钳身、螺杆、螺母是机用虎钳的主要零件,它们在结构和尺寸上都有非常密切的联系,要读懂装配图,必须看懂它们的结构形状。

(1) 固定钳身。根据主、俯、左三个视图,可知固定钳身结构左低右高,下部有一空腔,且有一工形槽(因矩形槽的前后各凸起一个长方形而形成)。空腔的作用是放置螺杆和螺母,工形槽的作用是使螺母带动活动钳身沿水平方向左右移动。

(2) 活动钳身。由三个基本视图可知活动钳身主体左侧为阶梯半圆柱,右侧为长方体,前后向下探出的部分包住固定钳身,二者的结合面采用基孔制、间隙配合(80H8/f9)。中部的阶梯孔与螺母的结合面采用基孔制、间隙配合(ϕ20H8/f8)。

(3) 螺杆。由主视图、俯视图、断面图和局部放大图可知,螺杆的中部为矩形螺纹,两端轴径与固定钳身两端的圆孔采用基孔制、间隙配合(ϕ12H7/f9、ϕ18H7/f9)。螺杆左端加工出锥销孔,右端加工出矩形平面。

(4) 螺母。由主、左视图可知,螺杆结构为上圆下方,上部圆柱与活动钳身相配合,并通过螺钉调节紧度;下部方形内的螺孔可旋入螺杆,将螺杆的旋转运动转变为螺母的左右水平移动,带动活动钳身沿着螺杆轴线移动,达到夹紧或松开的目的;底部凸台的上表面与固定钳身工形槽的下导轨面相接触,故而应有较高的表面结构要求。

把机用虎钳中每个零件的形状都看清楚之后,将各个零件联系起来,便可想象出机用虎钳完整的结构形状,如图 10-40 所示。

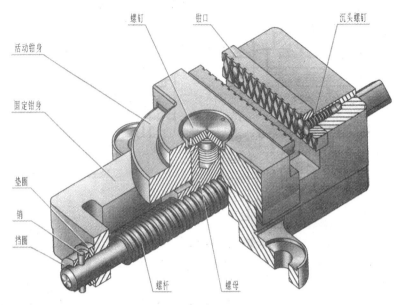

图 10-40　机用虎钳轴测剖视图

5. 归纳总结

在以上分析的基础上,还要对技术要求、尺寸等进行研究,并综合分析总体结构,从而对装配体有一个全面了解。

10.6.2　由装配图拆画零件图

由装配图拆画零件图称为拆图,即在完全读懂装配图的基础上,按照零件图的内容和要求,设计性地拆画出零件图。拆图时,先要正确地分离零件。一般应先拆主要零件,然后再逐一画出有关零件,以便保证各零件的结构形状合理,并使尺寸配合性质和技术要求等协调一致。

1. 分离零件

由装配图分离零件,主要有以下几种方法。

(1) 根据零件序号和明细栏,找到要分离零件的序号、名称,再根据序号指引线所指的部位,找到该零件在装配体中的位置。如固定钳身是 1 号零件,从序号的指引线起始端圆点,可找到固定钳身的位置和大致轮廓范围。

(2) 根据同一零件在剖视图中剖面线方向一致、间隔相等的规定,把所要分离的零件从有关的视图中区分出来。如果要分离的零件较复杂,而其他零件相对较简单,也可以采用排除法,即先在装配图上将其他零件一一去掉,留下的就是要分离的零件。

① 先在机用虎钳装配图上去掉螺杆装配线上的垫圈 5、挡圈 6、销 7、螺杆 9、垫圈 11 等(将被遮挡的图线补齐),如图 10-41 所示。

② 参照图 10-40,再去掉螺钉 10、钳口板 2、螺母 8(将被遮挡的图线补齐),如图 10-42 所示。

③ 参照图 10-42,最后去掉活动钳身 4,余下的即为固定钳身。根据零件各视图之间的投影关系进行投影分析,进一步确定固定钳身的结构形状,如图 10-43 所示。

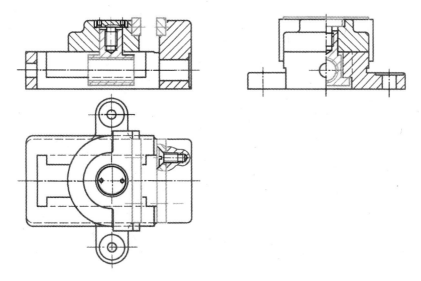

图 10-41 去除螺杆装配线上的零件

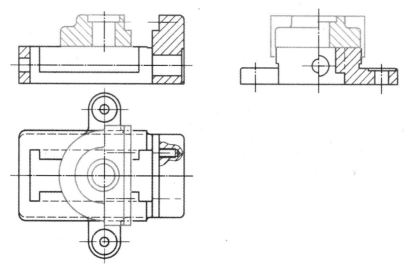

图 10-42 去除螺钉、钳口板和螺母

2. 确定零件的视图表达方案

装配图的表达方案是从整个机器(或部件)的角度考虑的,重点是表达工作原理和装配关系,而零件图的表达方案则是从对零件的设计和工艺要求出发,根据零件的结构形状来确定的。因此,在确定零件的视图表达方案时,不能简单地照搬装配图,而应根据零件的结构形状并按照零件图的视图选择原则重新选定。

固定钳身的主视图应按工作位置原则选择,即与装配图一致。根据其结构形状,增加俯视图和左视图。为表达内部结构,主视图采用全剖视图,左视图采用半剖视图,俯视图采用局部剖视图,如图 10-44 所示。

3. 确定零件图上的尺寸

在零件图上正确、完整、清晰、合理地标注尺寸,是拆画零件图的一项重要内容。应根

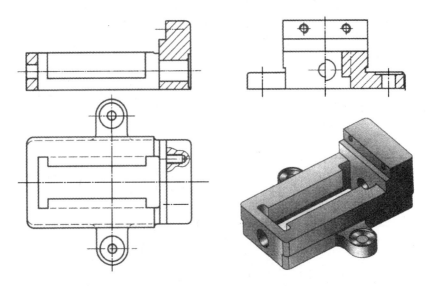

图 10-43 去除活动钳身后的固定钳身

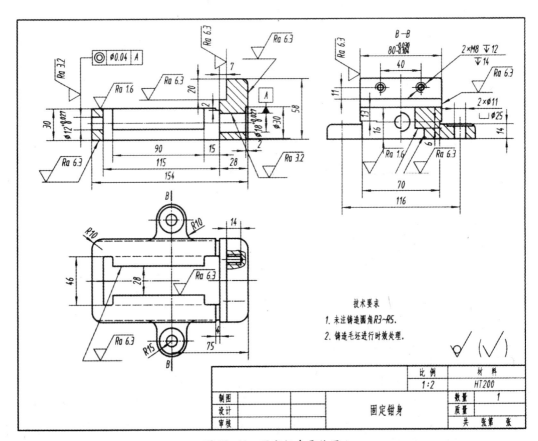

图 10-44 固定钳身零件图

据零件在装配体中的作用,从零件设计、加工工艺等方面来选择尺寸基准。先确定长、宽、高三个方向的主要基准,再根据加工和测量的需要,适当选择一些辅助基准。装配图上的尺寸很少，零件图上必须将缺少的尺寸补齐。确定零件图尺寸的方法有直接移注、查表确定、计算确定和直接量取等。

(1) 直接移注。对于装配图上已标注的尺寸和明细栏中注出的零件规格尺寸，可直接移注。如图10-44所示，固定钳身底部安装孔的尺寸 $2\times\phi11$、安装孔定位尺寸116、左右孔的直径 $\phi12$、$\phi18$ 等。

(2) 查表确定。对于零件上常用件的结构尺寸，如螺栓通孔、倒角、退刀槽、键槽、沉孔等，可查阅有关标准确定。如图10-44中的沉孔尺寸及螺纹孔尺寸，可查阅标准后确定。

(3) 计算确定。对零件上比较重要的尺寸，可通过计算来确定。如拆画齿轮零件图时，需要根据齿轮参数 m、z 等，计算齿轮轮齿的各部分尺寸。

(4) 直接量取。零件上大部分不重要或非配合的尺寸，一般可从装配图上按比例直接量取。量得的尺寸，应圆整成整数。如固定钳身的总长154、总高58等。

4. 确定零件图上的技术要求

对零件上各表面粗糙度的要求，应根据表面的作用和两零件间的配合性质进行选择。为了使活动钳身、螺母在水平方向上移动自如，对固定钳身工形槽的上下导轨面必须提出较高的表面结构要求，选择 R 轮廓算术平均偏差为 $1.6\mu m$。

对于配合表面，应根据装配图上给出的配合性质、公差等级等，通过查阅手册确定其极限偏差。

5. 填写标题栏

根据装配图中的明细栏给出的零件信息，在零件图的标题栏中填写零件的名称、材料、数量等，并填写绘图比例和绘图者姓名等。

6. 检查核对

检查核对是拆画零件图的最后一步。首先看零件内外结构是否表达清楚，投影关系是否正确。然后校对尺寸是否有遗漏，相互配合的相关尺寸是否一致，以及技术要求与标题栏等内容是否完整等。

思 考 题

1. 装配图在技术工作中有哪些作用？
2. 装配图包括哪些内容？与零件图有哪些明显区别？
3. 装配图有哪些特殊表达方法？
4. 装配图一般应标注哪几类尺寸？
5. 编写装配图中的零件序号应遵守哪些规定？
6. 回顾和总结一下绘制、阅读装配图的步骤。

第11章　其他工程图样简介

焊接是利用局部加热、填充熔化金属,将需要连接的金属零件熔合在一起的一种加工方法。焊接图是对焊接件进行焊接加工时所用的图样。

工程上的钣金制件,由金属板材弯卷、焊接而成。加工这类制件时,将制件表面按其实际大小,依次摊平在同一平面上,称为立体表面的展开,展开后所得的图形,称为展开图。

焊接图和展开图在造船、机械、化工、电子、建筑等工业部门,都有广泛应用。

本章要点

学习目标	考核标准	教学建议
(1)掌握展开图的画法; (2)了解生产中作展开图应考虑的因素; (3)了解焊接方法、焊接接头形式、主要焊缝形式; (4)了解焊缝符号、焊缝标注; (5)了解焊接图的内容	应知:平面立体、可展曲面、不可展曲面的表面展开图示方法和规律;生产中作展开图考虑的因素;常见焊缝符号含义及标注形式; 应会:常见平面立体和可展曲面的展开作图	通过概述让学生了解板材制件的生产过程,主要讲解平面立体和可展曲面的展开作图方法,简单介绍焊缝符号含义、标注形式及焊接图包含的内容

项目十一　完成三通管展开图

项目指导	条件及样例
一、目的 掌握可展曲面展开的作图方法。 二、内容及要求 (1)通过给出三通管的三视图,完成两圆管的展开图。 (2)用 A4 图纸,横放,比例1∶1。 三、作图步骤 (1)分析图形:此三通管的两圆管都为可展曲面,即可当作平面来展开。 (2)画底稿:①将大小圆筒单独画出三视图;②至少将每个圆筒的圆周画成十二等分,分别完成两圆筒的展开图。 (3)将保留的展开图外框及裁口加深。 (4)标注下料的外框尺寸,填写标题栏,加深外框及标题栏外框。 (5)校对,修饰图面。 四、注意事项 (1)圆周的等分线及投影作图线保留,用细实线画出。 (2)不计板材的厚度,只画平面展开图形。 (3)展开图尽量以对称形式画出。	下图为一三通管,不计壁厚,尺寸大小如图所示,试完成两圆柱管的展开图 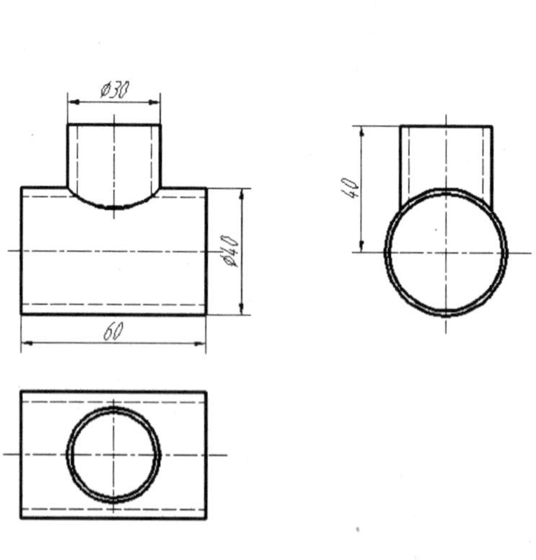

11.1 展 开 图

11.1.1 概述

在工业生产中,常会遇到金属板材制件,如管道、化工容器等,如图 11-1 所示的集粉筒,就是一种常用的工业设备。此类制件在制造时,首先按实际尺寸把每一个组成部分画成 1∶1 的实样图(即视图),准确定地求出相贯线和截交线;然后根据实样图画成放样图(即展开图);再经下料、弯卷、焊接而成。

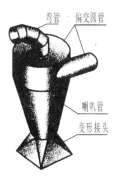

图 11-1 集粉筒

将立体表面的真实形状和大小,依次连续地摊平在一个平面上,称为立体表面展开。展开后得到的图形,称为表面展开图。如图 11-2(a)所视为圆管的视图,图 11-2(b)为其展开图,图 11-2(c)为其展开过程。

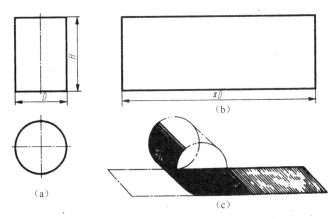

图 11-2 圆管及其展开

按立体表面几何性质不同,立体表面可分为平面立体表面、可展曲面和不可展曲面。
(1) 平面立体表面。平面立体表面都为平面多边形,展开图由若干平面多边形组成。
(2) 可展曲面。在直线面中,若连续相邻两素线彼此平行或相交(共面直线),则为可展曲面。
(3) 不可展曲面。直线面中的连续相邻两素线彼此交错(异面直线),则为不可展曲面。

绘制展开图的方法有图解法和计算法两类。目前应用最广泛的方法是图解法。

11.1.2 平面立体表面的展开

平面立体表面都是平面，只要将其各表面的实形求出，并依次摊平在一个平面上，即能得到平面立体表面的展开图。

1. 棱柱管的展开

图 11-3(a) 是方管弯头的立体图，它由斜口四棱柱组成。图 12-3(b) 是带斜切口的四棱柱两面投影图。

分析：

主视图按投射箭头方向看，四棱柱的底面处于水平状态，前后两个侧面是梯形且处正平状态，左右两个侧面是矩形且处于侧平状态。水平投影 abcd 反映底面各边和斜开口左右两边的实长，正面投影 $(a')(1')$、$b'2'$、$c'3'$、$(d')(4')$ 反映四个棱线的实长。

作图：

(1) 将棱柱底边展开成一直线，取 $AB=ab$、$BC=bc$、$CD=cd$、$DA=da$。

(2) 过 A、B、C、D 作直线，量取 $A\,Ⅰ=(a')(1')$，$B\,Ⅱ=b'2'$……并依次连接 Ⅰ、Ⅱ、Ⅲ、Ⅳ 各点，即得四棱柱的展开图，图 11-3(c) 所示。

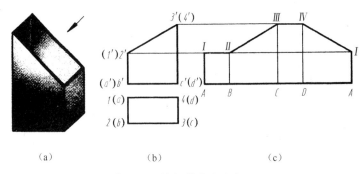

图 11-3 棱柱管制件的展开

2. 棱锥管的展开

图 11-4(a) 是方口管接头立体图，主体部分是截头四棱锥。图 11-4(b) 是截头四棱锥的两面投影图。

分析：

画展开图时，先把棱线延长使之相交于 S 点，求出整个四棱锥各侧面三角形的边长，画出整个棱锥的表面展开图，然后在每一条棱线上减去截去部分的实长，即得到截头四棱锥的展开图。

作图：

(1) 利用直角三角形法求棱线实长，把它画在主视图的右边。如图 11-4(b) 所示，量取 S_0D_0 等于锥顶 S 距底面的高度，并取 $D_0C_0=sc$，则 S_0C_0 即为棱线 SC 的实长，此长度也是其余三棱线的实长。

(2) 经过点 g'、f' 作水平线，与 S_0C_0 分别交于点 G_0 和 F_0，S_0G_0、S_0F_0 即为截去部分的线段实长。

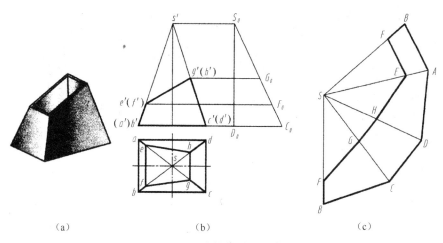

图 11-4 棱锥管制件的展开

(3) 以 S 为顶点,分别截取 SB、SC…,等于棱线实长,$BC=bc$,$CD=cd$…,依次画出三角形,即得整个四棱锥的展开图。然后取 $SF=S_0F_0$,$SG=S_0G_0$…,截去顶部即为截头棱锥的展开图,如图 11-4(c)所示。

11.1.3 可展曲面的表面展开

可展曲面上的相邻两素线是互相平行或相交的,能展开成一个平面。因此,在作展开图时,可以将相邻两素线间的曲面当作平面来展开。由此可知,可展曲面的展开方法与棱柱、棱锥的展开方法相同。

1. 斜口圆柱管的展开

分析:

如图 11-5(a)所示,当圆柱管的一端被一平面斜截后,即为斜口圆柱管。斜口圆柱管表面上相邻两素线 IA、IIB、IIIC…的长度不等。画展开图时,先在圆管表面上取若干素线,分别量取这些素线的实长,然后用曲线把这些素线的端点光滑连接起来,如 11-5(b)所示。

作图:

(1) 在水平投影中将圆管底圆的投影分别分成若干等分(图中为 12 等分),求出各等分点的正面投影 $1'$、$2'$、$3'$、…,求出素线的投影 $1'a'$。在图示情况下,斜口圆管素线的正面投影反映实长。

(2) 将底圆展成一直线,使其长度为 πD,取同样等分,得各等分点 I、II、IV、…。

(3) 过各等分点 I、II、III…作垂线,并分别量取各素线长,使 I$A=1'a'$、II$B=2'b'$、III$C=3'c'$、…,得各端点 A、B、C、…。

(4) 光滑连接各素线的端点 A、B、C、…,即得斜口圆管的展开图,如图 11-5(c)所示。

2. 平口圆锥管的展开

如图 11-6(a)所示,完整的正圆锥表面展开图为一扇形。可计算相应参数值直接作图。扇形的半径 R 等于圆锥素线实长,扇形的圆弧长等于圆锥底圆周长 πD,扇形的中心

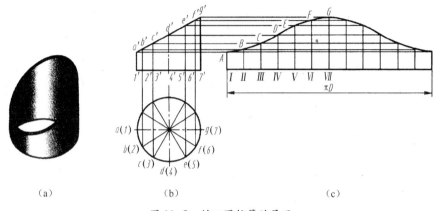

图 11-5 斜口圆柱管的展开

角为

$$\alpha = 360° \times \pi/2\pi R = 180° \times D/R$$

如果准确程度要求不高时,如图 11-6(b)所示,可将锥台向上延伸成圆锥后,将圆锥面的底圆分为若干等分,并在圆锥面上作出一系列素线。展开时分别用弦长代替弧长,依次以 S 为圆心、R 为半径画弧,将首尾两点与 S 相连,即得正圆锥面的展开图。

作圆锥台的展开图,可先作出整个圆锥的展开图,再扣除截切成圆锥台管的上端小圆锥面的展开图。

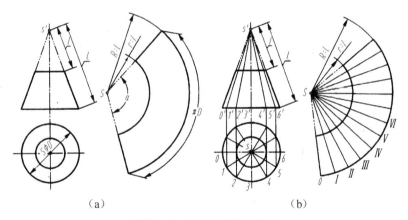

图 11-6 平口圆锥管的展开

3. 斜口圆锥管的展开

分析:

斜口锥管是圆锥管被一平面斜截去一部分得到的,其展开图为扇形的一部分,如图 11-7(a)所示。

作图:

(1) 等分底圆周(如图为 8 等分),在斜口圆锥两面投影图的基础上,补全完整锥体的两面投影。因 $s'1'$($s'5'$)是圆锥素线的实长,将底圆展开为一弧线,依次截取 Ⅰ Ⅱ = 12、Ⅱ Ⅲ = 23、…,过各等分点在圆锥面上引素线 S Ⅰ、S Ⅱ、…,即画出完整圆锥的表面展开图。

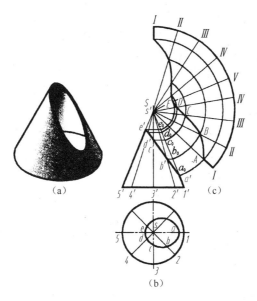

图 11-7 斜口圆锥管的展开

(2) 在投影图上求出各素线与斜口椭圆周的交点 A、B、C…的投影 (a,a')、(b,b')、(c,c')、…。用比例法求各段素线 $ⅡB$、$ⅢC$、…的实长。其作法是过 b'、c'、…作横线与 $s'1'$ 相交(因各素线绕过顶点 S 的铅垂轴旋转成正平线时,它们均与 $SⅠ$ 重合)得交点 b_0、c_0、…,由于 $s'1'$ 反映实长,所以 $s'b_0$、$s'c_0$、…也反映实长。

(3) 在展开图上截取 $SA = s'a_0$、$SB = s'b_0$、$SC = s'c_0$、…各点,用曲线依次光滑连接 A、B、C、…,则得斜口锥管的展开图,如图 11-7(c)所示。

11.1.4 变形接头的展开

分析:

为了画出各种变形接头的表面展开图,需按其具体形状把它们划分成许多平面(可展曲面、锥面),然后依次画出其展开图,即可得到整个变形接头的展开图。

如图 11-8(a)所示的上圆下方变形接头,它由四个相同的等腰三角形和四个相同的部分斜圆锥面所组成。

作图:

(1) 用直角三角形法求出各三角形的两腰实长 $AⅠ$、$AⅡ$、$AⅢ$、$AⅣ$,其中 $AⅠ=AⅣ$、$AⅡ=AⅢ$。

(2) 在 11-8(c)展开图上截取 $AB=ab$,分别以 A、B 为圆心,$AⅠ$ 为半径作圆弧,交于 $Ⅳ$ 点,得三角形 $ABⅣ$;再以 $Ⅳ$ 和 A 为圆心,分别以 34 的弧长和 $AⅡ$ 为半径作圆弧,交于 $Ⅲ$ 点,得三角形 $AⅡⅢ$,同理依次作出各个三角形 $AⅡⅢ$、$AⅡⅠ$。

(3) 光滑连接 Ⅰ、Ⅱ、Ⅲ、Ⅳ等点,即得一个等腰三角形和一个部分锥面的展开图。

(4) 用同样的方法依次作出其他各组成部分的表面展开图,即得整个变形接头的展开图,如图 11-8(c)所示,接缝线是 $ⅠE$,$ⅠE=1'e'$。

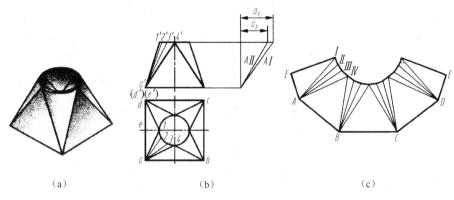

图 11-8 变形接头的展开

11.1.5 不可展曲面的表面展开

工程上常见的不可展曲面有球面、圆环面等，由于不可展曲面不能将其形状、大小准确地摊平在一个平面上，所以它们的展开只能近似地看成可展的柱面、锥面或平面，再依次拼接成展开图。

1. 球面的近似展开

分析：

由于球面属于不可展曲面，因此只能用近似的方法展开。如图 11-9(a)所示，将球面分成若干等分，把每等分近似地看成球的外切圆柱面的一部分，然后按圆柱面展开，得到的每块展开图呈柳叶状，如图 11-9(b)。

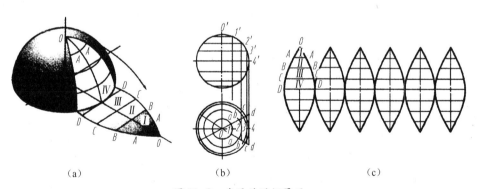

图 11-9 球面的近似展开

作图：

(1) 用通过球心的铅垂面，把球面的水平投影分成若干等分(图中为 6 等分)。

(2) 将半径正面投影的轮廓线分为若干等分(图中为 4 等分)，得等分点 $1'$、$2'$、$3'$、$4'$，对应求出水平投影点 1、2、3、4，并过这些点作同心圆与切线，分别与半径水平投影的等分线交于 a、b、c、d。

(3) 在适当位置画横线 DD，使 $DD=dd$，过 DD 的中点作垂线，并取 $\overline{O\text{Ⅳ}}=\widehat{O'4'}$（即 $\pi R/2$）、$O\text{Ⅰ}=\widehat{O'1'}$；然后过 Ⅰ、Ⅱ、…点作横线，截取 $AA=aa$、$BB=bb$、…。

(4) 依次光滑连接各点 O、A、B、$\cdots$便完成了 1/6 半球面的展开图,如图 11-9(c)所示。以此作样板,将六个柳叶状展开图连接排列下料,即可组合成半球面。

2. 环形圆管的近似展开

分析:

如图 11-10(a)所示为等径直角弯管,相当于 1/4 圆环,属于可展曲面。在工程上对于大型弯管常近似采用多节料斜口圆管拼接而成,俗称虾米腰,其展开图作法如下。

作图:

(1) 将直角弯头分成几段,此图例分为 4 段,两端为半节,中间各段为全节。
(2) 将分成的各段拼成一直圆管,如图 11-10(b)所示。
(3) 按斜口圆管的展开方法,将其展开,如图 11-10(c)所示。

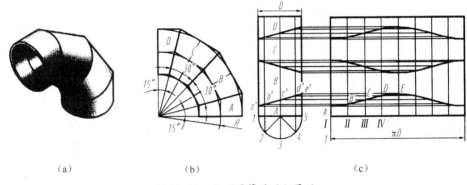

(a)　　　　　　　　(b)　　　　　　　　(c)

图 11-10　环形圆管的近似展开

11.1.6　生产中作展开图应考虑的因素

本章讲述了各种立体表面的展开图画法,都未涉及板材的厚度、接口形式以及加工工艺等问题。在实际生产中,为保证产品的质量,降低成本,必须考虑以下几个因素。

1. 板材的厚度

板材都有一定的厚度。当将金属板弯曲时,外表面受拉伸变长,内表面受压缩变短,只有中间层部分不受拉、也不受压,长度不改变,如图 11-11 所示。板越厚,这种现象越明显。因此,对于精确度要求高的厚板制件,必须考虑板件厚度的影响而对展开图加以适当修正。

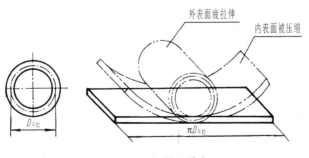

图 11-11　板材的厚度

2. 加工工艺

加工工艺涉及加工方法和技术要求等方面内容。如果是搭接,展开后要留出铆接或焊接所需要的搭接宽度;如果是咬缝,则根据咬缝形式留出适当的咬缝余量,如图 11-12 所示。通常,厚钢板接口处多采用焊接或铆接,薄铁皮的接口处多采用咬缝或咬缝加焊接。表 11-1 列出了常见的咬缝形式及其加工工艺过程。

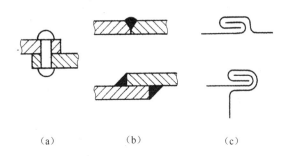

(a)　　　　(b)　　　　(c)

图 11-12　接口的加工方法
(a)铆接;(b)焊接;(c)咬缝。

表 11-1　常用焊缝的基本符号及标注示例

焊接名称	基本符号	焊缝形式	一般图示法	符号表示法示例
Ⅰ形焊缝	‖			
V形焊缝	V			
角焊缝	△			
点焊缝	○			

3. 节约板材

在生产中历来十分注意板材节约,以降低成本。在画展开图下料时,要仔细计算、认真排料、采取各种措施、充分利用板材,尽量减少浪费。如前面所述圆形弯管的例子,将各节展开拼在一起形成矩形下料,就可充分利用板材,且省工省时。

11.2 焊 接 图

11.2.1 概述

焊接是工业上广泛使用的一种连接方式,它是将需要连接的金属零件在连接处局部加热至熔化或用熔化的金属材料填充,或用加压等方法使其熔合连接在一起。用这种方式形成的零件称为焊接结构件,它是一种不可拆卸的连接,它具有连接可靠、节省材料、工艺简单和便于在现场操作等优点。焊接主要分为熔焊、接触焊及钎焊三种。

（1）熔焊。熔焊是对零件连接处进行局部加热直到熔化,并填充熔化金属。常见的气焊、电弧焊即属于这类焊接,主要用于焊接厚度较大的板状材料,如大中型电子设备的机箱、框架等。

（2）接触焊。接触焊是焊接时将连接件搭接在一起,利用电流通过焊接接触处,由于材料接触处的电阻作用,使材料局部产生高温,处于半熔化状态,这时再在接触处加压,即可把零件焊接起来。用于电子设备中的接触焊包括点焊、缝焊和对焊三种,接触焊主要用于金属薄板零件的连接。

（3）钎焊。钎焊是用易熔金属作为焊料（如铅铝金属）,利用熔融焊料的黏着力或熔合力把焊件表面黏合的连接。由于钎焊焊接的温度低,在焊接过程中对零件的性能影响小,故无线电元器件的连接常用这种焊接。

焊接形成的被连接件熔接处称为焊缝。常见的焊接接头有对接头（图11-13(a)）、搭接接头（图11-13(b)）、T形接头（图11-13(c)）、角焊缝（图11-13(c)(d)）等。

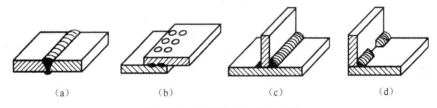

(a)　　　　　(b)　　　　　(c)　　　　　(d)

图 11-13　焊接接头和焊缝形式

11.2.2 焊缝符号

绘制焊接图时,为了使图样简化,一般用焊缝符号来标注,焊接必要时也可采用技术制图中通常采用的表达方法来表示。在 GB/T 324—2008《焊缝符号表示法》中规定了焊缝符号表示方法,它一般由基本符号与指引线组成,必要时还可以加上辅助符号、补充符号和焊缝尺寸符号等。

1. 基本符号

基本符号是表示焊缝横断面形状的符号,常用基本符号及焊缝符号表示法及标注示例见表 11-1。

2. 辅助符号

辅助符号是表示焊缝表面形状特征的符号,见表 11-2。在不需要确切说明焊缝表面形状时，可以不用辅助符号。

表 11-2　辅助符号及标注示例

名称	符号	符号说明	焊缝形式	标注示例及其说明
平面符号	—	焊缝表面平齐		 平面 V 形对接焊缝
凹形符号	⌣	焊缝表面凹陷	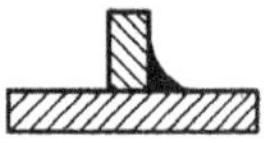	 凹面角焊缝
凸形符号	⌢	焊缝表面凸起		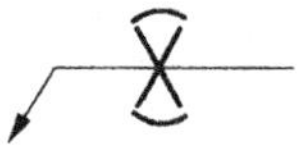 凸面 X 形对接焊缝

3. 补充符号

补充符号是为了补充说明焊缝的某些特征而采用的符号，见表 11-3。

表 11-3　补充符号及标注示例

名称	符号	符号说明	一般图示法	标注示例及说明
带垫板符号	▭	表示焊缝底部有垫板		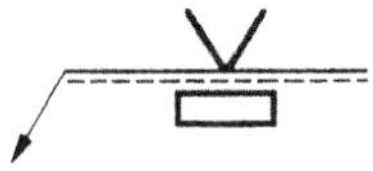 V 形焊缝的背面底部有垫板
三面焊缝符号	⊐	表示三面带有焊缝，开口的方向应与焊缝开口的方向一致	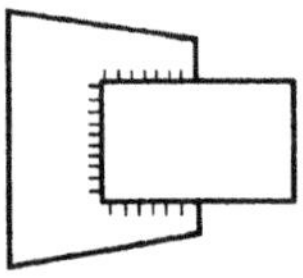	 工件三面有焊缝
周围焊缝符号	○	表示环境工件周围均匀焊缝	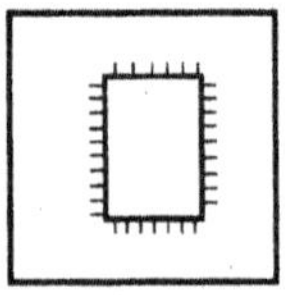	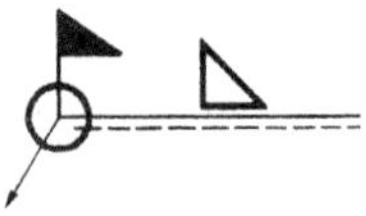 表示在现场沿工件周围施焊
现场符号	 ▸	表示在现场或工地上焊接		
交错断续焊接符号	Z	表示焊缝由一组交错断续焊缝组成	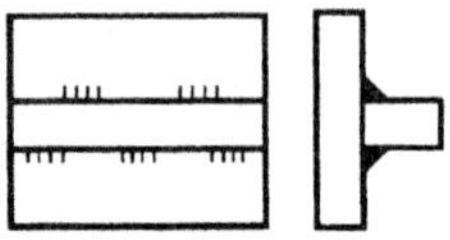	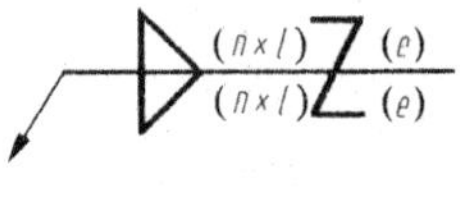 表示有 n 段，长度为 l，间距为 e 的交错断续角焊缝

基本符号、辅助符号、补充符号的线宽应与图样中其他符号(尺寸符号、表面结构要求代号)的线宽一致。

4. 焊缝尺寸符号

焊缝尺寸指的是工件的厚度、坡口的角度、根部的间隙等数据,焊缝尺寸一般不标注,如设计或生产需要注明焊缝尺寸时才标注,常用的焊缝尺寸符号见表11-4。

表11-4 焊缝尺寸符号

符号	名称	示意图	符号	名称	示意图
δ	工件厚度		e	焊缝间距	
α	坡口角度		K	焊角高度	
b	根部间距		d	熔核直径	
p	钝边高度		s	焊缝有效厚度	
c	焊缝宽度		N	相同焊缝数量符号	
R	根部半径		H	坡口深度	
l	焊缝长度		h	余高	
n	焊缝段数		β	坡口面角度	

5. 焊接方法和数字代号

焊接的方法很多,可用文字在技术要求中注明,也可用数字代号直接注写在引线的尾部,常用的焊接方法的数字代号见表11-5。

表11-5 焊接方法的数字代号

焊接方法	数字代号	焊接方法	数字代号
焊条电弧焊	111	激光焊	751
埋弧焊	12	气焊	3
电渣焊	72	硬钎焊	91
电子束焊	76	点焊	21

11.2.3　焊接标注的有关规定

1. 焊接的指引线及其在图样上的位置

（1）指引线。指引线一般由箭头线和两条基准线（其中一条为细实线,另一条为细虚线）两部分组成,如图11-14(a)所示。基准线的细虚线可以画在基准线的细实线的下侧或上侧,基准线一般应与图样的底边平行,必要时允许箭头线弯折一次,如图11-14(b)所示。

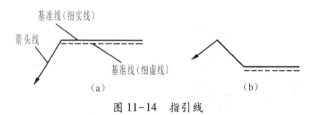

图 11-14　指引线

（2）焊缝符号相对于基线的位置。在标注焊缝符号时,如果箭头指向施焊面,则焊缝的符号标注在基准线的细实线一侧,如图11-15(a)所示。

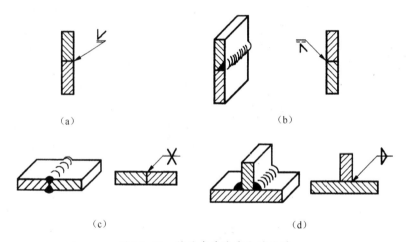

图 11-15　符号在基准线上的位置

如果箭头指向施焊面的背面,则焊缝的符号标注在基准线的细虚线一侧,如图11-15(b)所示。

在标注对称焊缝及双面焊缝时,基准线的细虚线可以省略不画,如图11-15(c)(d)所示。

2. 焊缝尺寸的标注位置

如图11-16所示,焊缝尺寸符号及数据位置的标注原则如下。

（1）焊缝横剖面上的尺寸,如钝边高度 p、坡口深度 H、焊角高度 K、焊缝宽度 c 等标注在基本符号左侧。

（2）焊缝长度方向的尺寸,如焊缝长度 l、焊缝间距 e、相同焊缝段数 n 等标注在基本符号右侧。

（3）坡口角度 α、坡口面角度 β、根部间距 b 等尺寸,标注在基本符号的上侧或下侧。

（4）相同焊缝数量标注在尾部。当若干条焊缝的焊缝符号相同时，可使用公共基准线进行标注，如图11-17所示。

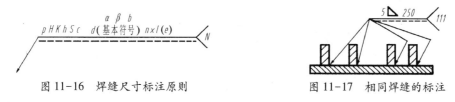

图11-16 焊缝尺寸标注原则　　　　图11-17 相同焊缝的标注

11.2.4 焊缝标注的示例

常见焊缝的标注示例，见表11-6。

表11-6 常见焊缝标注示例

接头形式	焊缝示例	标注示例	说明
对接接头			V形焊缝，坡口角度为α，根部间隙为b，有n条焊缝，焊缝长度国l，焊缝间距为e
			I形焊缝，焊缝的有效厚度为s
			带钝边的X形焊缝，钝边高度为p，坡口角度为α，根部间隙为b，焊缝表面平齐
T形接头			在现场装配时焊接，焊角高度为K
			有n条双面断续链状角焊缝，焊条长度为l，焊缝的间距为e，焊角高度为K
			有n条交错断续角焊缝，焊条长度为l，焊缝的间距为e，焊角高度为K
			有对角的双面角焊缝，焊角高度为K和K_1

(续)

接头形式	焊缝示例	标注示例	说明
角接接头			双面焊缝,上面为单边V形焊缝,下面为角焊缝
搭接接头			点焊,熔核直径为 d,共 n 个焊点,焊点间距为 e

11.2.5 焊接图例

焊接图应能表示焊件的相对位置、焊接要求以及焊缝尺寸等内容。图 11-18 所示为一弯管的焊接图,从图中可以看出这类零件的视图表达应包括以下几个方面。

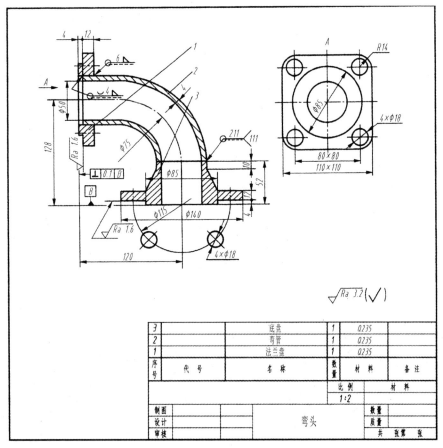

图 11-18 零件焊接图

(1)一组用于表达焊接件结构形状的视图。

(2)一组尺寸确定焊接件的大小,其中应包括焊接件的规格尺寸,各焊件的装配位置尺寸等。

(3)各焊接件连接处的接头形式、焊缝符号及焊缝尺寸。

(4)对构件的装配,焊接或焊后说明必要的技术要求。

(5)明细表和标题栏。

关于焊接图的识读,需要弄清被焊接件的种类、数量、材料及所在部位;看懂视图,能想象出焊接件及各构件的结构形状,并分析尺寸,了解其加工要求;了解各构件间的焊接方法、焊接的内容和要求等,这里不做举例分析。

思 考 题

1. 什么是立体表面展开?
2. 作展开图前为什么必须先求线段的实长?常用求实长的方法有几种?
3. 立体表面展开的方法有几种?各适用于哪些类型的立体表面?
4. 作展开图时,为什么必须先准确地求出相贯线?
5. 焊接的种类有哪些?各自加工特点是什么?
6. 焊缝的基本符号、辅助符号、补充符号如何表达?
7. 焊接图应包含的内容有哪些?

附　　表

附表1　普通螺纹直径与螺距（GB/T 196~197—2003）　（单位：mm）

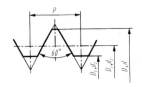

d——外螺纹大径
D——内螺纹大径
D_2——内螺纹中径
d_2——外螺纹中径
D_1——内螺纹小径
d_1——外螺纹小径
P——螺距

标记示例：

M10—6g

粗牙普通外螺纹、公称直径 $d=10$、右旋、中径及大径公差带均为6g、中等旋合长度

M10×1LH—6H

细牙普通内螺纹、公称直径 $D=10$、螺距 $P=1$、左旋、中径及小径公差带均为6H、中等旋合长度

公称直径 D,d			螺距 P		粗牙螺纹小径 D_1,d_1
第一系列	第二系列	第三系列	粗牙	细牙	
4			0.7	0.5	3.242
5			0.8		4.134
6			1	0.75、(0.5)	4.917
		7	1	0.75、(0.5)	5.917
8			1.25	1、0.75、(0.5)	6.647
10			1.5	1.25、1、0.75、(0.5)	8.376
12			1.75	1.5、1.25、1、(0.75)、(0.5)	10.106
	14		2		11.835
		15		1.5、(1)	13.376*
16			2	1.5、1、(0.75)、(0.5)	13.835
	18				15.294
20			2.5	2、1.5、1、(0.75)、(0.5)	17.294
	22				19.294
24			3	2、1.5、1、(0.75)	20.752
		25		2、1.5、(1)	22.835*
	27		3	2、1.5、1、(0.5)	23.752
30			3.5	(3)、2、1.5、1、(0.75)	26.211
	33			(3)、2、1.5、(1)、(0.75)	29.211

（续）

公称直径 D,d			螺距 P		粗牙螺纹小径 D_1,d_1
第一系列	第二系列	第三系列	粗牙	细牙	
		35		1.5	33.376*
36			4	3、2、1.5、(1)	31.670
	39				34.670
		40		(3)、(2)、1.5	36.752*
42			4.5	(4)、3、2、1.5、(1)	37.129
	45				40.129
48			5		42.587

注：1. 优先选用第一系列，其次是第二系列，第三系列尽可能不用；
2. 括号内尺寸尽可能不用；
3. M14×1.25 仅用于火花塞；M35×1.5 仅用于滚动轴承锁紧螺母；
4. 带 * 号的为细牙参数，是对应于第一种细牙螺距的小径尺寸

附表 2　非螺纹密封的管螺纹（摘自 GB/T 7307—2001）　（单位：mm）

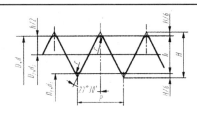

$P = 25.4/n$
$H = 0.960491P$
$h = 0.640327P$
$r \approx 0.137329P$
$H/6 = 0.160082P$

标记示例：（螺纹特征代号用 G 表示）
G1½—LH　内螺纹、尺寸代号为 1½、左旋
G1½A　外螺纹、尺寸代号为、公差等级为 A 级、右旋
G1½—LH　外螺纹、尺寸代号为 1½、公差等级为 B 级、左旋

尺寸代号	公称直径			螺距 P	牙高 h	圆弧半径 $r \approx$	每25.4mm 内的牙数 n
	大径 $d=D$	小径 $d_1=D_1$	中径 $d_2=D_2$				
1/4	13.157	11.445	12.301	1.337	0.856	0.184	19
3/8	16.662	14.950	15.806				
1/2	20.955	18.631	19.793	1.814	1.162	0.249	14
3/4	26.441	24.117	25.279				
1	33.249	30.291	31.770	2.309	1.479	0.317	11
1¼	41.910	38.952	40.431				
1½	47.803	44.845	46.324				
2	59.614	56.656	58.135				
2½	75.184	72.226	73.705				
3	87.884	84.926	86.405				
4	113.030	110.072	111.551				

附表 3　梯形螺纹（GB/T 5796.1~5796.4—2005）　　　（单位：mm）

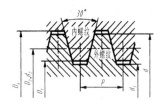

D——内螺纹公称直径
d——外螺纹公称直径
D_2、d_2——内螺纹、外螺纹中径
d_3——外螺纹小径
D_4、D_1——内螺纹大径、小径
P——螺距

标记示例：
Tr40×7—7H
单线梯形内螺纹、公称直径 $d=40$、螺距 $P=7$、右旋、中径公差带为 7H、中等旋合长度
Tr60×18(P9)LH—8e—L
双线梯形外螺纹、公称直径 $d=60$、导程 $S=18$、螺距 $P=9$、左旋、中径公差带为 8e、长旋合长度

| d 公称系列 | | 螺距 | 中径 | 大径 | 小径 | | d 公称系列 | | 螺距 | 中径 | 大径 | 小径 | |
第一系列	第二系列	P	$d_2=D_2$	D_4	d_3	D_1	第一系列	第二系列	P	$d_2=D_2$	D_4	d_3	D_1
8		1.5	7.25	8.3	6.2	6.5	16		4	14	16.5	11.5	12
	9		8	9.5	6.5	7		18	4	16	18.5	13.5	14
10		2	9	10.5	7.5	8	20			18	20.5	15.5	16
	11		10	11.5	8.5	9		22		19.5	22.5	16.5	17
12		3	10.5	12.5	8.5	9	24		5	21.5	24.5	18.5	19
	14		12.5	14.5	8.5	11		26		23.5	26.5	20.5	21
28		5	25.5	28.5	22.5	23	44		7	40.5	45	36	37
	30		27	31	23	24		46		42	47	37	38
32		6	29	33	25	26	48		8	44	49	39	40
	34		31	35	27	28		50		46	51	41	42
36			33	37	29	30	52			48	53	43	44
	38		34.5	39	30	31		55	9	50.5	56	45	46
40		7	36.5	41	32	33	60			55.5	61	50	51
	42		38.5	43	34	35	65		10	60	66	54	55

注：1. 优先选用第一系列的直径；
　　2. 表中所列的螺距和直径为优先选择的螺距及与之对应的直径

附表4 六角头螺栓 （单位：mm）

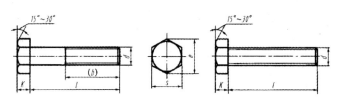

六角头螺栓—C级（摘自 GB/T 5780—2016）；六角头螺栓—全螺纹—C级（摘自 GB/T 5781—2016）

标记示例：

螺栓 GB/T 5780—2016 M12×80

螺纹规格 d＝M12、公称长度 l＝80mm、性能等级为4.8级、不经表面处理、杆身半螺纹、C级的六角头螺栓

螺栓 GB/T 5783—2016 M12×80

螺纹规格 d＝M12、公称长度 l＝80mm、性能等级为4.8级、表面氧化、杆身全螺纹、C级的六角头螺栓

螺纹规格 d		M5	M6	M8	M10	M12	M16	M20	M24	M30	M36	M42
$b_{参考}$	l≤125	16	18	22	26	30	38	40	54	66	—	—
	125＜l≤200	—	—	28	32	36	44	52	60	72	84	96
	l＞200	—	—	—	—	—	57	65	73	85	97	109
$K_{公称}$		3.5	4.0	5.3	6.4	7.5	10	12.5	15	18.7	22.5	26
e_{min}		8.63	10.89	14.20	17.59	19.85	26.17	32.95	39.55	50.85	60.79	72.02
S_{max}		5.48	6.48	8.58	10.58	12.7	16.7	20.8	24.84	30.84	37	43
$l_{范围}$	GB/T 5780	25～50	30～60	35～80	40～100	45～120	55～160	65～200	80～240	90～300	110～300	160～420
	GB/T 5781	10～40	12～50	16～65	20～80	25～100	35～100	40～100	50～100	60～100	70～100	80～420
$l_{公称}$		10、12、16、20～50（5进位）、(55)、60、(65)、70～160（10进位）、180、220～500（20进位）											

注：1. 括号内的规格尽可能不用，末端按 GB/T 2—2016 规定；
　　2. 螺纹公差：8g(GB/T 5780—2016)；6g(GB/T 5781—2000)；机械性能等级：4.6、4.8；产品等级：C

附表5 双头螺柱（GB 897~900—1988） （单位：mm）

b_m＝1d（摘自 GB 897—1988）；b_m＝1.25d（摘自 GB 898—1988）；

b_m＝1.5d（摘自 GB 899—1988）；b_m＝2d（摘自 GB 900—1988）

A 型　　　　　　　　　　　　　　　B 型

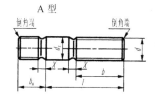 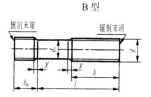

标记示例：

螺柱 GB 900—1988 M10×50

两端均为粗牙普通螺纹、d＝10、l＝50、性能等级为4.8级、不经表面处理、B 型、b_m＝2d 的双头螺柱

螺柱 GB 900—1988 AM10-M10×1×50

旋入机体一端为粗牙普通螺纹、旋螺母端为螺距 P＝1 的细牙普通螺纹、d＝10、l＝50、性能等级为4.8级、不经表面处理、A 型、b_m＝2d 的双头螺柱

(续)

螺纹规格 d	b_m				X	l/b(螺柱长度/旋螺母端长度)				
	GB 897	GB 898	GB 899	GB 900						
M4	—	—	6	8	1.5P	$\frac{16\sim22}{8}$	$\frac{25\sim40}{14}$			
M5	5	6	8	10		$\frac{16\sim22}{10}$	$\frac{25\sim50}{16}$			
M6	6	8	10	12		$\frac{20\sim22}{10}$	$\frac{25\sim30}{14}$	$\frac{32\sim75}{18}$		
M8	8	10	12	16		$\frac{20\sim22}{12}$	$\frac{25\sim30}{16}$	$\frac{32\sim90}{22}$		
M10	10	12	15	20		$\frac{25\sim28}{14}$	$\frac{30\sim38}{16}$	$\frac{40\sim120}{26}$	$\frac{130}{32}$	
M12	12	15	18	24		$\frac{25\sim30}{14}$	$\frac{32\sim40}{16}$	$\frac{45\sim120}{26}$	$\frac{130\sim180}{32}$	
M16	16	20	24	32		$\frac{30\sim38}{16}$	$\frac{40\sim55}{20}$	$\frac{60\sim120}{30}$	$\frac{130\sim200}{36}$	
M20	20	25	30	40		$\frac{35\sim40}{20}$	$\frac{45\sim65}{30}$	$\frac{70\sim120}{38}$	$\frac{130\sim200}{44}$	
(M24)	24	30	36	48		$\frac{45\sim50}{25}$	$\frac{55\sim75}{35}$	$\frac{80\sim120}{46}$	$\frac{130\sim200}{52}$	
(M30)	30	38	45	60		$\frac{60\sim65}{40}$	$\frac{70\sim90}{50}$	$\frac{95\sim120}{66}$	$\frac{130\sim200}{72}$	$\frac{210\sim250}{85}$
M36	36	45	54	72		$\frac{65\sim75}{45}$	$\frac{80\sim110}{60}$	$\frac{120}{78}$	$\frac{130\sim200}{84}$	$\frac{210\sim300}{97}$
M42	42	52	63	84		$\frac{70\sim80}{50}$	$\frac{85\sim110}{70}$	$\frac{120}{90}$	$\frac{130\sim200}{96}$	$\frac{210\sim300}{109}$
M48	48	60	72	96		$\frac{80\sim90}{60}$	$\frac{95\sim110}{80}$	$\frac{120}{102}$	$\frac{130\sim200}{108}$	$\frac{210\sim300}{121}$
l公称	12、(14)、16、(18)、20、(22)、25、(28)、(32)、35、(38)、40、45、50、55、60、(65)、70、75、80、(85)、90、(95)、100~260(10进位)、280、300									

注:1. 尽可能不采用括号内的规格,末端按 GB/T 2—2016 规定;
   2. $b_m=1d$,一般用于钢、青铜、硬铝;$b_m=(1.25\sim1.5)d$,一般用于铸铁;$b_m=2d$,一般用于铝、有色金属较软材料

附表6　螺钉(一)　　　　　　　　　(单位:mm)

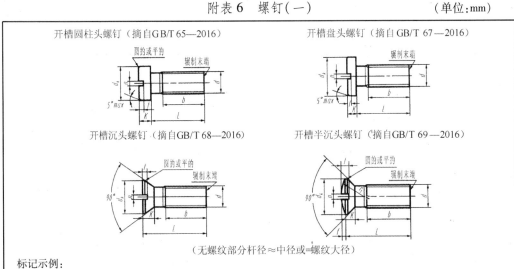

标记示例:
螺钉 GB/T 65—2016 M5×20
螺纹规格 d=M5、公称长度 l=20、性能等级为4.8级、不经表面处理的开槽圆柱头螺钉

(续)

螺纹规格 d	P	b_{min}	n公称	f GB/T 69	r_f GB/T 67	k_{max} GB/T 68 GB/T 69		d_{kmax} GB/T 68 GB/T 69		t_{min} GB/T 67	GB/T 68	GB/T 69	l范围 GB/T 67	GB/T 68 GB/T 69	全螺纹时最大长度 GB/T 67	GB/T 68 GB/T 69
M2	0.4	25	0.5	0.5	4	1.3	1.2	4.0	3.8	0.5	0.4	0.8	2.5~20	3~20	30	3
M3	0.5		0.8	0.7	6	1.8	1.65	5.6	5.5	0.7	0.6	1.2	4~30	5~30		
M4	0.7		1.2	1	9.5	2.4	2.7	8.0	8.4	1	1	1.6	5~40	6~40		
M5	0.8		1.2	1.2	9.5	3.0	2.7	9.5	9.3	1.2	1.1	2	6~50	8~50		
M6	1	38	1.6	1.4	12	3.6	3.3	12	11.3	1.4	1.2	2.4	8~60	8~60	40	45
M8	1.25		2	2	16.5	4.8	4.65	16	15.8	1.9	1.8	3.2	10~80	10~80		
M10	1.5		2.5	2.3	19.5	6	5	20	18.8	2.4	2	3.8	12~80	12~80		

l公称: 2、2.5、3、4、5、6、8、10、12、(14)、16、20~50(5 进位)、(55)、60、(65)、70、(75)、80

注:螺纹公差:6g;机械性能等级:4.8,5.8;产品等级:A

附表7 螺钉(二) (单位:mm)

开槽锥端紧定螺钉（摘自GB/T 71—1985）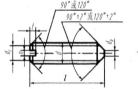

开槽平端紧定螺钉（摘自GB/T 73—1985）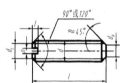

开槽长圆柱端紧定螺钉（摘自GB/T 75—1985）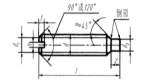

标记示例:
螺钉 GB/T 71—1985 M5×12
螺纹规格 $d=$M5、公称长度 $l=12$、性能等级为14H级、表面氧化的开槽锥端紧定螺钉

螺纹规格 d	P	d_f	d_{tmax}	d_{pmax}	n公称	t_{max}	Z_{max}	l范围 GB/T 71	GB/T 73	GB/T 75
M2	0.4		0.2	1	0.25	0.84	1.25	3~10	2~10	3~10
M3	0.5		0.3	2	0.4	1.05	1.75	4~16	3~16	5~16
M4	0.7	螺纹小径	0.4	2.5	0.6	1.42	2.25	6~20	4~20	6~20
M5	0.8		0.5	3.5	0.8	1.63	2.75	8~25	5~25	8~25
M6	1		1.5	4	1	2	3.75	8~30	6~30	8~30
M8	1.25		2	5.5	1.2	2.5	4.3	10~40	8~40	10~40
M10	1.5		2.5	7	1.6	3	5.3	12~50	10~50	12~50
M12	1.75		3	8.5	2	3.6	6.3	14~60	12~60	14~60

l公称: 2、2.5、3、4、5、6、8、10、12、(14)、16、20、25、30、35、40、45、50、(55)、60

注:螺纹公差:6g;机械性能等级:14H,22H;产品等级:A

附表8 内六角圆柱头螺钉(摘自 GB/T 70.1—2008) （单位:mm）

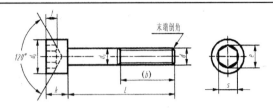

标记示例:

螺钉 GB/T 70.1—2008 M5×20

螺纹规格 d=M5、公称长度 l=20、性能等级为8.8级、表面氧化的内六角圆柱头螺钉

螺纹规格 d		M4	M5	M6	M8	M10	M12	M14	M16	M20	M24	M30	M36
螺距 P		0.7	0.8	1	1.25	1.5	1.75	2	2	2.5	3	3.5	4
b 参考		20	22	24	28	32	36	40	44	52	60	72	84
$d_{k\max}$	光滑头部	7	8.5	10	13	16	18	21	24	30	36	45	54
	滚花头部	7.22	8.72	10.22	13.27	16.27	18.27	21.33	24.33	3.33	36.39	45.39	54.46
$K_{\max}$		4	5	6	8	10	12	14	16	20	24	30	36
$t_{\min}$		2	2.5	3	4	5	6	7	8	10	12	15.5	19
S 公称		3	4	5	6	8	10	12	14	17	19	22	27
$e_{\min}$		3.44	4.58	5.72	6.68	9.15	11.43	13.72	16	19.44	21.73	25.15	30.35
$d_{\max}$		4	5	6	8	10	12	14	16	20	24	30	36
l 范围		6~40	8~50	10~60	12~80	16~100	20~120	25~140	25~160	30~200	40~200	45~200	55~200
全螺纹时最大长度		25	25	30	35	40	45	55	55	65	80	90	110
l 公称		6、8、10、12、(14)、(16)、20~50(5进位)、(55)、60、(65)、70~160(10进位)、180、200											

注：1. 括号内的规格尽可能不采用，末端按 GB/T 2—2016 规定；

2. 机械性能等级:8.8级、12.9级；螺纹公差：机械性能等级为8.8级时为6g,12.9级时为5g、6g；

3. 产品等级:A

附表9 1型六角螺母 （单位:mm）

1型六角螺母－细牙－A级和B级 （摘自GB/T 6171—2016）

1型六角螺母－C级（GB/T 41—2016） 1型六角螺母－A级和B级（GB/T 6170—2015）

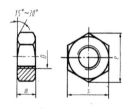

标记示例:

螺母 GB/T 41—2016 M12

螺纹规格 D=M12、性能等级为5级、不经表面处理、C级的1型六角螺母

螺母 GB/T 6171—2016 M24×2

螺纹规格 D=M24、螺距 P=2、性能等级为10级、不经表面处理、B级的1型细牙六角螺母

(续)

螺纹规格	D	M4	M5	M6	M8	M10	M12	M16	M20	M24	M30	M36	M42	M48
	$D \times P$	—	—	—	M8×1	M10×1	M12×1.5	M16×1.5	M20×2	M24×2	M30×2	M36×2	M42×3	M48×3
C		0.4	0.5		0.6				0.8				1	
S_{max}		7	8	10	13	16	18	24	30	36	46	55	65	75
e_{min}	A,B级	7.66	8.79	11.05	14.38	17.77	20.03	26.75	32.95	39.55	50.85	60.79	72.02	82.6
	C级		8.63	10.89	14.2	17.59	19.85	26.17	32.95	39.55	50.85	60.79	72.02	82.6
m_{max}	A,B级	3.2	4.7	5.2	6.8	8.4	10.8	14.8	18	21.5	25.6	31	34	38
	C级	—	5.6	6.1	7.9	9.5	12.2	15.9	18.7	22.3	26.4	31.5	34.9	38.9
d_{wmix}	A,B级	5.9	6.9	8.9	11.6	14.6	16.6	22.5	27.7	33.2	42.7	51.1	60.6	69.4
	C级	—	6.9	8.7	11.5	14.5	16.5	22	27.7	33.2	42.7	51.1	60.6	69.4

注:1. P——螺距;
2. A级用于 $D \leq 16$ 的螺母;B级用于 $D>16$ 的螺母;C级用于 $D \geq 5$ 的螺母;
3. 螺纹公差:A,B级为6H,C级为7H;机械性能等级:A,B级为6,8,10级,C级为4,5级

附表10 1型六角开槽螺母 (单位:mm)

1型六角开槽螺母—A级和B级 (GB 6178—1986)

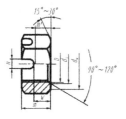
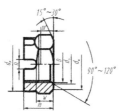

标记示例:

螺母 GB 6178—1986 M12

螺纹规格 $D=$M12、性能等级为8级、表面氧化、A级的1型六角开槽螺母

螺纹规格 D		M4	M5	M6	M8	M10	M12	M16	M20	M24	M30	M36
d_a	max	4.6	5.75	6.75	8.75	10.8	13	17.3	21.6	25.9	32.4	38.9
	min	4	5	6	8	10	12	16	20	24	30	36
d_e	max	—	—	—	—	—	—	—	28	34	42	50
	min	—	—	—	—	—	—	—	27.16	33	41	49
d_{wmax}		5.9	6.9	8.9	11.6	14.6	16.6	22.5	27.7	33.2	42.7	51.1
e_{min}		7.66	8.79	11.05	14.38	17.77	20.03	26.75	32.95	39.55	50.85	60.79
m	max	5	6.7	7.7	9.8	12.4	15.8	20.8	24	29.5	34.6	40
	min	4.7	6.34	7.34	9.44	11.97	15.37	20.28	23.16	28.66	33.6	39
n	max	1.2	1.4	2	2.5	2.8	3.5	4.5	4.5	5.5	7	7
	min	1.8	2	2.6	3.1	3.4	4.25	5.7	5.7	6.7	8.5	8.5
s	max	7	8	10	13	16	18	24	30	36	46	55
	min	6.78	7.78	9.78	12.73	15.73	17.73	23.67	29.16	35	45	53.8

(续)

螺纹规格 D		M4	M5	M6	M8	M10	M12	M16	M20	M24	M30	M36
w	max	3.2	4.7	5.2	6.8	8.4	10.8	14.8	18	21.5	25.6	31
	min	2.9	4.4	4.9	6.44	8.04	10.37	14.37	17.3	20.66	24.76	30
开口销		1×10	1.2×12	1.6×14	2×16	2.5×20	3.2×22	4×28	4×32	5×36	6.3×50	6.3×60

注：A 级用于 $D \leqslant 16$ 的螺母；B 级用于 $D>16$ 的螺母

附表 11　垫圈　　　　　　　　　　（单位：mm）

小垫圈-A 级（摘自 GB/T 848—2002）；平垫圈-A 级（摘自 GB/T 97.1—2002）；
平垫圈倒角型-A 级（摘自 GB/T 97.2—2002）；平垫圈-C 级（摘自 GB/T 95—2002）；
大垫圈-A 级和 C 级（摘自 GB/T 96—2002）；特大垫圈-C 级（摘自 GB/T 5287—2002）

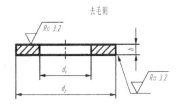
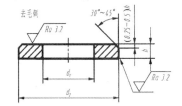

标记示例：

垫圈　GB/T 95—2002　8

标准系列、公称尺寸 d=8mm、硬度等级为 100HV 级、不经表面处理、产品等级为 C 级平垫圈

垫圈　GB/T 97.2—2002　8

标准系列、公称尺寸 d=8mm、硬度等级为 200HV 级、不经表面处理、产品等级为 A 级、倒角型平垫圈

公称尺寸 (螺纹规格) d	标准系列									特大系列			大系列			小系列		
	GB/T 95(C 级)			GB/T 97.1(A 级)			GB/T 97.2(A 级)			GB/T 5287(C 级)			GB/T 96(A、C 级)			GB/T 848(A 级)		
	d_1 min	d_2 max	h	d_1 min	d_2 max	h	d_1 min	d_2 max	h	d_1 min	d_2 max	h	d_1 min	d_2 max	h	d_1 min	d_2 max	h
4	—	—	—	4.3	9	0.8	—	—	—	—	—	—	4.3	12	1	4.3	8	0.5
5	5.5	10	1	5.3	10	1	5.3	10	1	5.5	18	2	5.3	15	1.2	5.3	9	1
6	6.6	12	1.6	6.4	12	1.6	6.4	12	1.6	6.6	22	2	6.4	18	1.6	6.4	11	1.6
8	9	16	1.6	8.4	16	1.6	8.4	16	1.6	9	28	3	8.4	24	2	8.4	15	1.6
10	11	20	2	10.5	20	2	10.5	20	2	11	34	3	10.5	30	2.5	10.5	18	1.6
12	13.5	24	2.5	13	24	2.5	13	24	2.5	13.5	44	4	13	37	3	13	20	2
14	15.5	28	2.5	15	28	2.5	15	28	2.5	15.5	50	4	15	44	3	15	24	2.5
16	17.5	30	3	17	30	3	17	30	3	17.5	56	5	17	50	3	17	28	2.5
20	22	37	3	21	37	3	21	37	3	22	72	6	22	60	4	21	34	3
24	26	44	4	25	44	4	25	44	4	26	85	6	26	72	5	25	39	4
30	33	56	4	31	56	4	31	56	4	33	105	6	33	92	6	31	50	4
36	39	66	5	37	66	5	37	66	5	39	125	8	39	110	8	37	60	5
42	45	78	8	—	—	—	—	—	—	—	—	—	45	125	10	—	—	—
48	52	92	8	—	—	—	—	—	—	—	—	—	52	145	10	—	—	—

注：1. C 级垫圈没有 Ra 3.2 和去毛刺的要求；
　　2. A 级适用于精装配系列，C 级适用于中等装配系列；
　　3. GB/T 848—2002 主要用于圆柱头螺钉，其他用于标准六角螺栓、螺钉、螺母

附表 12 标准型弹簧垫圈（GB 93—1987） （单位：mm）

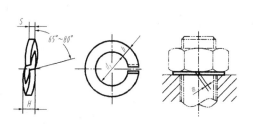

标记示例：
垫圈 GB 93—1987 10
规格 10、材料为 65Mn、表面氧化的标准型弹簧垫圈

规格（螺纹大径）	4	5	6	8	10	12	16	20	24	30	36	42	48
d_{1min}	4.1	5.1	6.1	8.1	10.2	12.2	16.2	20.2	24.5	30.5	36.5	42.5	48.5
$S=b$（公称）	1.1	1.3	1.6	2.1	2.6	3.1	4.1	5	6	7.5	9	10.5	12
$m \leq$	0.55	0.65	0.8	1.05	1.3	1.55	2.05	2.5	3	3.75	4.5	5.25	6
H_{max}	2.75	3.25	4	5.25	6.5	7.75	10.25	12.5	15	18.75	22.5	26.25	30

注：m 应大于零

附表 13 紧固件通孔及沉头座尺寸
（摘自 GB/T 152.2—2014　GB/T 152.3~152.4—1988　GB/T 5277—1985）
（单位：mm）

螺纹规格 d			M4	M5	M6	M8	M10	M12	M14	M16	M20	M24
通孔直径 d_1 GB/T 5277—1985		精配合	4.3	5.3	6.4	8.4	10.5	13	15	17	21	25
		中等配合	4.5	5.5	6.6	9	11	13.5	15.5	17.5	22	26
		粗装配	4.8	5.8	7	10	12	14.5	16.5	18.5	24	28
六角头螺栓和螺母用沉孔 GB/T 152.4—1988		d_2（H15）	10	11	13	18	22	26	30	33	40	48
		用于螺栓和六角螺母 d_3	—	—	—	—	—	—	16	18	20	24	28
		t	锪平为止									

（续）

		螺纹规格 d		M4	M5	M6	M8	M10	M12	M14	M16	M20	M24
圆柱头用沉孔 GB/T 152.3—1988		用于内六角圆柱头螺钉	d_2 (H13)	8	10	11	15	18	20	24	26	33	40
			d_3	—	—	—	—	—	16	18	20	24	28
			t (H13)	4.6	5.7	6.8	9	11	13	15	17.5	21.5	25.5
		用于开槽圆柱头及内六角圆柱头螺钉	d_2 (H13)	8	10	11	15	18	20	24	26	33	—
			d_3	—	—	—	—	—	16	18	20	24	—
			t (H13)	3.2	4	4.7	6	7	8	9	10.5	12.5	—
沉头用沉孔 GB/T 152.2—2014		用于沉头及半沉头螺钉	d_2 (H13)	9.6	10.6	12.8	17.6	20.3	24.4	28.4	32.4	40.4	—
			$t \approx$	2.7	2.7	3.3	4.6	5	6	7	8	10	—

注：尺寸下带括号的为其公差带

附表14 平键和键槽的剖面尺寸（GB/T 1095—2003） （单位：mm）

键		键槽										
公称尺寸 $b \times h$	长度 l	公称尺寸 b	宽度 b				深度				半径 r	
			偏差				轴 t_1		毂 t_2			
			松联接		正常联接		紧密联接					
			轴 H9	毂 D10	N9	毂 JS9	轴和毂 P9	公称	偏差	公称	偏差	最小	最大
4×4	8~45	4	+0.030 0	+0.078 +0.030	0 -0.030	±0.015	-0.012 -0.042	2.5	+0.1 0	1.8	+0.1 0	0.08	0.16
5×5	10~56	5						3.0		2.3		0.16	0.25
6×6	14~70	6						3.5		2.8			
8×7	18~90	8	+0.036 0	+0.098 +0.040	0 -0.036	±0.018	-0.015 -0.051	4.0		3.3			
10×8	22~110	10						5.0		3.3			
12×8	28~140	12	+0.043 0	+0.120 +0.050	0 -0.043	±0.0215	-0.018 -0.061	5.0		3.3		0.25	0.40
14×9	36~160	14						5.5		3.8			
16×10	45~180	16						6.0	+0.2 0	4.3	+0.2 0		
18×11	50~200	18						7.0		4.4			
20×12	56~220	20	+0.052 0	+0.149 +0.065	0 -0.052	±0.026	-0.022 -0.074	7.5		4.9			
22×14	63~250	22						9.0		5.4		0.40	0.60
25×14	70~280	25						9.0		5.4			
28×16	80~320	28						10.0		6.4			

附表15 普通圆柱销(GB/T 119.1—2000)　　　(单位:mm)

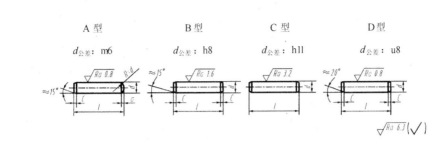

标记示例:

销　GB/T 119.1—2000　A10×90

公称直径 $d=10$、公称长度 $l=90$、材料为35钢、热处理硬度28~38HRC、表面氧化处理的A型圆柱销

销　GB/T 119.1—2000　10×90

公称直径 $d=10$、公称长度 $l=90$、材料为35钢、热处理硬度28~38HRC、表面氧化处理的B型圆柱销

d(公称)	2	3	4	5	6	8	10	12	16	20	25
$a\approx$	0.25	0.4	0.5	0.63	0.8	1.0	1.2	1.6	.0	2.5	3.0
$c\approx$	0.35	0.5	0.63	0.8	1.2	1.6	2.0	2.5	3.0	3.5	4.0
$l_{范围}$	6~20	8~30	8~40	10~50	12~60	14~80	18~95	22~140	26~180	35~200	50~200
$l_{公称}$	2,3,4,5,6~32(2进位),35~100(5进位),120~200(20进位)										

附表16 圆锥销(GB/T 117—2000)　　　(单位:mm)

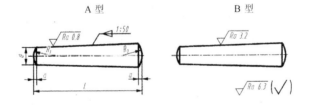

A型(磨削):锥面表面粗糙度为 $Ra\,0.8\,\mu m$

B型(切削或冷镦):锥面表面粗糙度为 $Ra\,3.2\,\mu m$

$$r_2 \approx \frac{a}{2} + d + \frac{(0.02\,l)^2}{8a}$$

标记示例:

销　GB/T 117—2000　A10×60

公称直径 $d=10$、长度 $l=60$、材料35钢、热处理硬度25~38HRC、表面氧化处理的A型圆锥销

d(公称)h10	2	2.5	3	4	5	6	8	10	12	16	20	25
$a\approx$	0.25	0.3	0.4	0.5	0.63	0.8	1.0	1.2	1.6	2.0	2.5	3.0
$l_{范围}$	10~35	10~35	12~45	14~55	18~60	22~90	22~120	26~160	32~180	40~200	45~200	50~200
$l_{公称}$	2,3,4,5,6~32(2进位),35~100(5进位),120~200(20进位)											

附表17 开口销(GB/T 91—2000)　　(单位:mm)

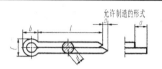

标记示例:

销 GB/T 91—2000 5×50

公称直径 $d=5$、长度 $l=50$、材料为低碳钢、不经表面处理的开口销

d	公称	0.8	1	1.2	1.6	2	2.5	3.2	4	5	6.3	8	10	12
	max	0.7	0.9	1	1.4	1.8	2.3	2.9	3.7	4.6	5.9	7.5	9.5	11.4
	min	0.6	0.8	0.9	1.3	1.7	2.1	2.7	3.5	4.4	5.7	7.3	9.3	11.1
c_{max}		1.4	1.8	2	2.8	3.6	4.6	5.8	7.4	9.2	11.8	15	19	24.8
$b\approx$		2.4	3	3	3.2	4	5	6.4	8	10	12.6	16	20	26
a_{max}		1.6			2.5			3.2		4			6.3	
l 范围		5~16	6~20	8~26	8~32	10~40	12~50	14~65	18~80	22~100	30~120	40~160	45~200	70~200
l 公称		4,5,6~32(2进位),36,40~100(5进位),120~200(20进位)												

注:销孔的公称直径等于 $d_{min} \leqslant$ 销的直径 $\leqslant d_{max}$

附表18 滚动轴承

深沟球轴承(GB/T 276—2013)	圆锥滚子轴承(GB/T 297—2015)	推力球轴承(GB/T 28679—2012)

 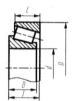

标记示例:
滚动轴承 6310 GB/T 276—2013

标记示例:
滚动轴承 30212 GB/T 297—2015

标记示例:
滚动轴承 51305 GB/T 28679—2012

轴承型号	尺寸/mm			轴承型号	尺寸/mm					轴承型号	尺寸/mm			
	d	D	B		d	D	B	C	T		d	D	T	d_1
尺寸系列[(0)2]				尺寸系列[02]						尺寸系列[12]				
6202	15	35	11	30203	17	40	12	11	13.25	51202	15	32	12	17
6203	17	40	12	30204	20	47	14	12	15.25	51203	17	35	12	19
6204	20	47	14	30205	25	52	15	13	16.25	51204	20	40	14	22
6205	25	52	15	30206	30	62	16	14	17.25	51205	25	47	15	27
6206	30	62	16	30207	35	72	17	15	18.25	51206	30	52	16	32
6207	35	72	17	30208	40	80	18	16	19.75	51207	35	62	18	37
6208	40	80	18	30209	45	85	19	16	20.75	51208	40	68	19	42
6209	45	85	19	30210	50	90	20	17	21.75	51209	45	73	20	47
6210	50	90	20	30211	55	100	21	18	22.75	51210	50	78	22	52
6211	55	100	21	30212	60	110	22	19	23.75	51211	55	90	25	57
6212	60	110	22	30213	65	120	23	20	24.75	51212	60	95	26	62

(续)

轴承型号	尺寸/mm			轴承型号	尺寸/mm					轴承型号	尺寸/mm			
	d	D	B		d	D	B	C	T		d	D	T	d_1
尺寸系列[(0)3]				尺寸系列[03]						尺寸系列[13]				
6302	15	42	13	30302	15	42	13	11	14.25	51304	20	47	18	22
6303	17	47	14	30303	17	47	14	12	15.25	51305	25	52	18	27
6304	20	52	15	30304	20	52	15	13	16.25	51306	30	60	21	32
6305	25	62	17	30305	25	62	17	15	18.25	51307	35	68	24	37
6306	30	72	19	30306	30	72	19	16	20.75	51308	40	78	26	42
6307	35	80	21	30307	35	80	21	18	22.75	51309	45	85	28	47
6308	40	90	23	30308	40	90	23	20	25.25	51310	50	95	31	52
6309	45	100	25	30309	45	100	25	22	27.25	51311	55	105	35	57
6310	50	110	27	30310	50	110	27	23	29.25	51312	60	110	35	62
6311	55	120	29	30311	55	120	29	25	31.50	51313	65	115	36	67
6312	60	130	31	30312	60	130	31	26	33.50	51314	70	125	40	72

注:圆括号中的尺寸系列代号在轴承代号中省略

附表19 常用符号的比例画法(GB/T 18594—2001)

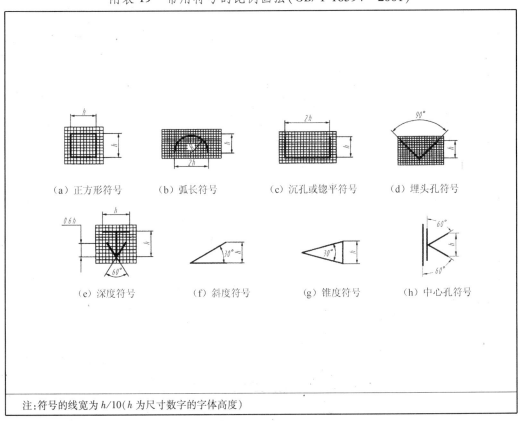

(a) 正方形符号　(b) 弧长符号　(c) 沉孔或锪平符号　(d) 埋头孔符号

(e) 深度符号　(f) 斜度符号　(g) 锥度符号　(h) 中心孔符号

注:符号的线宽为$h/10$(h为尺寸数字的字体高度)

附表 20 标准公差数值（GB/T 1800.1—2009）

公称尺寸/mm	标准公差等级																			
	IT00	IT01	IT1	IT2	IT3	IT4	IT5	IT6	IT7	IT8	IT9	IT10	IT11	IT12	IT13	IT14	IT15	IT16	IT17	IT18
	μm													mm						
≤3	0.3	0.5	0.8	1.2	2	3	4	6	10	14	25	40	60	0.10	0.14	0.25	0.40	0.60	1.0	1.4
>3~6	0.4	0.6	1	1.5	2.5	4	5	8	12	18	30	48	75	0.12	0.18	0.30	0.48	0.75	1.2	1.8
>6~10	0.4	0.6	1	1.5	2.5	4	6	9	15	22	36	58	90	0.15	0.22	0.36	0.58	0.90	1.5	2.2
>10~18	0.5	0.8	1.2	2	3	5	8	11	18	27	43	70	110	0.18	0.27	0.43	0.70	1.10	1.8	2.7
>18~30	0.6	1	1.5	2.5	4	6	9	13	21	33	52	84	130	0.21	0.33	0.52	0.84	1.30	2.1	3.3
>30~50	0.6	1	1.5	2.5	4	7	11	16	25	39	62	100	160	0.25	0.39	0.62	1.00	1.60	2.5	3.9
>50~80	0.8	1.2	2	3	5	8	13	19	30	46	74	120	190	0.30	0.46	0.74	1.20	1.90	3.0	4.6
>80~120	1	1.5	2.5	4	6	10	15	22	35	54	87	140	220	0.35	0.54	0.87	1.40	2.20	3.5	5.4
>120~180	1.2	2	3.5	5	8	12	18	25	40	63	100	160	250	0.40	0.63	1.00	1.60	2.50	4.0	6.3
>180~250	2	3	4.5	7	10	14	20	29	46	72	115	185	290	0.46	0.72	1.15	1.85	2.90	4.6	7.2
>250~315	2.5	4	6	8	12	16	23	32	52	81	130	210	320	0.52	0.81	1.30	2.10	3.20	5.2	8.1
>315~400	3	5	7	9	13	18	25	36	57	89	140	230	360	0.57	0.89	1.40	2.30	3.60	5.7	8.9
>400~500	4	6	8	10	15	20	27	40	63	97	155	250	400	0.63	0.97	1.55	2.50	4.00	6.3	9.7
>500~630	4.5	6	9	11	16	22	30	44	70	110	175	280	440	0.70	1.10	1.75	2.8	4.4	7.0	11.0
>630~800	5	7	10	13	18	25	35	50	80	125	200	320	500	0.80	1.25	2.00	3.2	5.0	8.0	12.5
>800~1000	5.5	8	11	15	21	29	40	56	90	140	230	360	560	0.90	1.40	2.30	3.6	5.6	9.0	14.0
>1000~1250	6.5	9	13	18	24	34	46	66	105	165	260	420	660	1.05	1.65	2.60	4.2	6.6	10.5	16.5
>1250~1600	8	11	15	21	29	40	54	78	125	195	310	500	780	1.25	1.95	3.10	5.0	7.8	12.5	19.5
>1600~2000	9	13	18	25	35	48	65	92	150	230	370	600	920	1.50	2.30	3.70	6.0	9.2	15.0	23.0
>2000~2500	11	15	22	30	41	57	77	110	175	280	440	700	1100	1.75	2.80	4.40	7.0	11.0	17.5	28.0
>2500~3150	13	18	26	36	50	69	93	135	210	330	540	860	1350	2.10	3.30	5.40	8.6	13.5	21.0	33.0

附表21 优先配合中轴的公差带(GB/T 1800.2—2009)

公称尺寸 /mm	公差带/μm												
	e	d	f	g	h	h	h	h	k	n	p	s	u
	11	9	7	6	6	7	9	11	6	6	6	6	6
≤3	-60 -120	-20 -45	-6 -16	-2 -8	0 -6	0 -10	0 -25	0 -60	+6 0	+10 +4	+12 +6	+20 +14	+24 +18
>3~6	-70 -145	-30 -60	-10 -22	-4 -12	0 -8	0 -12	0 -30	0 -75	+9 +1	+16 +8	+20 +12	+27 +19	+31 +23
>6~10	-80 -170	-40 -76	-13 -28	-5 -14	0 -9	0 -15	0 -36	0 -90	+10 +1	+19 +10	+24 +15	+32 +23	+37 +28
>10~14	-95 -205	-50 -93	-16 -34	-6 -17	0 -11	0 -18	0 -43	0 -110	+12 +1	+23 +12	+29 +18	+39 +28	+44 +33
>14~18													
>18~24	-110 -240	-65 -117	-20 -41	-7 -20	0 -13	0 -21	0 -52	0 -130	+15 +2	+28 +15	+35 +22	+48 +35	+54 +41
>24~30													+61 +48
>30~40	-120 -280	-80 -142	-25 -50	-9 -25	0 -16	0 -25	0 -62	0 -160	+18 +2	+33 +17	+42 +26	+59 +43	+76 +60
>40~50	-130 -290												+86 +70
>50~65	-140 -330	-100 -174	-30 -60	-10 -29	0 -19	0 -30	0 -74	0 -190	+21 +2	+39 +20	+51 +32	+72 +53	+106 +87
>65~80	-150 -340											+78 +59	+121 +102
>80~100	-170 -390	-120 -207	-36 -71	-12 -34	0 -22	0 -35	0 -87	0 -220	+25 +3	+45 +23	+59 +37	+93 +71	+146 +124
>100~120	-180 -400											+101 +79	+166 +144
>120~140	-200 -450	-145 -245	-43 -83	-14 -39	0 -25	0 -40	0 -100	0 -250	+28 +3	+52 +27	+68 +43	+117 +92	+195 +170
>140~160	-210 -460											+125 +100	+215 +190
>160~180	-230 -480											+133 +108	+235 +210
>180~200	-240 -530	-170 -285	-50 -96	-15 -44	0 -29	0 -46	0 -115	0 -290	+33 +4	+60 +31	+79 +50	+151 +122	+265 +236
>200~225	-260 -550											+159 +130	+287 +258
>225~250	-280 -570											+169 +140	+313 +284
>250~280	-300 -620	-190 -320	-56 -108	-17 -49	0 -32	0 -52	0 -130	0 -320	+36 +4	+66 +34	+88 +56	+190 +158	+347 +315
>280~315	-330 -650											+202 +170	+382 +350
>315~355	-360 -720	-210 -350	-62 -119	-18 -54	0 -36	0 -57	0 -140	0 -360	+40 +4	+73 +37	+98 +62	+226 +190	+426 +390
>355~400	-400 -760											+244 +208	+471 +435
>400~450	-440 -840	-230 -385	-68 -131	-20 -60	0 -40	0 -63	0 -155	0 -400	+45 +5	+80 +40	+108 +68	+272 +232	+530 +490
>450~500	-480 -880											+292 +252	+580 +540

附表 22　优先配合中孔的公差带（GB/T 1800.2—2009）

公称尺寸 /mm	公差带/μm											
	C	D	F	G	H	H	H	H	K	N	P	S	U
	11	9	8	7	7	8	9	11	7	7	7	7	7
≤3	+120 +60	+45 +20	+20 +6	+12 +2	+10 0	+14 0	+25 0	+60 0	0 -10	-4 -14	-6 -16	-14 -24	-18 -28
>3~6	+145 +70	+60 +30	+28 +10	+16 +4	+12 0	+18 0	+30 0	+75 0	+3 -9	-4 -16	-8 -20	-15 -27	-19 -31
>6~10	+170 +80	+76 +40	+35 +13	+20 +5	+15 0	+22 0	+36 0	+90 0	+5 -10	-4 -19	-9 -24	-17 -32	-22 -37
>10~14	+205 +95	+93 +50	+43 +16	+24 +6	+18 0	+27 0	+43 0	+110 0	+6 -12	-5 -23	-11 -29	-21 -39	-26 -44
>14~18													
>18~24	+240 +110	+117 +65	+53 +20	+28 +7	+21 0	+33 0	+52 0	+130 0	+6 -15	-7 -28	-14 -35	-27 -48	-33 -54
>24~30													-40 -61
>30~40	+280 +120	+142 +80	+64 +25	+34 +9	+25 0	+39 0	+62 0	+160 0	+7 -18	-8 -33	-17 -42	-34 -59	-51 -76
>40~50	+290 +130												-61 -86
>50~65	+330 +140	+174 +100	+76 +30	+40 +10	+30 0	+46 0	+74 0	+190 0	+9 -21	-9 -39	-21 -51	-42 -72	-76 -106
>65~80	+340 +150											-48 -78	-91 -121
>80~100	+390 +170	+207 +120	+90 +36	+47 +12	+35 0	+54 0	+87 0	+220 0	+10 -25	-10 -45	-24 -59	-58 -93	-111 -146
>100~120	+400 +180											-66 -101	-131 -166
>120~140	+450 +200	+245 +145	+106 +43	+54 +14	+40 0	+63 0	+100 0	+250 0	+12 -28	-12 -52	-28 -68	-77 -117	-155 -195
>140~160	+460 +210											-85 -125	-175 -215
>160~180	+480 +230											-93 -133	-195 -235
>180~200	+530 +240	+285 +170	+122 +50	+61 +15	46 0	+72 0	+115 0	+290 0	+13 -33	-14 -60	-33 -79	-105 -151	-219 -265
>200~225	+550 +260											-113 -159	-241 -287
>225~250	+570 +280											-123 -169	-267 -313
>250~280	+620 +300	+320 +190	+137 +56	+69 +17	+52 0	+81 0	+130 0	+320 0	+16 -36	-14 -66	-36 -88	-138 -190	-295 -347
>280~315	+650 +330											-150 -202	-330 -382
>315~355	+720 +360	+350 +210	+151 +62	+75 +18	+57 0	+89 0	+140 0	+360 0	+17 -40	-16 -73	-41 -98	-169 -226	-369 -426
>355~400	+760 +400											-187 -244	-414 -471
>400~450	+840 +440	+385 +230	+165 +68	+83 +20	+63 0	+97 0	+155 0	+400 0	+18 -45	-17 -80	-45 -108	-209 -272	-467 -530
>450~500	+880 +480											-229 -292	-517 -580

附表 23　零件的倒圆和倒角（GB/T 6403.4—2008）　（单位：mm）

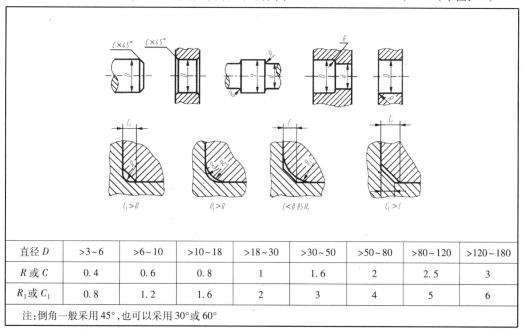

直径 D	>3~6	>6~10	>10~18	>18~30	>30~50	>50~80	>80~120	>120~180
R 或 C	0.4	0.6	0.8	1	1.6	2	2.5	3
R_1 或 C_1	0.8	1.2	1.6	2	3	4	5	6

注：倒角一般采用 45°，也可以采用 30° 或 60°。

附表 24　普通螺纹退刀槽和倒角（GB/T 3—1997）　（单位：mm）

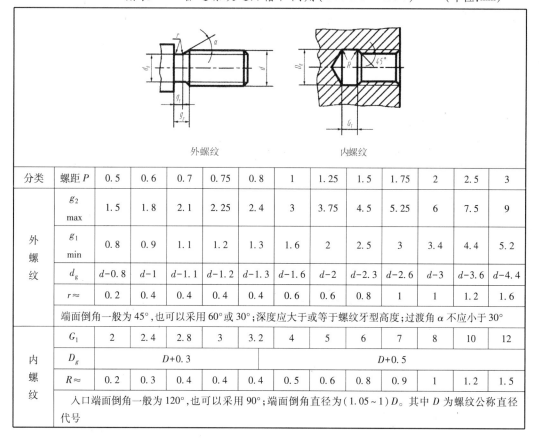

外螺纹　　　　　内螺纹

分类	螺距 P	0.5	0.6	0.7	0.75	0.8	1	1.25	1.5	1.75	2	2.5	3
外螺纹	g_2 max	1.5	1.8	2.1	2.25	2.4	3	3.75	4.5	5.25	6	7.5	9
	g_1 min	0.8	0.9	1.1	1.2	1.3	1.6	2	2.5	3	3.4	4.4	5.2
	d_g	$d-0.8$	$d-1$	$d-1.1$	$d-1.2$	$d-1.3$	$d-1.6$	$d-2$	$d-2.3$	$d-2.6$	$d-3$	$d-3.6$	$d-4.4$
	$r\approx$	0.2	0.4	0.4	0.4	0.4	0.6	0.6	0.8	1	1	1.2	1.6
	端面倒角一般为 45°，也可以采用 60° 或 30°；深度应大于或等于螺纹牙型高度；过渡角 α 不应小于 30°													
内螺纹	G_1	2	2.4	2.8	3	3.2	4	5	6	7	8	10	12
	D_g	$D+0.3$						$D+0.5$					
	$R\approx$	0.2	0.3	0.4	0.4	0.4	0.5	0.6	0.8	0.9	1	1.2	1.5
	入口端面倒角一般为 120°，也可以采用 90°；端面倒角直径为 $(1.05~1)D$。其中 D 为螺纹公称直径代号													

附表 25　砂轮越程槽（GB/T 6403.5—2008）　　　（单位：mm）

d	~10			>10~50		>50~100		>100	
b_1	0.6	1.0	1.6	2.0	3.0	4.0	5.0	8.0	10
b_2	2.0		3.0	4.0		5.0		8.0	10
h	0.1		0.2	0.3		0.4	0.6	0.8	1.2
r	0.2		0.5	0.8		1.0	1.6	2.0	3.0

磨外圆　　磨内圆

附表 26　常用材料热处理方法及应用

名称	处理方法	应用
退火	将钢件加热到临界温度以上，保温一段时间，然后缓慢地冷却下来（如在炉中冷却）	用来消除铸、锻、焊零件的内应力，降低硬度，改善切削加工性能，增加塑性和韧性，细化金属晶粒，使其组织均匀，适用于碳的质量分数在 0.83% 以下的铸、锻、焊零件
正火	将钢件加热到临界温度以上，保温一定时间，然后在空气中冷却下来，冷却速度比退火快	用来处理低碳和中碳结构钢件及渗碳零件，使其晶粒细化，增加强度与韧性，改善切削加工性能
淬火	将钢件加热到临界温度以上，保温一定时间，然后在水、盐水或油中急速冷却下来，使其增加硬度、耐磨性	用来提高钢的硬度、强度和耐磨性，但淬火后会引起内应力及脆性，因此淬火后的钢件必须回火
回火	将淬火后的钢件，加热到临界温度以上的某一温度，保温一段时间，然后在空气或油中冷却下来	用来消除淬火时产生的脆性和内应力，以提高钢件的韧性和强度
调质	淬火后进行高温回火（450~650℃）	可以完全消除内应力，并获得较高的综合力学性能，一些重要零件淬火后都要经过调质处理
表面淬火	用火焰或高频电流将零件表面迅速加热至临界温度以上，急速冷却	使零件表面层有较高的硬度和耐磨性，而内部保持一定的韧性，使零件既耐磨又能承受冲击，如重要的齿轮、曲轴、活塞销等零件
渗碳	将低碳、中碳（w_c < 0.4%）钢件，在渗碳剂中加热到 900~950℃，停留一段时间，使零件表面的碳增加到 0.4~0.6mm，然后淬火	增加零件表面硬度、耐磨性、抗拉强度及疲劳极限，适用于低碳、中碳结构钢的中小型零件及大型重载荷、受冲击、耐磨的零件
碳氮共渗	使零件表面增加碳与氮，其扩散层深度较浅（0.2~0.5mm），在 0.2~0.4mm 层具有 66~70HRC 的高硬度	增加结构钢、工具钢零件的表面硬度、耐磨性及疲劳极限，提高刀具切削性能和使用寿命，适用于要求硬度高、耐磨的中小型及薄片的零件和刀具
渗氮	使零件表面增氮，氮化层为 0.025~0.8mm，氮化层硬度极高（达 1200HV）	增加零件的表面硬度、耐磨性、疲劳极限及耐蚀性，适用于含铝、铬、钼、锰等元素的合金钢，如要求耐磨的主轴、量规、样板、水泵轴、排气门等零件

（续）

名称	处理方法	应用
冰冷处理	将淬火钢件继续冷却至室温以下	进一步提高零件的硬度、耐磨性，使零件尺寸趋于稳定，如用于处理滚动轴承的钢球
发蓝发黑	用加热办法使零件工作表面形成一层氧化铁组成的保护性薄膜	防腐蚀、美观，用于一般紧固件
时效处理	天然时效：在空气中存放半年到一年以上 人工时效：加热到200℃左右，保温10~20h或更长时间	使铸件或淬火的钢件慢慢削除内应力，从而稳定其形状和尺寸

附表 27　常用的金属材料与非金属材料

	名称	牌号	说明	应用举例
黑色金属	灰铸铁 GB/T 9439—2010	HT100	HT——灰铸铁代号 150——抗拉强度(MPa)	属低强度铸铁，用于盖、手把、手轮等不重要零件
		HT150		属中等强度铸件，用于一般铸件，如机床座、端盖、带轮、工作台等
		HT200		属高强度铸铁，用于较重要铸件，如气缸、齿轮、凸轮、机座、床身、飞轮、带轮、齿轮箱、阀壳、联轴器、衬筒、轴承座等
	球墨铸铁 GB/T 1348—2009	QT450-10 QT500-7 QT600-3	AT——球墨铸铁代号 450——抗拉强度(MPa) 10——伸长率(%)	具有较高的强度和韧性，广泛用于受磨损和受冲击的零件，如曲轴、气缸套、活塞环、摩擦片、中低压阀门、千斤顶座等
	铸钢 GB/T 11352—2009	ZG200-400	ZG——铸钢代号 200——屈服强度(MPa) 400——抗拉强度(MPa)	用于各种形状的零件，如机座、变速箱壳等
		ZG270-500		用于各种形状的零件，如飞轮、机架、水压机工作缸、横梁等
		ZG310-570		用于各种形状的零件，如联轴器、气缸、齿轮及重载荷的机架等
	碳素结构钢 GB/T 700—2006	Q215A	Q——屈服强度 215——屈服强度数值(MPa) A——质量等级	用于拉杆、套圈、垫圈、渗碳零件及焊接件
		Q235A		用于金属结构件、拉杆、连杆、吊钩、螺栓、螺母、螺筒、轴及焊接件
		Q275B		用于转轴、心轴、吊钩、拉杆、摇杆等强度要求不高的零件
	优质碳素结构钢 GB/T 699—2015	15、16F	15——以平均万分数表示的碳的质量分数 F——沸腾钢	塑性、韧性、焊接性能和冲压性能均极好，但强度低，用于螺钉、螺母、法兰盘、渗碳零件等
		35		不经热处理可用于中等载荷的零件，如拉杆、轴、套筒、钩子等；调质处理后适用于强度及韧性要求高的零件，如传动轴
		45		用于强度要求较高的零件，如齿轮、机床主轴、花键轴等
		15Mn	15——以平均万分数表示的碳的质量分数 Mn——含锰量较高	其性能与15钢相似，渗碳后淬透性、强度比15钢高
		45Mn		用于受磨损的零件，如转轴、心轴、齿轮、花键轴等

(续)

名称		牌号	说明	应用举例
有色金属	普通黄铜 GB/T 5231—2012	H59	H——黄铜的代号 96——铜的平均质量分数(%)	用于热轧、热压零件,如套管、螺母等
		H68		用于较复杂的冲压零件和拉伸零件,如弹壳、垫座等
		H96		用于散热器和冷凝器管等
	铸造铜合金 GB/T 1176—2013	ZCuSn5Pb5Zn5	Z——铸造代号 Cu——基体元素铜的元素符号 Sn10——锡元素符号及其平均质量分数(%)	用于轴瓦、衬套、缸套、油塞、离合器、蜗轮等中等滑动速度工作的耐磨、耐蚀零件
		ZCuSn10Zn2		用于中等及较高负荷和小滑动速度工作的重要管配件,以及阀、旋塞、泵体、齿轮、叶轮、蜗轮等
		ZCuA19Fe4Ni4Mn2		用于船舶螺旋桨、耐磨和400℃以下工作的零件,如轴承、齿轮、蜗轮、螺母、阀体、法兰等
		ZCuAl10Fe3		用于强度高、耐磨、耐蚀的零件,如蜗轮、轴承、衬套、耐热管配件等
	铸造铝合金 GB/T 1173—2013	ZAlSi5Cu1Mg	Z——铸造代号 Al——基体元素铝的元素符号 Si5——硅元素符号及其平均质量分数(%)	用于风冷发动机的气缸头、液压泵体等在225℃以下工作的零件
		ZAlCu4		用于中等载荷、形状较简单的、在200℃以下工作的小零件
非金属	尼龙 JB/ZQ 4196—2006	尼龙1010棒材	尼龙1010具有优良的减摩、耐磨和自润滑性,且抗霉、抗菌、无毒、半透明,有较好的刚性,制成零件运转噪声小,耐油性优良	主要用于切削加工制成的螺母、轴套、垫圈、齿轮、密封圈等机械零件,以代替铜和其他金属制件
		尼龙1010管材		用于机床输油管(代替铜管),可输送弱酸、弱碱及一般腐蚀性介质;可用管件连接,也可用粘结剂粘接
	耐油石棉橡胶板 GB/T 539—2008	NY250	NY——一般工业用 HNY——航空工业用 250——适用最高温度	用于在一定温度的机油、变压器油、汽油等介质中工作的零件,冲制各种形状的垫圈
		NY400		
		HNY300		
	软钢纸板 JB/T 8012.5—1999	—	规格: 921×650 650×490 650×400 400×300	用于飞机、汽车、拖拉机及其他内燃机等制作密封连接处的垫圈
	工业用毛毡 FZ/T 25001—2012	T112-32~44 T122-30~38 T132-32~36	T112——特品毡、白色细毛 T122——特品毡、灰色半粗毛 T132——特品毡、天然杂色粗毛 后两位数是密度(g/cm³)的百分数(如0.32~0.44g/cm³)	用于密封、防振缓冲衬垫